前沿科技系列图书

高等院校人工智能通识教育读本

人工智能技术及应用

主编　罗晓曙

参编　刘俊秀　罗玉玲　夏海英　朱勇建

秦运柏　杨日星　殷严刚　雷　捷

西安电子科技大学出版社

内 容 简 介

本书主要以人工智能的几种核心技术与发展应用为脉络，以深入浅出的方式系统、清晰地介绍了人工智能的基本概念、发展历程、关键技术和典型应用。全书涉及图像识别、语音识别、大数据挖掘、智能控制、智能机器人、脑机接口、5G 等前沿技术，为读者构造并描绘出一幅人工智能全景图，向读者展示了一个全新、智慧、前沿的科技新时代，使读者能快速、直观地掌握人工智能相关基础知识和基本技术，了解人工智能的实际应用，激发读者对人工智能学科的兴趣，提高其科学素养。

本书既可作为非人工智能专业大学生的教材或参考图书，亦可供具有高中及以上文化程度的青年和其他对人工智能感兴趣的机关、企事业单位人员阅读参考，丰富其有关人工智能的基础知识，为他们今后深入学习和从事人工智能方面的研究打下良好的基础。

图书在版编目(CIP)数据

人工智能技术及应用/罗晓曙主编. —西安：西安电子科技大学出版社，2021.3
ISBN 978–7–5606–5742–4

Ⅰ. ①人… Ⅱ. ①罗… Ⅲ. ①人工智能 Ⅳ. ① TP18

中国版本图书馆 CIP 数据核字(2020)第 116352 号

策划编辑 张 倩 周 苗
责任编辑 张 倩
出版发行 西安电子科技大学出版社(西安市太白南路 2 号)
电 话 (029)88242885 88201467 邮 编 710071
网 址 www.xduph.com 电子邮箱 xdupfxb001@163.com
经 销 新华书店
印刷单位 陕西天意印务有限责任公司
版 次 2021 年 3 月第 1 版 2021 年 3 月第 1 次印刷
开 本 787 毫米×1092 毫米 1/16 印 张 15
字 数 348 千字
印 数 1～3000 册
定 价 48.00 元
ISBN 978-7-5606-5742-4 / TP
XDUP 6044001-1

序

正如本书第一章标题所示，我们进入了人类科技发展的新时代，一个由人工智能技术引领社会生产生活变革的时代。

从 1956 年夏季的达特茅斯会议开始，人工智能(Artificial Intelligence, AI)作为一门重要的学科经历了三次严冬和多次跨越式发展，出现了符号主义、联结主义和行为主义三大影响最甚的研究学派以及一些新思潮，但它从未像现在这样产生如此广泛的影响。随着计算机性能的提升、数据的爆发式增长、机器学习算法的进步、政府和市场的重视、投资力度的加大，人工智能的理论与技术研究取得了重大的突破和进展，它因此走到了技术舞台的中央，以智慧城市、智慧医疗、智慧旅游、智能机器人、智能军事管理等应用形式，渗透到人类的生产活动、科学研究、军事和日常生活等方方面面，和我们每一个人都建立了联系。

人工智能是一门多学科交叉的综合性学科，融合了科技与人文两方面内容，不仅涉及数学、数理逻辑、统计学、脑科学、神经科学、行为科学、计算机科学、信号处理、信息论、控制论、系统论等学科，还涉及哲学、心理学、语言学、认知科学、法学、社会学等学科内容。国务院《新一代人工智能发展规划》指出，到 2025 年，中国人工智能核心产业规模将超过 4000 亿元，带动相关产业规模超过 5 万亿元。现在的蓬勃只是开始，未来社会必将是一个人工智能被深度应用在教育、医疗、体育、住房、交通、金融等各个领域的智能社会。作为人工智能的研究者，我们欣喜于其迅猛发展，也相信会迎来更多的同行者，正如现在几乎每个人都会学习互联网的使用，也许每个人在未来都需要了解和学习人工智能的相关知识，也会有更多有志之士投身于人工智能的相关研究。

罗晓曙教授编写的《人工智能技术及应用》以人工智能的几种核心技术与应用发展为脉络，深入浅出地介绍了人工智能的基本概念、发展历程、关键技术及典型应用，清晰地勾勒出了一幅人工智能全景图，语言轻松自然，通俗易懂，能更好地激发读者兴趣，帮助读者提高科学素养。罗晓曙教授长期从事非线性电路、复杂动力系统的动力学行为与控制、工业自动化控制、智能无人机、人工智能等领域的研究，在国内外重要学术期刊发表论文200余篇，研究成果荣获国家级和省部级科研、教学奖励9项。本书是罗晓曙教授及其团队长期从事人工智能方向研究的体会和结晶，可作为高等院校非人工智能专业大学生的教材或参考读物，亦可供具有高中及以上文化程度的青年和其他对人工智能感兴趣的机关、企事业单位人员阅读参考。

希望有志于人工智能方向研究的年轻人能进入这个领域，不断提升我国人工智能理论与技术的自主创新能力，加快人工智能产业发展的化步伐，不断提高我国的综合国力和国际竞争力。

西安电子科技大学教授、IEEE Fellow
中国人工智能学会副理事长
焦李成

前　言

机器会思考吗？阿兰·图灵在 1950 年发表的论文《计算机器与智能》中第一行就提到这个问题。图灵被称为计算机科学之父，也是人工智能之父。1956 年夏季，一群科学家聚会在美国汉诺思小镇宁静的达特茅斯学院举办主题为“达特茅斯夏季人工智能研究计划”的会议，这次会议首次正式提出了人工智能(Artificial Intelligence，AI)一词，正式开启了人类人工智能的理论研究、技术研发与产业化的新纪元。

人工智能经过近二十年的迅速发展，推动人类社会进入了人类科技发展的新时代——人工智能时代。近年来，人工智能的理论与技术取得了重大突破，其应用也日益渗透到人类的生产活动、科学研究、军事和日常生活的方方面面，例如智慧城市管理、智慧医疗、智慧旅游、智能家居、智能机器人、军事智能化决策与管理等。

人工智能是新一轮技术革命及产业变革的重要驱动力，将深刻改变人类的生产方式和生活方式，改变世界政治经济格局。当前，人工智能已经成为国际竞争的新焦点，是引领未来的战略性关键性技术。世界各主要发达国家都把发展人工智能作为提升国家竞争力、维护国家安全的重大战略，加紧出台规划和政策，围绕核心技术、顶尖人才、标准规范等强化部署，力图加快人工智能应用与产业化步伐，在新一轮国际智能化科技竞争中掌握主导权。全球 IT 巨头、互联网公司、人工智能独角兽企业都在大力发展人工智能技术，抢占产业制高点。为抢抓人工智能发展的重大战略机遇，构筑我国人工智能发展的先发优势，加快建设创新型国家和世界科技强国，党中央和国务院及地方各级政府高度重视人工智能的理论创新和技术应用，出台了一系列文件和战略规划，例如《国务院关于印发新一代人工智能发展规划的通知(国发〔2017〕35 号)》，对我国未来人工智能的发展进行了顶层设计，出台了中长期战略规划，是我国人工智能发展的纲领性文件，必将有力推动我国人工智能的理论创新和技术应用，到 2030 年使我国人工智能理论、技术与应用总体达到世界领先水平，成为世界主要人工智能创新中心。

人工智能是一门多学科交叉的综合性学科，它不仅涉及计算机科学，而且还涉及脑科学、神经生理学、心理学、语言学、逻辑学、认知(思维)科学、信号处理、行为科学和数学以及信息论、控制论和系统论等许多学科领域。因此，要熟练地掌握人工智能，需要具有较好的数学基础，了解计算机科学、模式识别和信号处理等领域的相关知识。编者在参考了国内外已出版和发表的有关人工智能的书籍、论文和其他文献资料的基础上，编写完成了本书。在编写过程中，编者力求深入浅出，尽可能避免涉及很高深的数学理论，用通俗易懂的语言让更多读者能看懂本书的主要内容，激发读者的兴趣。

全书共 8 章，第一章首先介绍人工智能的发展历史和意义，并阐述了学习人工智能基本知识的方法，本章由刘俊秀、罗晓曙编写；第二章讲述基于人工智能的数字图像识别技术与应用，本章由夏海英、罗晓曙编写；第三章讲述基于人工智能的语音识别基本理论与技术，本章由罗玉玲、罗晓曙编写；第四章讲述基于人工智能的大数据挖掘，本章由杨日星、殷严刚编写；第五章阐述智能控制理论与技术及其应用，本章由罗晓曙编写；第六章介绍智能机器人技术与应用，本章由秦运柏、罗晓曙编写；第七章讲述脑机接口技术及其应用，本章由朱勇建、罗晓曙编写；第八章介绍目前人工智能的主要应用领域，本章由罗晓曙、雷捷编写。全书由主编罗晓曙统稿。

在本书的编写过程中，参考了国内外人工智能研究的一些相关成果，在此向这些成果的研发人员表示衷心的感谢！

本书适合社会各界关心、学习人工智能的人士，特别是青年朋友们使用，也可作为高校非人工智能专业的教材或参考图书。希望本书对人工智能知识的普及能起到抛砖引玉的作用，但由于编者的水平有限，书中难免存在不足之处，敬请读者批评指正。

最后，感谢广西科技重大专项(合同编号：桂科 AA18118004)的资助。

编　者

2020 年 8 月 27 日

目 录

第一章　人类科技发展的新时代——人工智能的发展历史和意义

1.1　工业化、信息化社会的结晶——人工智能诞生

人类科技的每一次重大发展都起源于各种早期的原始创新。例如，人类经历的四次工业革命：第一次工业革命是以蒸汽机的发明为代表；第二次工业革命是以电力技术和内燃机发明为代表；第三次工业革命是以计算机及信息技术发明为代表；第四次工业革命是以石墨烯、基因、虚拟现实、量子信息技术、可控核聚变、清洁能源以及生物技术等发明为突破口的工业革命。

近六十年来，人工智能(Artificial Intelligence，AI)也正在一步步地实现中。特别是由于人工智能在近二十年的快速发展，推动人类社会进入了科技发展的新时代——人工智能时代，让我们享受到了前所未有的工作与生活上的便利。

如今，人类一直以来的设想——创造出有智力且能与人合作、交流的人工智能机器也正在逐步变为现实。在如今人工智能应用最广泛的几大领域中，我们已经能够发现智能机器的身影。当打开网页的搜索框时，搜索引擎能根据你的阅读习惯自动呈现你最想看到的内容，这是人工智能在文本识别中的应用；当去超市买东西时，通过刷脸可以自动识别出你的身份并且完成付款，这是人工智能在图像识别中的应用，如图 1.1 所示；当你对手机语音助手说一句话时，手机能自动识别出你所说话的内容，并反馈你所需要的天气、新闻、热门娱乐等内容，这是人工智能在语音识别中的应用。

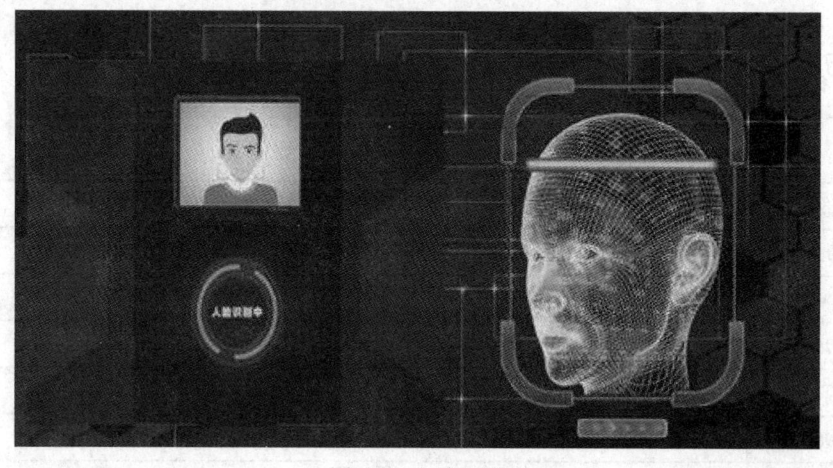

图 1.1　人脸识别

在十几年前，这一切听起来还让人觉得不可思议。那么，人工智能究竟是怎么发展到今天的程度的呢？

可以说，人工智能的诞生是人类科学技术发展的必然产物。随着人类科学技术的不断进步，人类对于自身生产和生活水平的要求不断提高，尤其是计算机诞生之后，人类对于一个更加先进、更加智能化的社会的构想就从未停止过。其中，让机器拥有人类的智能成为人类梦寐以求的事情，人工智能的概念也就逐步产生了。

近二十年来，人工智能的理论与技术得到了突飞猛进的发展，其应用也日益渗透到人类的生产、科研、军事和日常生活的方方面面，例如智慧城市管理、智慧医疗、智慧旅游、智能家居、智能机器人、军事智能化决策与管理等。

人工智能的迅速发展将深刻改变世界政治和经济格局，改变人类社会生活。当前，人工智能已经成为国际竞争的新焦点。人工智能是引领未来的战略性技术，世界各主要发达国家均把发展人工智能作为提升国家竞争力、维护国家安全的重大战略，加紧出台规划和政策，围绕核心技术、顶尖人才、标准规范等强化部署，力图在新一轮国际科技竞争中掌握主导权。人工智能已经成为经济发展的新引擎，新技术、新产品、新产业、新业态、新模式层出不穷，将引发经济结构的重大变革，深刻改变人类生产生活方式和思维模式，实现社会生产力的整体跃升。

为抢抓人工智能发展的重大战略机遇，构筑我国人工智能发展的先发优势，加快建设创新型国家和世界科技强国，党中央和国务院高度重视人工智能的理论创新和技术应用，出台了一系列文件和战略规划。例如《国务院关于印发新一代人工智能发展规划的通知(国发〔2017〕35 号)》对我国未来人工智能的发展进行了顶层设计，出台了中长期战略规划，这是我国人工智能发展的纲领性文件，必将有力推动我国人工智能的理论创新和技术应用。

1.1.1　人工智能发展历程简介

历史上，有关人工智能的概念与研究大致经历了三个发展时期。人工智能的概念在刚刚提出之时一度非常火热，但后来也出现了发展的低谷时期。即便是人工智能研究遇冷的时候，相关的研究也从未停止过。正是由于不同时期科学家们对人工智能理论的不断完善和发展，才有了今天人工智能关键技术的不断突破，以及在各个领域的广泛应用。人工智能在各个历史时期的研究侧重点有所不同，其成果如表 1.1 所示。下面分别介绍人工智能在各个历史时期的发展状况。

表 1.1　各年代著名的人工智能成果

年　份	人工智能成果
1936—1956 年	M-P 模型，图灵测试，第一台神经网络计算机
1956 年	首次提出“人工智能”概念
1958—1968 年	表处理语言 LISP，首台工业计算机，首台聊天机器人 ELIZA
1965—1970 年	专家系统，人机对话系统 SHRDLU，感知机(Perceptron)
1976—1980 年	多个领域的专家系统
1981—1985 年	Hopfield 神经网络(Neural Networks)，反向传播算法

续表

年　份	人工智能成果
1985—1995 年	决策树(Decision Tree)，面向智能体的程序设计，新聊天机器人 ALICE
1997 年	“深蓝”战胜国际象棋世界冠军，长短期记忆神经网络(LSTM)
1995—2000 年	支持向量机(Support Vector Machine)，随机森林(Random Forest)
2006—2009 年	深度信念网络，深度神经网络
2012—2016 年	AlexNet、GoogleNet、ResNet 等大规模深度神经网络
2012 年	华裔科学家吴恩达开发的可以自主识别猫的人工神经网络
2014 年	谷歌通过美国自动驾驶测试
2016 年	AlphaGo 战胜围棋世界冠军，寒武纪公司推出全球首个商用深度学习处理器
2017 年	AlphaGo Zero 自学围棋技术并接连战胜人类高手
2018 年	多个企业推出人工智能商用硬件及软件
2019 年	清华大学“天机”类脑芯片

1. 人工智能的萌芽

早在 1950 年，计算机科学家阿兰·图灵就提出了著名的图灵测试。在这个测试中，一位测试员与一个密室里的一台机器和人分别进行对话。如果测试员分辨不出对话目标是人还是机器，那么就认为机器通过测试。这种想法对人工智能的发展产生了深远的影响。在原始的、与人工智能相关的概念中，模拟人类智能的想法一直处于探索之中，其中的一个重要进展是研究和人类大脑细胞具有类似功能的人工神经元模型。早在 20 世纪 40 年代，也就是 1943 年，心理学家 W. S. McCulloch 和数学家 W. Pitts 提出了著名的 M-P 模型，这标志着人类开始用数学模型化的方法研究人脑的功能。这种模型可以用非线性特征加布尔运算实现计算，从而来刻画网络各单元的动态变化。该模型的基本特点是神经元的连接权值固定，因此这一模型赋予形式神经元的功能是较弱的，但由于网络中有足够多的节点，且节点间有丰富的连接，因此这种网络的计算潜力是巨大的。在此基础上，1949 年，心理学家 Hebb 提出了改变神经元连接强度(即连接权)的学习规则，使神经网络具有了可塑性。他认为学习过程发生在突触，连接权的调整正比于两相连神经元之间激活值的乘积，这就是著名的 Hebb 学习规则。这一规则仍是现代神经网络中一个极为重要的学习规则。到目前为止，大部分神经网络的学习规则仍采用 Hebb 规则及其改进型。Hebb 还提出了下面两条关于网络功能的论点：

(1) 神经细胞可通过联系强化成小集团，形成神经细胞集合；

(2) 表象的分布性，许多细胞共同参与反映某事物的表象。

上述论点说明人脑中不存在中央控制单元，阐明了人脑的记忆具有分布式的特点。实际上，对有关脑切除与记忆损失的研究结论证实了上述论点的正确性。上述 M-P 模型和 Hebb 学习规则极大地推进了之后大规模人工神经网络理论研究和应用发展。这些早期的有关人工智能的研究，为之后人工智能及相关理论的进一步发展奠定了坚实的基础。1954 年，美国人乔治·戴沃尔设计了世界上第一台可编程机器人。1956 年，包括马文·明斯基

(Marvin Minsky)、约翰·麦卡锡(John McCarthy)、克劳德·艾尔伍德·香农(Claude Elwood Shannon)等著名学者在内的多名科学家，在美国达特茅斯学院组织交流讨论会，并为使用机器来模拟人类智能的领域确定了名字——“人工智能”。人工智能从此正式诞生。1958年，Rosenblatt 提出了著名的感知机(Perceptron)模型，这是有关人工智能的最早、最著名的学习算法之一，它可以完成一些简单的分类任务，是人工智能中有关机器学习(Machine Learning，ML)的经典方法之一。

2. 人工智能发展的低谷时期

人工智能经过初步发展，随后又诞生了相关的应用成果，比如世界上第一个自然语言对话程序 ELIZA 以及世界上第一个可以在视觉系统引导下走动的人形机器人等。1966 年，麻省理工学院发布了世界上第一个聊天机器人 ELIZA，它能够通过脚本理解简单的自然语言，并可以与人类进行互动。这在当时引起人们极大的关注。但经历了第一次研究的热潮之后，人们逐渐从当时的成果中认识到了实际存在的人工神经网络的局限性。在提出的已有的人工智能相关理论的基础上，经过多年的研究，1969 年马文·明斯基(Marvin Minsky)和西蒙·派珀特(Seymour Papert)对感知机等人工智能相关的成果提出了一系列质疑，并指出感知机无法有效解决较为复杂的非线性分类问题，只能应用于简单的线性分类问题。由于当时的计算机缺乏足够的计算能力以满足大型神经网络的运行，加上马文·明斯基又是业界赫赫有名的权威人士，使得人们对人工智能的信心逐渐丧失，包含神经网络在内的人工智能相关的研究陷入了第一次低谷。

虽然这个时候人工智能不再有刚开始研究时的热度，但相关理论的研究仍在逐步发展。1972 年，芬兰教授图沃·科荷伦(Tuevo Kohonen)提出了自组织映射(Self Organizing Map，SOM)理论，而这正是现代神经网络的雏形。如今许多神经网络模型正是基于图沃·科荷伦的工作来进行的。与此同时，美国科学家詹姆斯·安德森(James Anderson)提出了盒中脑网络(Brain State in a Box，BSB)，可以实现一定的分类和知识处理功能。1980 年，日本科学家福岛邦彦为了解决视觉模式识别的相关问题，提出了一种“新认知机”。这种理论与生物视觉理论相结合，产生了一种新的神经网络模型，其具有一定的、像人类一样的模式识别能力。而大约在这个时期，专家系统(Expert System)，即一种可以根据一定的规则解决某个领域问题的程序系统，同样取得了一定的进展。卡耐基梅隆大学曾开发了名为 XCON 的专家系统，在当时 XCON 拥有巨大的商业价值，对人工智能的发展产生了巨大的影响。大约在 20 世纪 80 年代，在机器学习相关的领域中，产生了基于概率统计的决策树等人工智能方法。之后，由于人们对专家系统等人工智能方法的期望过高，对专家系统的投资并不能取得相应的回报，使得人们对相关人工智能领域的投资慢慢减少，人工智能再次步入低谷。

不论如何，即便是在研究的低谷时期，人工智能的研究也从未间断过。正是由于科学家不断地研究，才使得有关人工智能的杰出研究成果不断问世，而这些研究成果也为之后人工智能的复兴逐渐铺平了道路。

3. 人工智能的复兴与稳步发展

进入 20 世纪 80 年代，以美国为发端，神经网络的研究又获得了重大的突破。其标志性事件是 1982 年美国加州理工学院的生物物理学家约翰·霍普菲尔德(John Hopfield)在美国国家科学院的刊物上发表了著名的“Hopfield 模型”理论。这是一个非线性动力系统的理论模型。他在这种网络模型的研究中首次引入了网络能量函数的概念，并给出了网络稳定性判据，还研究了神经网络的动力学渐近行为，并在神经计算和联想记忆方面作出了开创性的工作。如果把网络的各平衡点设想为存储于该网络中的信息，则网络的稳定性将保证这一网络的动力学性质随时间的演化收敛到这些平衡点之一，从而使网络具有联想记忆的特性。

信息存储于整个网络的拓扑结构中，因而是分布式存储，这种信息存储方式不同于把信息孤立地存储于互不联系的存储单元之中，从而使其具有较大的容错能力。这就从根本上克服了以逻辑推理为基础的人工智能理论和冯·诺依曼计算机在处理视觉、听觉、形象思维、联想记忆和运动控制等方面的缺陷。1984 年，约翰·霍普菲尔德(John Hopfield，见图 1.2)又提出了用运算放大器实现该网络模型的电子线路，为神经网络的工程实现提供了有重要参考价值的实现途径。在这一理论的影响下，又有大批科学家重新开始进行了神经网络相关理论的研究。经过不断的研究，各种结构不同的人工神经网络模型层出不穷，相应的神经网络理论也被不断深化并更新，应用领域也不断得到拓展。人类又重新燃起研究人工神经网络的信心，这使得人工智能的研究进入了一个全新的时期。这一时期的人们更加注重于基于实际问题的相关智能算法的研究。

图 1.2　约翰·霍普菲尔德

20 世纪 90 年代，基于统计学的人工智能方法登上了历史舞台，这使得人们的研究重点转向如何让计算机模拟人类的一系列行为。除了已有的感知机、决策树等方法，还产生了开创性的支持向量机(Support Vector Machine，SVM)方法，这是一种使用有监督学习规则实现二分类任务的线性分类器，在一些领域中取得了较为良好的分类效果。2000 年以后，更进一步发展出了诸如随机森林(Random Forest)和大规模感知机等人工智能方法。这些基于概率统计的算法不断发展，成功应用到了多个领域中，如语音识别、网页搜索等。2006 年，杰弗里·欣顿(Geoffery Hinton，见图 1.3)提出了基于深度学习的神经网络[1, 2]，这是一种早先提出的将多个数字神经元分层并连接形成的神经网络。这种早期的以“连接”为主的学习方式再次引起了人们的注意，并广泛应用于模式识别等颇具实际价值的领域中。此后，受益于计算机软件与硬件性能提高，以神经网络为代表的人工智能技术不断发展，其后产生的深度学习算法更是被广泛应用于多个领域的产品开发中。至此人工智能发展的高潮再次来临。2018 年，杰弗里·欣顿荣获了计算机领域的最高奖项——图灵奖。

图 1.3　杰弗里·欣顿

如今，世界范围内的大量科学家和学者的研究不断推动着人工智能技术的发展，而一些比较突出的研究成果已经应用到了实际中。比如之前提到的人脸识别、语音识别[3]、文字识别[4]等方面，都是人工智能在专用领域取得的突破和重大进展。此外，在医学[5]、视觉识别[6]和动作识别[7]等领域中也有成功的应用。虽然现在还无法创造出类似人的人工智能体，但在这些局部智能水平的测试中，人工智能还是可以媲美甚至超越人类智能的，这也是它们能够广泛应用的主要原因。此外，一些科技巨头推出的人工智能开发平台也为人工智能的发展起到了推动作用，例如谷歌研发的TensorFlow[8]。

人工智能在世界范围内的再一次复兴与发展自然也对我国的科学研究产生了巨大的影响。20世纪90年代，国内对于人工神经网络方面的研究也有了长足的进步，可以利用人工神经网络解决多种非线性系统方面的问题，并已获得了重要的研究成果，引发了国内外学者的广泛关注。此外，我国也陆续创办了一系列人工神经网络的期刊，并组织开办了相关的学术会议，推动了我国人工智能的进一步发展。

1.1.2　当代人工智能技术的进展和展望

互联网技术的日益发展和层出不穷的新的技术概念，使得人工智能的发展进入了一个蓬勃的时期。比如大数据概念的提出，使人工智能在多个领域中的应用成为可能。同时由于人工智能的不断发展，对数据的解析能力也不断增强，又进一步促进了计算机处理海量数据的能力。除此之外，云计算、物联网和5G等技术的产生和应用，也从多个方面支撑着人工智能技术的不断发展。

在这样的背景下，多学科交叉成为人工智能发展的新方向，如在图像分类识别、图像智能跟踪、语音识别、文本挖掘、无人驾驶等领域，很多研究成果已经从实验室走到了人们的现实生活中，例如智能无人驾驶汽车(见图1.4)。当前，人脸识别的准确率最高可达99%，已经广泛应用到了安检、购物、金融和手机开机等日常生活中。我们使用的语音助手，则结合了语音识别、文本挖掘等技术。无人驾驶也会在不久的将来成为现实。这些都是人工智能带给人类社会的前所未有的变化。

图1.4　智能无人驾驶汽车

目前，人工智能正在加速与各个行业进行深度融合，在许多领域中掀起了技术革命。例如，在金融领域，使用人工智能技术对股票等金融数据进行分析，有助于人们更好地把握股票走势，理性投资；在医疗领域，人工智能技术可以用于识别医学图像，帮助医生更好、更快地找到病变组织的方位，实现比传统人工识别更加精准、有效的手术切割；在教育领域，人工智能也走进了中小学生的课堂与家庭，可以对不同孩子在学习中面临的不同问题，实现有针对性的教育与指导。

未来新兴产业发展也会逐渐依赖于人工智能的理论与技术。目前，多家科技巨头纷纷布局人工智能产业领域，其中有谷歌、Facebook、微软、苹果、英特尔、甲骨文、IBM等一批国外企业，也包括阿里、腾讯、百度等众多国内知名企业。未来的人工智能发展将包含数据、算法、芯片、软件等设计，而这些研究内容将广泛应用于机械制造、智能医疗、智慧城市、智能家居和智能驾驶等方面，产生巨大的经济效益，因此各大科技巨头都在抢占未来人工智能产业的制高点。由此可见，人工智能在未来的发展无可限量。

同样，未来人工智能将加速各个学科领域的相互交叉与渗透。人工智能本身就是包含了计算机、信号处理、模式识别、脑科学、认知科学与生物以及其他各行业领域在内的交叉学科。人工智能未来将进入生物启发的智能阶段，将神经科学、脑科学等领域的发现转变为可以被计算机识别的模型，真正实现类人智能的人工智能将成为人类一个伟大的梦想与期待。虽然现在国际上有学者质疑人工智能的概念与科学研究伦理，但不可否认的是，人工智能确实给人类社会的发展增添了重要的推动力。人工智能将成为未来各国产业发展的重要竞争领域之一。

1.2　人类智能与人工智能

1.2.1　人类智能与人工智能概述

在人工智能高速发展的过程中，总有一些人对人工智能表示担忧。人们担心人工智能如果按照这样的趋势发展下去，将来一定会诞生可能威胁到人类生存的智能体，因此他们建议应该严防人工智能的过度发展。一方面，人们主要担忧如果真的诞生了智力程度不输给人类的智能体，加上计算机自身计算能力和存储信息的能力远远超过人类，这样的智能体非常有可能威胁到人类自身的生存。另一方面，如果诞生了这样的智能体，对人类社会的伦理道德也是一次前所未有的巨大挑战。届时，人类将如何看待执行任务能力超过自己的智能体？是否需要采用人类的伦理道德观念去看待它们呢？

其实，在思考这样的问题之前，我们要意识到，当前人工智能的发展还停留在非常早期的阶段。首先，目前人工智能赖以发展的各种理论基础、经典算法，都是在较长的时间之前就已经诞生了的，并被不断地分析和证明。人工智能最近十年内得到如此长足的发展，得益于目前各种算法所要具备的两大条件，即海量的数据与硬件计算能力的提升。互联网的发展以及大数据技术的应用为人工智能需要学习的大量数据提供了最基本的保证，现在应用的大部分人工智能技术，都需要基于海量的数据进行学习和决策，而这样海量的数据在 20 世纪互联网刚刚起步的年代是无法得到的。另外，硬件技术的发展，又为这样大批量数据的学习带来了运算时间上的保证。过去，即便是学习小批量数据，也要花费漫长的时间。如今，计算机硬件技术的发展，尤其是使用多个流处理器运算的图形处理器在架构和制程上的发展，使得神经网络的学习时间极大地减少。此外，神经网络专用硬件的发展也为人工智能的应用提供了支持，例如英特尔研发出的含有 800 万个数字神经元和 80 亿个轴突的计算机系统(见图 1.5)，可以为深度学习等人工智能领域提供很好的计算应用平台。上述基础条件保证了人工智能的发展和应用，也进一步推动了人工智能领域的深入研究。但同时我们需要认识到，目前已有的人工智能技术距离达到人类智力尚有很远的距离，在许多领域内人工智能还无法胜任，因此，目前有关人工智能超越人类智能的担忧是完全没有必要的。那么，人类智能与人工智能到底有什么关系呢？

人类在研究自然、改造自然的过程中，逐渐认识到了研究人脑的物质结构、意识活动和生物特征的极端重要性。虽然人们已能从神经结构、细胞体构成和分子生物学的水平上初步探明人类大脑组织的特征，并已可以通过生理实验证明许多大脑的认知机理，而且从定性上掌握了人脑的信息处理具有并行运算、分布式存储、自学习和联想记忆的特点。人脑神经生理学的研究表明，人的大脑由 10^{11}～10^{12} 个神经元组成，相当于整个银河系星体的总数，而其中每一个神经元又与其他 10^2～10^4 个神经元相连，全部大脑神经元经神经元之间的神经键(突触)结合，构成拓扑上极其复杂的神经网络。

图 1.5　含有数百万个数字神经元的计算机系统

人脑具有层次结构，其中最复杂的部分是处于大脑最外层的大脑皮层。在大脑皮层中密布着由大量神经元构成的神经网络，这就使它具有高度的分析与综合能力。大脑皮层是人脑思维活动的物质基础，是脑神经系统的核心部分。人们通过长期的研究，进一步探明了人类大脑皮层是由许多不同的功能区构成的。例如，有的区域专门负责运动控制，有的区域专门负责听觉，有的区域专门负责视觉等。在每个功能区中，又包含许多负责某一具体功能的神经元群。例如，在视觉神经区，存在着只对光线方向性产生反应的神经元。更进一步细分，某一层神经元仅对水平光线产生反应，而另一层神经元只对垂直光线产生反应。需要特别指出的是，大脑皮层的这种区域性结构，虽然是由人的遗传特性所决定的，具有先天性，但各区域所具有的功能大部分是人在后天通过对环境的适应和学习而得来的，神经元的这种特性称为自组织(Self-Organization)特性。

人类大脑的定义有广义和狭义之分：狭义指的是中枢神经系统，广义则指的是整个神经系统。因此从广义上来理解，人脑科学与神经生物学是同一概念。人的大脑是生物体内结构和功能最复杂的器官，同时它也是极为精巧和完善的信息处理系统，它掌管着人类的语言、思维、感觉、情绪、运动等高级活动。人脑的智能活动研究必须是多层次的，例如人脑的高级功能的研究已经深入到了细胞和分子水平，尤其是对学习和记忆的研究尤为明显，这既需要行为方面的研究，也依赖于在记忆过程中对分子事件的细致分析。人脑科学发展有一个显著特点，即对人脑的研究很大程度上依赖于技术的发展和完善。分子生物学方法、神经电生物学方法、神经系统成像方法以及复杂系统的非线性方法是目前脑科学研究的最新趋势。

由于脑神经细胞的数量巨大(约为 10^{11}～10^{12} 个神经元)和连接的高度复杂性，使得人们直到目前为止还不能完全掌握人脑的物质组成结构、大脑思维、意识和精神活动的特点。但是，人类的大脑是让我们能够认识世界、改造世界的核心，足够发达的大脑能让我们从复杂的环境中抽象出许多可以学习的知识，通过抽象的记忆与学习，大脑进一步指挥身体做出各种应对外界环境的行为，促使人们认识世界并改造世界。人类社会正是在认识世界与改造世界的过程之中，才一步步走向现代化的。

人工智能的概念是 20 世纪由计算机科学家们共同提出的，它可以被定义为两部分，即“人工”和“智能”。“人工”，顾名思义，就是指人造。目前的人工智能都可以看作是人工创造出来的一种系统；而“智能”所涉及的概念就包含了许多方面的内容，它的概念正是通过人类智能的概念来设定的。斯坦福大学的尼尔逊教授认为，人工智能是一个知识表示及知识获取和使用的科学。麻省理工学院的温斯顿教授认为，人工智能是研究如何使计算机做过去只有人类才能做的智能工作。也就是说，人工智能的任务就是像人类智能一样去学习并运用知识，完成人类的工作，为人类分担一部分工作量。但是，人工智能并不等同于人类智能。

1.2.2 人类智能与人工智能的比较

人工智能正是通过对人类智能的研究，才能够有所发展的。例如，当今应用广泛的以神经网络为代表的人工智能技术起初正是通过模拟人类大脑的最基本的单元——神经元来实现一定的识别功能的，比如最初的 M-P 神经元。图 1.6 是生物神经元模型的示意图。神经元包含细胞体、树突和轴突三个主要组成部分。树突充当神经元的输入端，接收来自其他神经元的神经信号输入并送入细胞体。轴突充当神经元的输出端，负责将细胞体产生的神经信号传导出去。细胞体是神经元新陈代谢的中心，也是接收与处理信息的部件。树突围绕细胞体形成树状结构，通过突触接收其他神经元输入的信号。轴突是细胞体向外延伸最长、最粗的一条树枝纤维体，它是神经元的输出通道。神经元的输出信号通过此通道，从细胞体远距离地传送到神经系统的其他部分。突触是一个神经元的轴突与另一个神经元的树突之间的功能性接触点，在突触处两个神经元并不相通，它仅仅是彼此发生功能联系的界面。关于突触传递，已知的有电传递和化学传递两种。

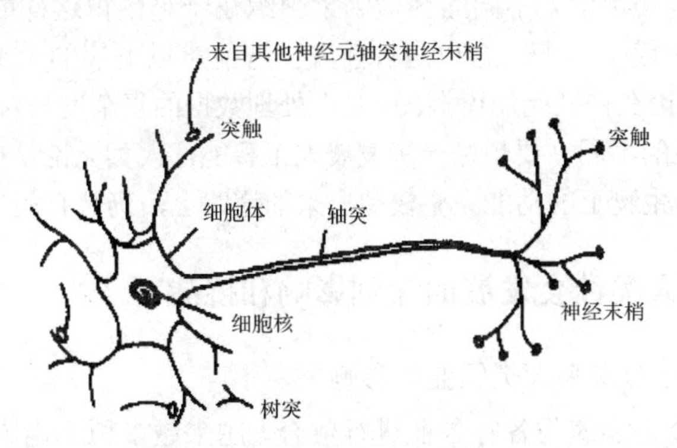

图 1.6　生物神经元模型的示意图

神经元之间相互作用的机理至今仍未完全搞清楚，一般说突触可分为兴奋型和抑制型两种。若突触后膜的电位超过引起神经激发的阈值即为兴奋型，否则为抑制型。一个神经元将所有与其输入通路相连的突触上的兴奋电流收集起来，若兴奋电流占主导地位，则该神经元被激活，并将这个信息通过与其输出通道相连的突触传送给其他神经元。人脑中有的神经元只与邻近很少几个神经元通信，而有的神经元却与几千个神经元相连。突触的另一个特点是具有可塑性，即神经元的神经键(突触)随着动作电位的脉冲激励方式与强度的变化，其电位传递作用可增强或减弱，这是人工神经网络权值学习的生物学基础。

图 1.7 是简单的 M-P 神经元模型的示意图，它模拟了生物神经元的功能。在这个模型中，x_1、x_2 和 x_3 分别代表神经元的输入，通过分别与权值 w_1、w_2 和 w_3 相乘汇总到达神经元细胞体中，这一过程类似于生物神经元树突传递兴奋的过程。汇总之后的数值通过函数 $f(\cdot)$的映射得到输出值 y，从而能够将信号传递出去，这就类似于生物神经元轴突传递信号的过程。

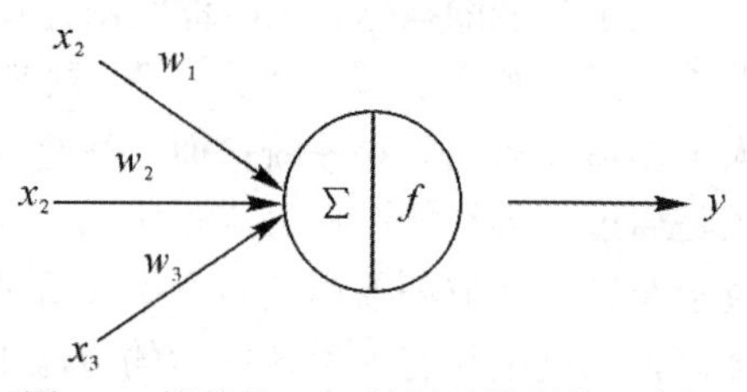

图 1.7　简单的 M-P 神经元模型的示意图

通过对人类大脑神经元的抽象与模拟，可以实现人工神经元以及人工神经网络在现代社会的大规模应用。可见，人工智能与人类智能的发展是密切相关的，因为有人类智能，才能有人工智能。可以说，人工智能一直在模仿人类智能。

上述案例说明，人工智能通过模拟人类智能，可以实现一些简单的任务，如面部识别、语音识别、文字识别等。然而，人类智能是抽象的、复杂的，也是难以被认识的。而人工智能则是在一定的条件下，尽可能地模拟人类智能的某一些方面的功能。所以它们的区别在于：在依托的载体方面，人类智能的实现依托于有着复杂生物结构的大脑，而人工智能则是依靠现有计算机的计算能力和相应的各种算法；在功能上，虽然人工智能可以实现一些简单的功能，但在许多复杂的环境中，人工智能仍然无法应用。

当前，人工智能应用最多的算法是深度神经网络。然而，深度神经网络应用的领域大多数都需要大量的数据，对于那些复杂环境中的数据，深度神经网络仍然无法进行常识性的推理，无法将这些领域的数据与方法融会贯通并应用于其他领域。深度神经网络确实对人类大脑进行了性能优异的模拟，但其规模依然完全无法与人类大脑的规模相比。人类所生活的世界包含多种环境因素，不同的环境因素交织在一起使得这样的环境中的信息难以被数据化，也就难以被模拟出来。这也是目前人工智能难以解决的一个方面。

因此，人工智能无论在神经元规模上，还是在处理数据的复杂度与对数据抽象的能力上，都与人类智能有着本质的不同。要想进一步发展人工智能，人类无论是在认识自己的智力的道路上，还是在将这种生物上的功能完整模拟出来的道路上，仍然有相当长的距离要走。

1.2.3　人工智能对人类社会发展的深刻影响和挑战

1. 人工智能的发展对未来人类职业的影响

人工智能技术如今正加速与各行各业进行融合。越来越多原本由人类负责的工作岗位正在被搭载人工智能系统的机器所代替。

在与机械相关的企业中，人类是很容易被人工智能替代的。在机械制造与自动化行业中，相比人类，机械永远不会疲劳，产品出现误差概率较小，同时采用智能的机械代替人类工作，可以提高劳动生产率，从而提高经济效益。例如，现在的生产型企业多采用自动化机器人进行装备制造，节省了人力，提高了工作效率，也提升了企业收益。

在与数据相关的行业中，人工智能正逐步取代人类。在诸如金融数据的收发与处理、后台事务处理、信息事务处理等任务中，人工智能可以凭借远远超过人类的强大计算能力，迅速实现信息数据的计算与转换，同时也可以将误差降到最小，这样就大大提升了数据处理的速度与精度。

除了在生产方面对社会产生直接影响外，人工智能也在不断改变人类的生活，产生很多间接影响。它对社会生产以及人类生活的积极影响，进一步改善了人类的生存环境，人类的寿命将进一步延长，这也为养生和保健等行业带来了新的就业岗位。

此外，人工智能的发展将进一步推动社会的信息化，例如智慧城市、智能政务、智慧医疗、智慧旅游、智能家居等，使更多的职业要求从业者具备智能与信息处理知识和能力。在这个过程中，首先要面临的就是当前社会中人口的职业转化问题。据估计，到2030年，中国将有约1亿人口面临职业变迁，人们的工作内容也将被自动化系统大幅度取代。

由此可见，新的技术可能会造成岗位数量的减少，但同样也会带来新的就业机会与新的经济增长动力。所以，人工智能将给社会带来机遇和挑战，只有成功实现社会转型，才能推动社会不断前进。

2. 人工智能的发展对伦理道德和社会法制的影响

如果人工智能发展程度很高，就会不可避免地涉及伦理道德与社会法制的问题。假设人工智能具有人类同等甚至以上的智力水平，人工智能是否应被授予与人类相同的伦理与法律地位？这个问题放到现在或许还难以被定论，但在某些领域，这种类型的问题其实已经是人类不得不面对的问题了。

比如无人驾驶问题。当发生车祸时，要保护车上的乘客还是车下的行人？无论保护哪一方，都会有一方的权益受到损害，这时应该责备系统本身还是生产汽车的公司？还是认定为多方责任？再比如，医生使用人工智能技术识别人体组织图像上的病变组织时，假设识别出现了一定偏差，责任如何认定？很多手术都只有一定的成功率，不论是完全由医生做手术还是医生借助人工智能技术做手术都有失败的风险。对于借助人工智能技术的手术，虽说有可能会提升手术成功率，但同时也会为手术失败的认定带来麻烦。出现失败这样的后果又该由谁来承担责任？相关的法律中对这种情况的鉴定仍旧较为模糊。

在未来，如果产生了拥有人类智力程度的智能体，社会伦理道德与法制又将如何对待它们？假设未来的机器人有人类水平的智力与思考能力，或是具备类似人类与其他动物的情感，到那时，我们将不得不重新审视人工智能在人类社会中的法律地位，也不得不重新审视人类自身与人工智能的关系。

不管怎么说，人类必将迈入人工智能时代，我们需要谨慎界定人机之间的关系格局。“建立人工智能法律法规、伦理规范和政策体系，形成人工智能安全评估和管控能力”，这是国务院在《新一代人工智能发展规划》中提出的意见。同时，为智能社会划清伦理道德界限也是国际社会的普遍共识。目前，多家科研机构与科技巨头成立了 AI 伦理委员会，也有越来越多的专家学者不断呼吁，给人工智能确定尽可能明确的法律法规，确保社会的稳定。

总之，当前法律法规对人工智能技术涉及领域的规范依旧不足。随着人工智能技术在社会中的应用范围不断扩大、水平不断提升，人工智能必将促进相关法律的制定和完善。由此可见，人工智能的发展对伦理道德和社会法制必将产生巨大的影响。

3. 人工智能的发展对军事领域的影响

人工智能将在军事领域产生深远的影响。习近平主席已经指出，“要加快军事智能化发展，提高基于网络信息体系的联合作战能力、全域作战能力”。

将人工智能应用于战场，可以使战场空间进一步扩展，增加战场中的作战要素，改变当前战场的制胜机制。在战场态势的感知上，通过智能传感与组网的结合，可以全方位、立体化构建出实时作战环境，再加上数据挖掘等智能技术，可以进一步剖析出战场信息，预测战场动态。在作战任务的规划上，可以运用机器学习、神经网络等技术构建战术决策模型，明确当前战场作战态势，感知预测战场规律，辅助战场人员在战场上做出更加准确的决策和指示。在作战行动实施上，可以将智能交互技术应用到可穿戴设备中去，作战人员通过可穿戴设备与作战环境进行更加有效的交互，为战场的局势分析以及战场态势变化的感知提供更加有力的帮助。此外，通过人工智能技术，可以对当前战场中的作战效果进行数据分析与分级分类，依据分析结果对下一步的打击行动做出正确指示。

将人工智能与战场的战术结合，可以开辟出许多新的作战方式；通过人工智能技术与战场作战武器相结合，可以构建出一体化联合作战体系，在作战空间的夺取中占据主导权。智能化也可以突破人体自身的诸多限制，为作战行动提供新的战术。例如，在潜伏战中，预先将搭载智能系统的无人设备部署在重点区域，只在需要时激活设备，便可以对目标进行突然攻击；在群集战中，使用具有较高系统能力的智能系统对目标实施侦察、干扰和攻击等行动，有利于在战场中迅速占据优势，实现先发制人。

4. 两起典型的人工智能应用引起的轰动效应

尽管人工智能与人类智能相比还有着巨大的差距，但凭借着现代计算机的强大计算能力以及信息存储能力，人工智能在一些领域的成功应用，仍然给人类社会带来巨大的震撼。有两起典型的事件为人们所熟知，一是AlphaGo战胜李世石，二是索菲亚公民权事件，它们是人工智能给人类社会带来冲击的两大代表性事件。

如图1.8所示，2016年谷歌的围棋人工智能AlphaGo向韩国棋手李世石发起围棋挑战，并最终以总比分 4∶1 战胜对手，取得人机对决中的胜利。这场胜利让人工智能的热度空前高涨。在围棋领域，人类的地位已经受到了来自人工智能的挑战。

图1.8　AlphaGo与李世石对战

与早年间的“深蓝”计算机通过暴力计算的方式战胜人类不同，AlphaGo真正对围棋的大量对局信息进行了学习，可以判断多种情形下的落子位置，再加上计算机不会受到情绪以及诸多外界因素的干扰，也不会疲劳，使得采用人工智能技术的计算机在围棋对决中更胜一筹。在这次对决之后，AlphaGo之父——德米斯·哈撒比斯表示，下一步将会让计算机自己学习如何下围棋，不再接受来自人类对局的知识，从而真正实现自主学习。在这之后，AlphaGo 的继任者——AlphaZero[9]则能够根据给定的游戏规则，从零开始自动学习游戏技巧。2018 年，AlphaZero 登上了《科学》杂志的封面。

除了在围棋中的应用，还有一条新闻让人类产生了对人工智能的恐慌，这就是著名的索菲亚公民权事件。图 1.9 展示了机器人设计师戴维 · 汉森与他的机器人索菲亚。2016 年，汉森主导设计的类人机器人索菲亚(Sophia)在节目中表达了自己的愿望，称想去上学，想要成立家庭。在之后的电视报道与媒体采访中，索菲亚更是以一连串的惊人言论让自己声名鹊起，甚至在一次采访节目中回答："我会毁灭人类。"她的出现，让许多人产生了对拥有人类智力的机器人的恐慌。

图 1.9　戴维 · 汉森与索菲亚

不过我们大可不必为此担心。在这些节目和报道中，索菲亚之所以看起来能对答如流，妙语频出，这离不开电视台高超的拍摄手法和有意烘托的现场氛围，以及索菲亚内部程序的设定。对于索菲亚是否真的具有人类的情感与意识，汉森已经说过："目前能够进行对话的人工智能，都是由人工编程的，索菲亚也是如此。目前没有一个机器人能够像人类一样理解世界，具有自我意识。"也就是说，不管索菲亚的面部表情模拟的再丰富，橡胶头套做得再逼真，"她"都不具备像人类那样认识世界的能力。虽然"她"具备一定的学习能力，但"她"还远远达不到与人类正常交流的地步，抛开节目效果不谈，许多时候索菲亚的回答仍然是不着边际的。

索菲亚给人们带来更多的还是关于人工智能不断发展的担忧。毕竟，不论什么样的技术都是为人类服务的，人类不想创造出一个可能会威胁到人类生存的未知个体。从另一方面看，人工智能又会促进人类文明的发展，人类未来将会以更加先进的方式生存下去。这便是人工智能不断发展与人类自身发展的一种矛盾。但不论是什么技术的发展，都是在矛盾中不断前进的。所以，人工智能仍将一步步地持续发展下去。

1.3　人工智能解决的主要问题

在前一节的描述中，我们对比介绍了人类智能与人工智能的基本概念和相关知识。那么人工智能究竟能够解决哪些方面的问题呢？通过这一小节，我们将会对这一问题有一个大致的了解，这有利于之后大家进一步学习人工智能的理论以及在各领域的应用。当前，人工智能主要用来解决分类及预测、行为决策、数据生成以及迁移学习等几方面的问题。

1.3.1 分类及预测

分类及预测是目前人工智能应用非常广泛的领域。这种问题是指在给定的数据中，采用何种方法，能将含有不同特征的数据分成不同的类型，或是根据前一段时间范围内数据蕴含的规律预测出数据在之后时间的值。图 1.10 为数据分类及预测整个过程的大致流程。在解决这类问题的时候，往往是通过已知一定量的数据，让我们的机器学习模型去学习其中包含的特征与规律，最终能够识别给定的数据类型或是预测出符合数据规律的某条曲线。模型一般使用有监督学习(Supervised Learning)的学习方法。有监督学习是当前较为高效的学习方式，它使用一定量的数据，通过一定的预处理提取出数据的特征值，经过学习模型的学习，得到预测值与真实值之间的误差，再通过反馈学习的机制将误差缩小并更新学习模型内部的多种参数，从而完成整个学习过程。

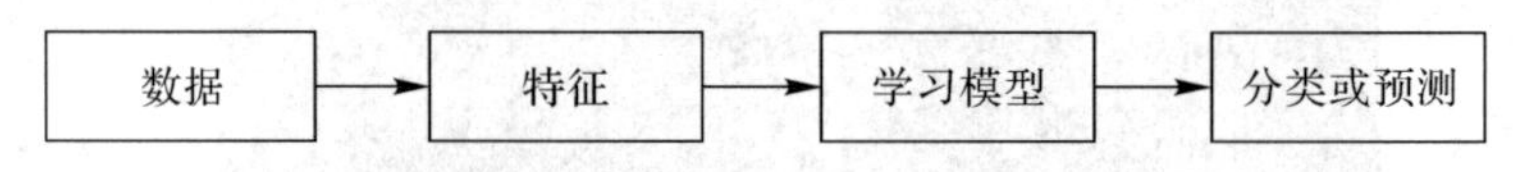

图 1.10　数据分类及预测的大致流程

例如，已知有一组数据，其中每一个样本包含年龄段、工作领域、薪资三种类型的数据，如表 1.2 所示。在有监督学习中，年龄段、工作领域就是学习模型用来学习并预测的样本数据，薪资就是真实值。通过训练学习模型，对包含年龄段以及工作领域的不同数据进行编码与特征抽样，用这些数据来训练学习模型，就可以获得每个数据样本的预测值。之后通过计算预测值与真实薪资之间的差值，学习模型就可以获得调节自身参数的反馈，从而不断调整模型内部的不同参数。通过这样不断的训练，学习模型最终能根据任意给定的年龄段以及工作领域等信息，预测出大致的薪资。

表 1.2　年龄段、工作领域、薪资关系表

年龄段/岁	工作领域	薪资/元
20～30	互联网	9 586
30～40	金融	11 463
…	…	…

此外，学习算法还包括无监督学习(Unsupervised Learning)和半监督学习(Semi-supervised Learning)等方式。无监督学习可以用于有监督学习应用较为困难的地方并在一些领域获得了成功，例如生成对抗网络[10]。有监督学习的真实值在一些场景中需要花费巨大的人力与财力来获得，而无监督学习则不需要人工标注这样的真实值来对模型进行训练。半监督学习则介于有监督学习与无监督学习之间，旨在利用小部分数据提供的真实值进行学习，节约了成本，亦可以达到介于有监督学习与无监督学习之间的效果。

1.3.2 行为决策

人工智能可以解决的第二类问题就是行为决策。大家所熟识的战胜李世石的 AlphaGo，就是采用这种方法训练得到的。在决策问题的场景中，我们往往会关注某种行为是否能够获得更好的收益，也就是通过做出决策指导目标来获得更好的实际效果。通常，我们使用强化学习(Reinforcement Learning)[11]的学习方式来解决这种问题。

例如，在游戏中，假设有某一个地图，如图 1.11 所示。我们按下某一个游戏按键控制目标到达下一个地点后，目标行走正常且没有踩到陷阱，那么就会产生一个奖励值，鼓励我们继续执行相关动作。如果中途踩到陷阱，则会产生一个负面的惩罚值，告知学习模型不要再走这一路线。学习算法能够经过不断的尝试，最终走到终点，达到我们期望的目的。在这个例子中，目标在地图中所处的位置就是强化学习中的状态信息，目标按某一方向进行移动就是强化学习中的动作，奖励值就是回报，目标所处的可以与自身交互并且给予它奖励或惩罚的地图，就是强化学习中的环境。状态、动作、回报值、环境，再加上我们自身——也就是决策主体，就构成了强化学习模型的主要组成部分，如图 1.12 所示。

在当前的人工智能研究中，强化学习也是一个重要的方向之一。通过不断的训练，采用这种学习方式的模型可以获得比人类更好的决策能力，从 AlphaGo 身上可见一斑。虽然提出强化学习概念的时间较早，也有了一些研究成果[12]，但如何真正大规模应用到实际领域中仍然比较困难，相关的研究仍在不断进行之中。

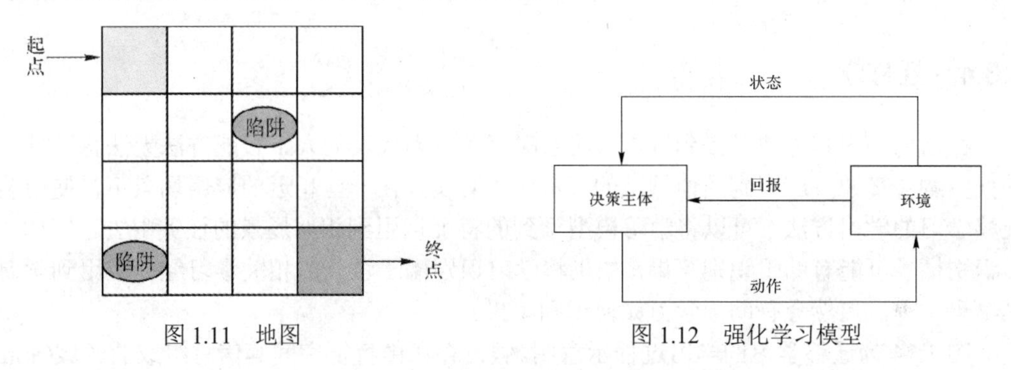

图 1.11　地图　　　　图 1.12　强化学习模型

1.3.3　数据生成

无监督学习的一个重要的应用，就是生成对抗网络(Generative Adversarial Networks，GAN)。生成对抗网络是无监督学习应用中的一种有很大应用前景的方向，它的诞生曾在以深度学习为代表的人工智能领域中掀起了一场革命，在数据生成领域中获得了显著的效果。

生成对抗网络至少包含两个模块，即生成模型(Generative Model)和判别模型(Discriminative Model)。使用生成对抗网络生成数据的过程可以看作生成模型和判别模型两方互相“博弈”的过程。假设给定一定数量的样本数据，生成模型会利用学习模型将服从某种概率分布的噪声数据映射到给定的真实数据空间去，从而生成与给定原始数据相类似的假数据。而判别模型则会识别出给定的原始数据与生成数据之间的区别，判断出生成的数据是不是真实的。这样，生成模型会根据原始数据与判别模型的识别结果，不断学习并更新自身内部的参数，生成新的合成数据，力求让判别模型分辨不出自己生成的数据是真还是假；判别模型也会通过更新自身的参数，从而增强自身的“鉴伪”能力。这样双方不断进行博弈，最终，生成模型生成的数据能够让判别模型无法识别真假，也就是判别模型识别生成的数据是真或假的概率为 0.5 时，整个生成对抗网络学习过程也就结束了。生成对抗网络的基本模型如图 1.13 所示。

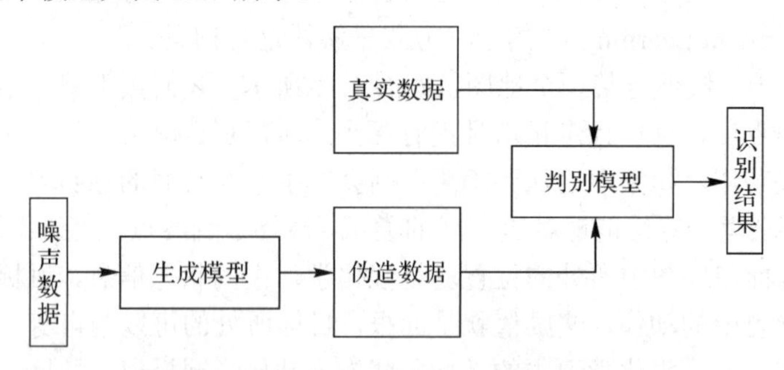

图 1.13　生成对抗网络的基本模型

利用这样的方法可以生成诸如图像、音频、文本等数据。最初的生成对抗网络不要求生成模型和判别模型必须是某种神经网络，只要是能够实现生成和判别的函数即可。由于神经网络在人工智能中的广泛使用，两种模型大都是神经网络模型。例如生成对抗网络在图像领域的应用中，使用了与图像密切相关的卷积神经网络(Convolutional Neural Network，CNN)。

1.3.4　迁移学习

在前面的内容中曾经提到过，当前以深度学习为代表的人工智能方法无法将某种领域的任务融会贯通并应用到其他领域的任务中。其实，在一些相近的应用场景下，使用名为迁移学习的学习方法，可以将学习模型学到的特征运用到相似场景的任务中去。例如，学习识别橘子可能有助于识别苹果，如果将学习识别橘子学到的相关学习经验应用到学习识别苹果中去，显然会有助于学习如何识别苹果。

图 1.14 为迁移学习的学习过程示意图。假设存在由特征空间等信息组成的源域(Source Domain)和与源域对应的学习任务，同样由特征空间等信息组成的目标域(Target Domain)和与目标域对应的学习任务，且源域与目标域并不等同。这时通过迁移学习，可以利用源域及其学习任务中包含的知识，帮助完成在目标域中进行的学习任务。

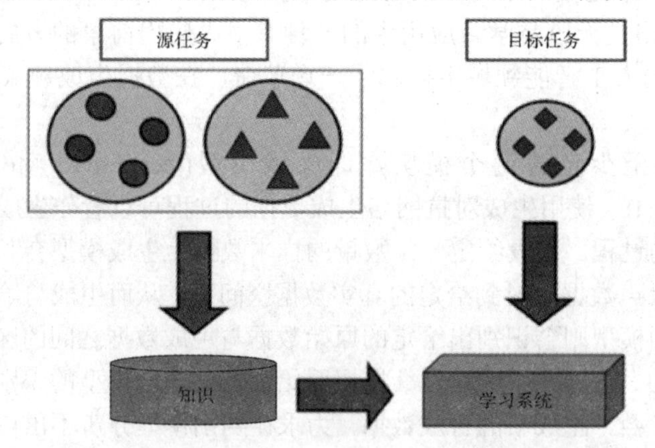

图 1.14　迁移学习的学习过程示意图

与传统执行单任务的机器学习方法不同，迁移学习可以针对多个源域中的任务进行学习并将学到的知识转移到目前正在执行的学习任务中，从而将它们整合起来，送到同一学习系统中去。目前，迁移学习在图像、文本等领域均有应用。

1.4 人工智能的主要学习方式

机器学习与深度学习都是人工智能中的重要概念。通常来讲，人工智能涉及的范围是最广的。人工智能、机器学习、深度学习三者的关系如图 1.15 所示。

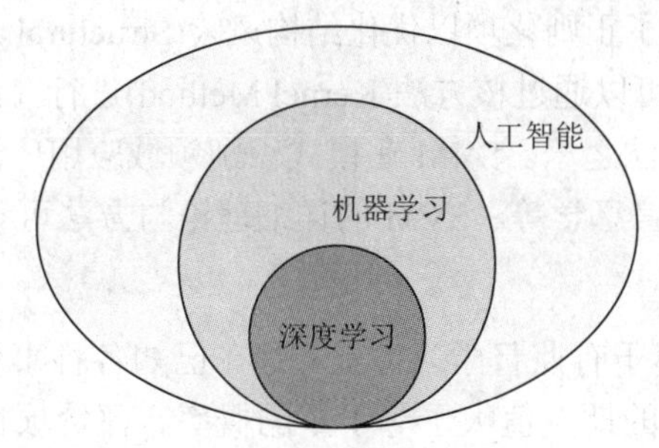

图 1.15 人工智能、机器学习、深度学习三者的关系

前面已经介绍过，人工智能的概念是最先被提出的，之后是机器学习各种方法被提出。而在机器学习的基础上，又进一步发展出了深度学习的概念。下面将分别介绍机器学习与深度学习。

1.4.1 机器学习

机器学习是一种实现人工智能的方法。在人工智能发展史中已经介绍过，人工智能包含非常多的研究领域，包括早期的专家系统、进化计算，以及现在流行的计算机视觉、自然语言处理、推荐系统等。一些经典的学习算法例如有监督学习、无监督学习等，正是机器学习中提出的概念，而所有的相关研究领域都会使用机器学习算法来实现人们的一个个设想。

机器学习最基本的做法就是，通过对已有的数据进行分析，学习数据中蕴含的规律，从而解决诸如分类、决策等特定的任务。传统机器学习算法对小批量数据的学习十分有效。在处理小批量数据时，机器学习算法首先会进行一定的特征处理工作。例如，通过某种数学方法提取出能够表达这种数据的最有效的特征，并对特征进行一定的降维处理。如果选取的特征处理方法以及机器学习算法十分有效，即便是对小批量的数据进行分析学习，最终也会得到令人满意的结果。此外，由于处理的数据量相对较小，研究人员需要付出的计算代价也就较小。特别是在早期的机器学习研究中，由于当时的计算机 CPU 处理数据的速度较慢，导致相关研究只针对较小数量的数据。这就使得研究人员更加集中精力寻求有效的特征提取算法来分析、学习数据中的特征，以期能够在有限的条件下获得更好的实验结果。

机器学习主要有有监督学习(Supervised Learning)和无监督学习(Unsupervised Learning)两大类算法，有监督学习算法主要有支持向量机(Support Vector Machine，SVM)、决策树(Decision Trees)、朴素贝叶斯分类(Naive Bayesian Classification)、最小二乘法(Ordinary Least Squares Regression)、逻辑回归(Logistic Regression)、集成方法(Ensemble Methods)等六种算法；

无监督学习主要有聚类算法(Clustering Algorithms)、主成分分析(Principal Component Analysis，PCA)、奇异值分解(Singular Value Decomposition，SVD)和独立成分分析(Independent Component Analysis，ICA)。下面简要介绍四种主要的机器学习算法及其应用领域[13]。

1. 支持向量机

SVM 属于有监督学习方式，是一类按监督学习方式对数据进行二元分类的广义线性分类器(Generalized Linear Classifier)，其决策边界是对学习样本求解的最大边距超平面(Maximum-margin Hyperplane)。SVM 使用铰链损失(Hinge Loss)函数计算经验风险(Empirical Risk)，并在求解系统中加入了正则化项以优化结构风险(Structural Risk)。SVM 是一个具有稀疏性和稳健性的分类器，可以通过核方法(Kernel Method)进行非线性分类，该方法是常见的核学习(Kernel Learning)方法之一。SVM 在模式识别领域应用广泛，包括人像识别、文本分类、手写字符识别、生物信息学等。SVM 的详细理论与方法可参考文献[13]。

2. 决策树

决策树(Decision Tree)属于有监督学习方式，是在已知各种事件发生概率的基础上，通过构成决策树来求取净现值的期望值大于等于零的概率、评价项目风险，判断其可行性的决策分析方法，也是一种直观运用概率分析的图解法。由于这种决策分支画成图形很像一棵树的枝干，故称决策树。决策树的生成算法有 ID3、C4.5 和 C5.0 等。决策树是一种十分常用的分类方法。已知一些样本，每个样本都有一组属性和一个分类结果，那么通过学习这些样本可以得到一个决策树，这个决策树能够对新的数据给出正确的分类。决策树的详细理论与方法可参考文献[13]。

3. 聚类算法

聚类算法就是根据特定的规则，将数据进行分类。分类的输入项是数据的特征，输出项是分类标签，它属于无监督学习算法。它只需要一定量的数据，而不需要标记结果，可通过学习训练，发现属性相同的群体。聚类算法用途广泛，例如在商业上，聚类算法可以帮助市场分析人员从消费者数据库中区分出不同的消费群体来，并且概括出每一类消费者的消费习惯。它可作为数据挖掘中的一个模块，也可以作为一个单独的工具以发现数据库中分布的一些深层信息，并且概括出每一类的特点，或者把注意力放在某一个特定的类上以做进一步分析。聚类算法可以分为划分法(Partitioning Methods)、层次法(Hierarchical Methods)、基于密度的方法(Density-based Methods)、基于网格的方法(Grid-based Methods)、基于模型的方法(Model-based Methods)。聚类算法的详细理论与方法可参考文献[13]。

4. 主成分分析

主成分分析(Principal Component Analysis，PCA)是一种统计方法，是数学上处理降维的一种方法，也属于无监督学习。它通过正交变换将一组可能存在相关性的变量转换为一组线性不相关的变量，转换后的这组变量叫作主成分。主成分分析的原理是设法将原来的变量重新组合成一组新的无关的综合变量，同时根据实际需要从中取出几个较少的综合变量尽可能多地反映原来变量的统计信息。为了全面、系统地分析所要研究的实际问题，人们必须考虑众多影响因素，这些因素在多元统计分析中也称为变量，变量太多会增加计算量和分析问题的复杂性。由于每个变量都在不同程度上反映了所研究问题的某些信息，因而所得的统计数据反映的信息会存在一定程度的重叠，因此在用统计方法研究多变量问题时，人们希望在进行定量分析的过程中涉及的变量较少，得到的信息量较多。主成分分析正好具有这两个方面的优点，是解决这类问题的理想工具之一。主成分分析在人口统计学、数量地理学、分子动力学模拟、数学建模、数理分析等学科中均有应用[13]。

1.4.2　深度学习

如图 1.15 所示，深度学习(Deep Learning，DL)是机器学习(Machine Learning，ML)领域中一个新的研究方向，深度学习是一类模式分析方法的统称[1]。深度学习是比机器学习更复杂的学习算法，在语音和图像识别方面的应用取得了十分显著的效果，其性能远远超过先前相关机器学习算法的性能，是当前人工智能(Artificial Intelligence，AI)领域十分热门的研究方向。深度学习是学习样本数据的内在规律和表示层次，深度学习过程中获得的信息有助于对文字、图像和声音等数据予以解释。它的最终目标是让机器能够像人一样具有思维与学习的能力，能够识别文字、图像和声音等数据，实现人机交互。深度学习有如下特点：

(1) 网络模型隐含层的层数多，可以有 100 多层的隐含层。

(2) 样本的特征不是专家人工标记的，而是通过逐层特征变换，将样本在原空间的特征表示变换到一个新特征空间，从而使分类或预测更容易。与用人工规则构造特征的方法相比，利用大数据来学习特征，能够更准确和快速地刻画数据丰富的内在信息。

对于不同的具体问题，通过设计相应的神经元计算节点数和多层运算层次结构，并选择合适的输入层和输出层，然后利用先进算法对网络的参数进行学习和优化，直到网络达到收敛状态，建立起从输入到输出的函数关系。该方法即使不能准确地找到输入与输出的函数关系，但也可以尽可能地逼近其关联关系。这样的复杂多层训练好后，就可以实现对复杂任务处理的自动化要求。

深度学习的概念起源于人工神经网络的研究。含多层隐含层的多层感知器就是一种深度学习结构。深度学习通过组合低层特征形成更加抽象的高层表示属性类别或特征，它能够对机器学习无法胜任的大批量数据任务实现有效的分析，再加上 GPU 的发展，使得以神经网络为主的深度学习算法能够同时处理大量数据。一些特有的网络诸如残差网络以及之前提到的生成对抗网络被相继提出，越来越多的人将它看作一种单独的学习种类。深度学习在搜索技术、数据挖掘、机器翻译、自然语言处理、多媒体学习、语音和图像识别、推荐和个性化技术以及其他相关领域都取得了丰硕的成果。深度学习可使机器模仿人类的视听和思考等活动，解决了很多复杂的模式识别难题，使得人工智能相关技术取得了巨大的进步。

深度学习的思想源于人脑的启发。在看到一个苹果后，具有复杂结构的大脑(见图 1.16)可经过重重抽象将看到的苹果图像简化为某种信息，识别出这是一个苹果。深度学习的过程与此类似。深度学习利用神经网络来对具体事物数据进行抽象，实现学习。深度学习的神经网络包含很多个隐含层，如图 1.17 所示。一般来说，隐含层越多，每层隐含层包含的神经元数量越多，抽象事物数据的能力就越强。通过多层处理，逐渐将初始的“低层”特征表示转化为“高层”特征表示后，用“简单模型”即可完成复杂的分类等学习任务。由此可将深度学习理解为“特征学习(Feature Learning)”。

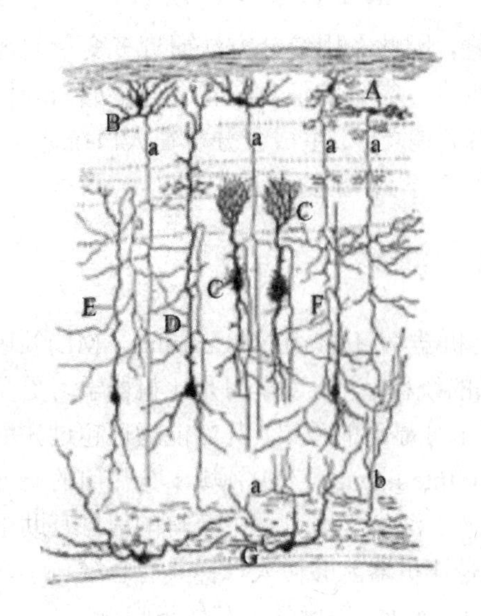

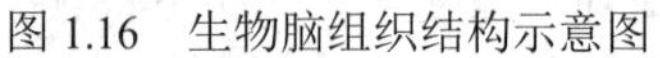
图 1.16　生物脑组织结构示意图

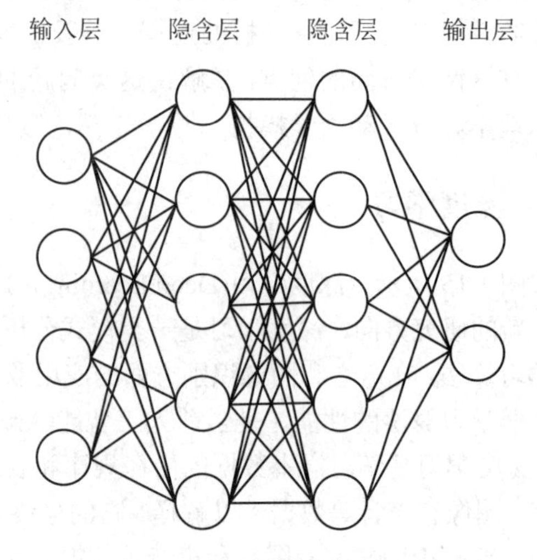

图 1.17　多层人工神经网络结构

以往机器学习用于现实任务时，描述样本的特征通常需由人类专家来设计，称为“特征工程(Feature Engineering)”。众所周知，特征的好坏对泛化性能有至关重要的影响，由人类专家设计出好特征是一件很困难的事；特征学习则通过机器学习技术自身来产生好的特征，这使机器学习向“全自动数据分析”迈进了重要一步。

近年来，研究人员也逐渐将这几类方法结合起来，对原本是以有监督学习为基础的卷积神经网络结合自编码神经网络进行无监督的预训练，进而利用鉴别信息微调网络参数形成的卷积深度置信网络。与传统的学习方法相比，深度学习方法预设了更多的模型参数，因此模型训练难度更大。根据统计学习的一般规律知道，模型参数越多，需要参与训练的数据量也越大。

深度学习可以处理传统机器学习无法胜任的大批量数据。当深度网络的复杂度足够高时，深度学习能够不对原始数据作特征处理，即可完成预定的数据分析任务。当然，这必须要有性能足够优异的硬件以及设计良好的深度学习算法才能够实现。深度学习以多层神经网络为基础，发展出了许多具有重要研究与应用价值的神经网络，如 GoogleNet、AlexNet 等。

前面我们介绍过人工神经元的概念。在神经网络中，每个神经元都会给输入指定一个权重，所以网络的输出由这些权重共同控制。假设有一张苹果的图片，在输入神经网络时，苹果的图片将被细分为一组数据，以这组数据来表示苹果的属性。而神经元将会一一检查这些数据，并经过层层权重计算，得到一个输出，这个输出就代表深度网络对这张苹果图片的认知。之后，这个认知将被用来与真实苹果的标志作对比，从而得到一个误差。神经网络中最经典的算法——反向传播算法将根据这一误差，更新整个网络的权重参数，使得下次输入新的苹果图片时，这个误差能够变小，不断进行这样的训练，最后误差趋于很小的值。当神经网络经过多张苹果图片的训练后，最终即可获得识别给定任意苹果图片为苹果的能力。这便是早期的神经网络算法的原理。此时的神经网络可能只会识别某种苹果，而不能识别多种水果。

同样的，再使用其他种类的苹果、香蕉、橘子等海量水果图片进行训练，足够复杂的神经网络就可以获得识别各种水果的能力，这时的神经网络算法便可以称作是具有足够强的水果识别能力的深度学习系统。如今，通过这样的深度学习训练过的神经网络在图像识别上的表现优于人类，例如分辨双胞胎，识别血液样本中的病变细胞等。在其他领域中，深度学习也表现出了巨大的潜力，具有很高的实际应用价值。

1.5　学习人工智能的意义

人工智能的产生是社会发展的要求和必然结果，人工智能的迅速发展将深刻改变人类社会生活，改变世界。国务院《新一代人工智能发展规划》指出，到 2025 年，中国人工智能核心产业规模将超过 4000 亿元，带动相关产业规模超过 5 万亿元。因此，在这个信息化的新一代智能社会，每个人都应跟上时代的步伐，了解并学习人工智能的相关知识。

1.5.1　学习人工智能的必要性

对于青少年来说，学习人工智能对掌握数学知识有强有力的助推作用。同时，人工智能还与生物知识紧密相连，学习人工智能可使青少年对生物知识有更深层次的理解，例如前面提到的基本 M-P 模型就是模拟了生物神经元的功能。人工智能所追求的目标是实现人类大脑的功能，虽然目前的研究进展远未达到这个程度，但提前学习无疑会对将来进行与人工智能相关专业的学习产生更为积极的影响。

对于普通大学生来说，学习人工智能可对自己未来的职业规划有更清醒的认识，提早找到自己的感兴趣点。如今人工智能的理论与技术受到广泛关注，科学界也普遍看好人工智能的发展前景。在我国，人工智能也被列为重点发展的学科门类，国内高校逐步成立人工智能学院，开设了人工智能相关的专业与课程，人工智能的就业前景是十分美好的。因此，如果能够较早地接触人工智能的相关知识，无论是对于自身未来的职业发展，还是对国家相关产业的战略发展，乃至对于整个人类科学的进步，都具有十分重要的意义。

对于普通社会大众来说，学习人工智能可以了解前沿知识应用，与时俱进，拓宽知识面，享受人工智能带来的便利。现今社会，人工智能正改变着教育、医疗、娱乐、交通、制造等行业，与人们的日常工作、生活息息相关。在日常生活中，人们常通过人脸识别系统完成身份信息的认证。学习人工智能可以帮助我们更好地理解人脸识别的原理，懂得脸部图像数据转换成计算机可识别数字的原理、中间经过的处理过程以及最终的结果等。

综上所述，学习人工智能的具体意义如下：

(1) 由于人工智能是一门多学科交叉的学科，不仅涉及数学、计算机等学科，还涉及控制论、智能信息处理、通信技术、传感器技术、神经科学等众多学科，因此学习人工智能可以极大地扩展知识面，做到触类旁通。

(2) 学习人工智能可以帮助我们找准人类对于自身的定位。就目前来说，人类是地球上最高形态的智慧存在，但对于整个宇宙来说，人类并不一定是生命进化的最终形态。因此，学习人工智能知识，可以帮助人们消除对人工智能技术发展的种种担忧。

言而总之，学习人工智能是很有必要的。当然，人工智能的学习要结合自身的知识结构和兴趣爱好，那么我们应该如何学习人工智能知识呢？

1.5.2 学习人工智能知识的方式

人工智能是一个宽泛的概念，它是一个多学科交叉的研究领域，不仅涉及数学、计算机科学等，还涉及神经科学、语言学、心理学等众多学科，如图 1.18 所示。学习人工智能主要包含对两大方面知识的学习：一个是基础学科知识，另一个是计算机学科知识。至于其他学科，以后大家对某一领域感兴趣，想从事相关的学习研究时，可以再去对相关学科进行学习。例如文本挖掘领域中，需要对语言学做额外的研究学习。

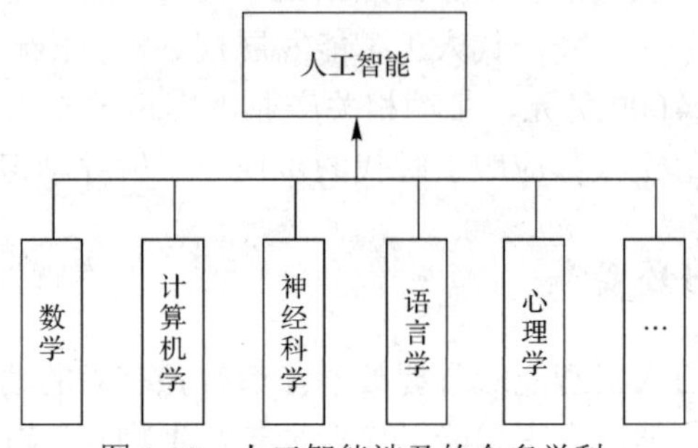

图 1.18　人工智能涉及的众多学科

关于基础学科知识部分，最核心、最基本的就是数学知识的学习。数学是人工智能发展的基石。没有数学，恐怕就没有现代科学的繁荣，更不要说会产生人工智能的概念了。数学既提供了人工智能算法、模型以及正确性的重要依据，也提供了人工智能可能性的指示与预判。在人工智能学科部分，有关矩阵、函数和概率统计的知识是使用最多的。简单来说，矩阵可以用来存放许许多多的数据，就相当于神经网络中用来存放数据的“容器”。函数则是用来处理这些数据的，它会进一步处理输入的数据，从而让这些数据变得更容易被计算机识别。因此，要想学习好人工智能的基础知识，首先就要把以上这几部分知识掌握好，拥有扎实的数学功底。此外，脑科学与生物方面的知识对于学习人工智能也有很大的帮助。毕竟人工智能一直在模拟人类大脑的机制，而生物知识包含了细胞、动物行为、感官等多方面的知识，这对学习人工智能无疑是很有帮助的。

关于计算机学科知识的学习，如果说数学知识是学习人工智能的基本原理部分，那么计算机知识就是帮助我们实现这些基本原理的工具。计算机知识涉及的概念包含许多方面，但要想通过数学知识完成人工智能的课题，就先要学习基础的编程知识。通过编程，将数学符号转换为计算机符号，让计算机能够理解你的思路，才能完成人工智能的最终应用。因此，软件编程知识的学习对于人工智能学科来说是必不可少的。目前，人工智能应用与人们生活直接相关的主要有智能图像识别和语音识别。学习智能图像识别和语音识别，首先要从基础知识学起。因为智能图像识别和语音识别都涉及很高深的数学知识，基础知识的掌握程度决定了理解深度。学习智能图像识别和语音识别与学习其他学科技术是一样的，都需要遵循循序渐进的思路。

最后，我们可以在日常的学习中开展与人工智能相关的编程实践，一定要通过不断的思考和动手实践加深对编程语言理解，在开源平台上寻找一些智能图像识别和语音识别的小程序、小实例，通过编程来实现对应的功能，并弄清其中的原理。例如在开源深度学习平台 TensorFlow 上，利用 Python 语言进行图形分类、音频处理、推荐系统和自然语言处理等场景下的应用编程学习。通过编程实践不仅可以加深对计算机语言的理解，而且可以更好地打下人工智能知识的基础。此外，在学习编程的过程中也要思考人工智能如何与编程相结合，通过实际案例可以加深对于人工智能与计算机编程之间联系的理解。同时，也可以思考并尝试在这些实例或者程序上增加一些有趣的功能。只有理论与实践相结合，才能对智能图像识别和语音识别知识理解得更加透彻。我们应当善加利用周边的学习资源，多动手、多思考、多提问，逐步培养良好的探索智能图像和语音识别知识的习惯。

参 考 文 献

[1] LECUN Y，BENGIO Y，HINTON G. Deep learning[J]. Nature，2015，521(7553)：436-444.

[2] HINTON G，SALAKHUTDINOV R R.Reducing the Dimensionality of Data with Neural Networks[J]. Science，2006，313(5786)：504-507.

[3] AMODEI，et al. Deep Speech2：End-to-End Speech Recognition in English and Mandarin [C]. The 33rd International Conference on Machine Learning，2016：173-182.

[4] ZHANG T，HUANG M，ZHAO L. Learning structured representation for text classification via reinforcement learning[C]. AAAI Conference on Artificial Intelligence，2018：6053-6060.

[5] RONNEBERGER O，FISCHER P，BROX T. U-Net：Convolutional Networks for Biomedical Image Segmentation[C]. International Conference on Medical image computing and computer-assisted intervention，2015：234-241.

[6] DONAHUE J，et al. Long-Term Recurrent Convolutional Networks for Visual Recognition and Description[C]. IEEE Trans. Pattern Anal. Mach. Intell.，2017，39(4)：677-691.

[7] SI C，JING Y，WANG W，et al. Skeleton-Based Action Recognition with Spatial Reasoning and Temporal Stack Learning[C]. European Conference on Computer Vision (ECCV)，2018：103-118.

[8] ABADI M，et al. TensorFlow：A System for Large-Scale Machine Learning[C]. USENIX Symposium on Operating Systems Design and Implementation，2016：265-283.

[9] KUMARAN D，et al. A general reinforcement learning algorithm that masters chess，shogi，and Go through self-play[J]. Science，2018，362(6419)：1140-1144.

[10] GOODFELLOW I，et al. Generative adversarial nets[C]. Advances in neural information processing systems，2014：2672-2680.

[11] Watkins C J C H，Dayan P. Technical Note：Q-Learning[J]. Machine Learning，1992，8(3-4)：279-292.

[12] MNIH V，et al. Human-level control through deep reinforcement learning[J]. Nature，2015，518(7540)：529-533.

[13] 周志华. 机器学习[M]. 北京：清华大学出版社，2016.

第二章 基于人工智能的数字图像识别技术与应用

2.1 数字图像识别概述

2.1.1 数字图像处理的概念及应用

数字图像处理(Digital Image Processing)[1,2]是将图像转换成数字信号并利用计算机对其进行处理，从而满足各种应用的需要。由于人类的信息获取80%左右来自视觉，因此数字图像处理目前已被广泛应用于科学研究、工农业生产、生物医学工程、航空航天、军工、工业检测、机器人视觉、公安侦察等，该学科已成为一门应用广泛、效益巨大的工程学科。数字图像处理作为一门学科，形成于20世纪60年代初期。早期的数字图像处理主要是改善图像的质量，增强人的视觉效果。

1964年，美国喷气推进实验室(Jet Propulsion Laboratory，JPL)对航天探测器徘徊者7号发回的几千张月球照片使用了数字图像处理技术进行处理，并考虑了太阳位置和月球环境的影响，由计算机成功地绘制出了月球表面地图，随后又对探测飞船发回的近十万张照片进行了更为复杂的数字图像处理，从而获得了月球的地形图、彩色图及全景镶嵌图，为人类成功登月奠定了坚实的基础，也推动了数字图像处理这门学科的成熟与发展。

数字图像处理在医学领域也取得了巨大的成就。1972年，英国EMI公司工程师Housfield发明了用于头颅疾病诊断的X射线计算机断层摄影装置(X-ray Computed Tomography，CT)；1975年EMI公司又成功研制出全身用的CT装置，获得了人体各个部位鲜明清晰的断层图像。这项无损伤诊断技术为人类的健康检查做出了杰出的贡献，并于1979年获得了诺贝尔奖。

从20世纪70年代中期开始，随着计算机技术、信号处理技术、传感器技术、人工智能等科学技术的迅速发展，数字图像处理技术向更高、更广泛领域发展，取得了巨大的成就和显著的社会经济效益。人们已开始研究如何用计算机解释图像，以模拟人类视觉系统理解外部世界。很多国家，特别是发达国家投入巨大的人力、物力开展这项研究，取得了不少重要的研究成果。其中代表性的成果是70年代末MIT的Marr提出的视觉计算理论，这个理论成为计算机视觉领域的奠基性主导思想[3]。由于人类本身对自身的视觉过程机理认识还不够深入，因此计算机视觉还有待于人们进一步深入探索。

2.1.2 数字图像识别的概念及应用

图像识别，顾名思义，就是对图像做出各种处理、分析，最终识别出我们所要关注的目标。数字图像识别技术是一门重要的信息处理技术，也是当前人工智能领域一个非常活跃、应用前景非常广阔的研究课题，可用计算机及其相应算法替代人类去快速分析、处理和识别海量的数字图像信息，为科学研究、工农业生产活动、军事、安防等服务。数字图像识别过程分为图像信息的获取、图像预处理、图像特征抽取和选择、图像分类器设计和分类决策等。随着科学技术的飞速发展和工业、农业、医疗、军事、安防等领域对数字图像识别技术的广泛需求，科学工作者对数字图像识别技术的研究日益深入，认识越来越深刻。因此，研究数字图像识别技术具有重大的理论意义和应用价值。

经典的数字图像识别方法主要通过图像的各种特征，包括颜色、纹理、形状和空间关系等要素来实现识别。20 世纪 90 年代，人工神经网络与支持向量机相结合，促进了图像识别技术的发展，图像识别技术在车牌识别、人脸识别、物体检测等方面得到广泛的应用。但是，传统的图像识别技术是以浅层次结构模型为主，需要人为对图像进行预处理和特征标注，这降低了图像识别的准确率和识别速度，增加了难度。针对此问题，科学工作者开始研究更深层次的网络结构模型，用模型自身提取图像特征，避免人为干预。经过科学家多年的共同努力，许多深度学习模型被提出，如：深度信念网络(Deep Belief Network，DBN)[4]、卷积神经网络(Convolutional Neural Networks，CNN)[5]、循环神经网络(Recurrent Neural Networks，RNN)[6]、生成式对抗网络(Generative Adversarial Networks，GAN)[7]、胶囊网络(Capsule Network)[8]等。深度学习的目的是通过构建一个多层网络，在此网络上计算机自动学习并得到数据隐含在内部的关系，提取出更高维、更抽象的数据，使学习到的特征更具有表达力。因此深度学习在图像识别中的应用研究是现在和未来很长一段时间内图像识别领域的重要研究课题。

基于计算机及其有关算法的数字图像识别技术和人类的数字图像识别在原理上有相同之处，只是机器在识别图像时缺少人类的情感、好恶等主观因素的影响。人类在进行图像识别时，一般是根据图像所具有的本身特征，首先将图像进行预先分类，然后通过不同类别图像所具有的特征将图像识别出来。当人看到一张图片时，大脑会迅速搜索此图片或与其相似的图片是否曾见过。在搜索过程中，大脑会根据记忆中已经分好的图像类别进行识别。机器进行数字图像识别与人类进行图像识别的过程是很相似的。它借助计算机技术和信号处理、模式识别、神经网络等技术，首先通过训练大量图像，分类提取并存储图像的重要特征，排除多余的信息，然后在进行图像识别测试时，识别出图像的类别和属性。机器识别图像的速度和准确性取决于识别系统的硬件平台性能和所采用的数字图像识别算法。

当前数字图像识别面临的主要任务是研究新的识别方法，构造新的识别系统，开拓更广泛的应用领域。虽然人类的视觉识别能力很强大，但是面对高度信息化，经济、科技和文化高速发展的社会，人类自身的视觉识别能力已经远远满足不了实际应用的需要，因此，基于计算机的智能图像识别技术应运而生[9]。这就像人类研究生物细胞，完全靠肉眼来观察细胞的结构是不可能的，需要借助显微镜才能精确观测细胞的各种信息。数字图像识别技术的产生就是为了让计算机代替人类去处理大量的图像信息，解决人类无法识别或者识别率特别低、识别速度慢的问题。数字图像识别系统的流程图如图 2.1 所示。

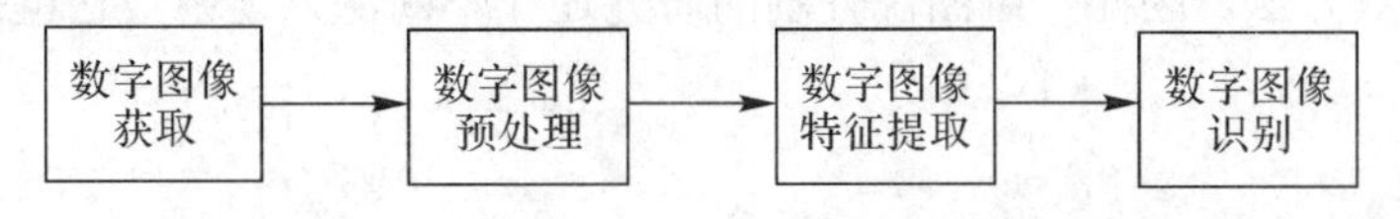

图 2.1　数字图像识别系统的流程图

数字图像预处理可在图像识别过程中减少后续算法的复杂度并提高识别效率，且能借助降噪手段，将原图还原为一张质量清晰的点线图。数字图像预处理的目的是正确提取图像的各个特征。在数字图像预处理的过程中，图像分割的质量直接影响着最终的识别结果，而特征提取对目标图像识别的精度和速度具有重要影响。特征提取就是将图像上的特征点划分为不同特征子集的过程，这些特征子集通常是孤立的点集、连续的曲线集或者连通的区域集。一般情况下，数字图像的特征包含颜色、纹理、形状以及图像各部分之间的空间关系。数字图像识别以图像提取的特征为基础，特征提取必须排除输入的多余信息，抽出关键的信息，再经过特征的整合处理，把分阶段获得的信息整合成一个完整的知觉映像。在数字图像预处理中，需要加强抗干扰能力，从而保证较高的匹配率，提高匹配速度。

数字图像处理主要包括以下几种处理方法，如图 2.2 所示。

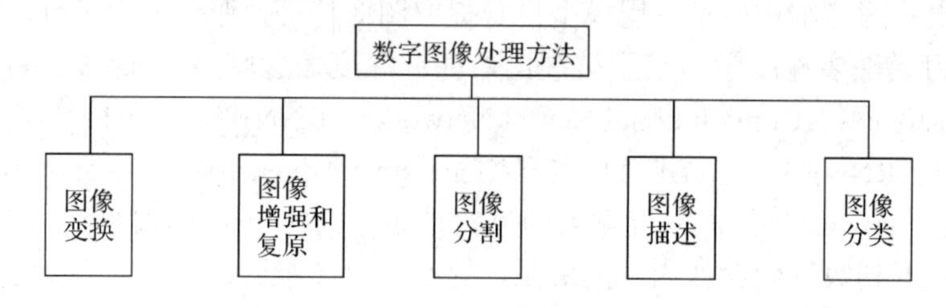

图 2.2　数字图像处理的主要方法

1. 图像变换

由于图像阵列很大，直接在空间域中进行处理，涉及的计算量也很大。因此，往往采用各种图像变换的方法，如傅里叶变换、沃尔什变换、离散余弦变换等处理技术，将空间域的处理转换为变换域处理，不仅可减少计算量，而且可获得更有效的处理(如傅里叶变换可在频域中进行数字滤波处理)。目前新兴的小波变换在时域和频域中都具有良好的局部化特性，在数字图像处理中也有着广泛而有效的应用。

2. 图像增强和复原

图像增强和复原的目的是提高图像的质量，如去除噪声，提高图像的清晰度等。图像增强是为了突出图像中所感兴趣的部分，如强化图像高频分量，可使图像中物体轮廓清晰，细节明显，而不考虑图像降质的原因；强化低频分量可减少图像中噪声的影响。图像复原要求对图像降质的原因有一定的了解，一般讲应根据降质过程建立“降质模型”，再采用某种滤波方法，恢复或重建原来的图像。

3. 图像分割

图像分割是数字图像处理中的关键技术之一。图像分割是将图像中有意义的特征部分提取出来，包括图像的边缘、区域和空间位置等，这是进一步进行图像识别、分析和理解的基础。虽然目前已研究出不少边缘提取、区域分割的方法，但还没有一种普遍适用于各种图像分割的有效方法。因此，对图像分割的研究还在不断深入之中，它也是目前图像处理研究的热点之一。

4. 图像描述

图像描述是图像识别和理解的必要前提。作为最简单的二值图像可采用其几何特性描述物体的特征，一般图像的描述方法采用二维形状描述，它有边界描述和区域描述两类方法。对于特殊的纹理图像，可采用二维纹理特征描述。随着数字图像处理研究的深入发展，已经开始进行三维物体描述的研究，并提出了体积描述、表面描述、广义圆柱体描述等方法。

5. 图像分类(识别)

图像分类(识别)属于模式识别的范畴，其主要内容是图像经过某些预处理(增强、复原、压缩)后，进行图像分割和特征提取，从而进行判决分类。图像分类常采用的经典模式识别方法，有统计模式分类和句法(结构)模式分类。近年来新发展起来的模糊模式识别和人工神经网络模式分类在图像识别中也越来越受到重视，特别是基于卷积神经网络和深度学习的智能图像识别技术发展迅猛，近年来取得重大突破，例如人脸识别、超分辨率重建、翻译等应用。

2.2　基于人工智能的数字图像识别新技术

2.2.1　数字图像的数据结构

首先我们来解释一下数字图像的存储方式。数字图像实际上是巨大的数字矩阵。矩阵中的每个数字对应于其像素的亮度。对于灰度图像，只需要一个矩阵，矩阵中的每个数字的取值区间都是 0 到 255。该范围是存储图像信息的效率与人眼的灵敏度之间的折衷，如图 2.3 所示。

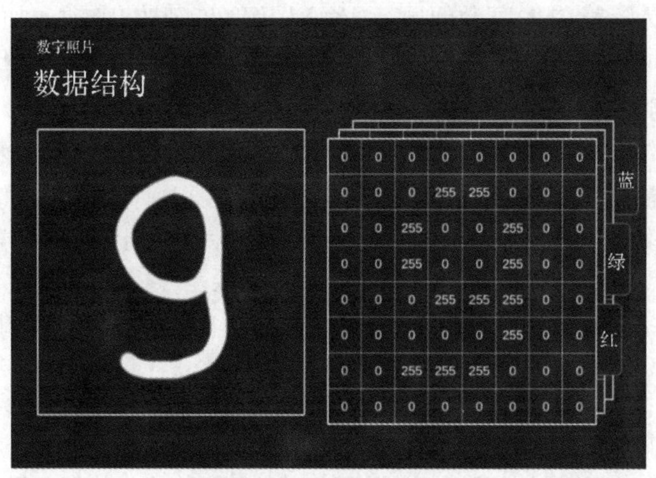

图 2.3　数字图像显示原理

彩色图像同样是一个矩阵，只是矩阵中的每一个点不是一个值，而是包含 3 个值的数组。描述彩色图像有三种模型，分别是 RGB 颜色模型、YUV 颜色模型和 HSV 颜色模型。在 RGB 颜色模型中，包含红、绿、蓝三个颜色通道。YUV 颜色模型、HSV 颜色模型与 RGB 颜色模型都是描述彩色空间的模型，只是产生颜色的方式不同而已。三种颜色模型可以相互转换，并满足一定的数学关系。例如 YUV 颜色模型和 RGB 颜色模型之间的转换公式如下：

$$\begin{cases} Y = 0.299R + 0.587G + 0.114B \\ U = -0.147R - 0.289G + 0.436B \\ V = 0.615R - 0.515G - 0.100B \end{cases} \tag{2.1}$$

$$\begin{cases} R = Y + 1.14V \\ G = Y - 0.39U - 0.58V \\ B = Y + 2.03U \end{cases} \tag{2.2}$$

式(2.1)中，R、G、B 取值范围均为 0～255。在实际应用中，可根据应用的需要采用不同的颜色模型来实现彩色图像显示。例如，在多媒体计算机技术中，用得最多的是 RGB 颜色模型，而 YUV 颜色模型主要用于 PAL 制式的电视系统。

2.2.2　卷积神经网络的工作原理简介

卷积神经网络(CNN)是一类包含卷积计算且具有深度结构的前馈神经网络(Feedforward Neural Networks)，也是深度学习(Deep Learning)的代表模型之一。CNN 具有表征学习(Representation Learning)能力，能够按其阶层结构对输入信息进行平移不变分类(Shift-invariant Classification)，因此也被称为平移不变人工神经网络(Shift-invariant Artificial Neural Networks，SIANN)。卷积神经网络仿照生物的视知觉(Visual Perception)机制构建，可以进行监督学习和非监督学习，其权值共享[10]机制大大提高了网络的计算效率，为卷积神经网络层数加深提供了有效的支持。因为随着 CNN 层数的加深，输入图像的特征被提取得更加充分，从而可以提高图像识别率，所以 CNN 成为图像分类识别领域的一种十分重要的模型和方法。

1. 卷积神经网络的工作原理

由于使用梯度下降法进行学习，CNN 的输入特征需要进行标准化处理。即将学习数据输入到 CNN 前，需要对输入数据进行归一化，若输入数据为像素，也可将分布于[0，255]的原始像素值归一化至[0, 1]区间。输入特征的标准化有利于提升 CNN 的学习效率和表现。CNN 学习的过程其实就是根据输出值和实际值之间的误差，修正网络参数使得损失函数逐渐收敛的过程。在学习的过程中，数字图像可以作为一个整体输入，往后的每一层都会对图像进行卷积处理，这个过程也是特征提取的过程。在整个 CNN 中靠前的卷积层往往卷积核尺寸较大，这样的设计可以大范围地提取图像特征；在整个 CNN 中靠后的卷积核尺寸一般较小，这样可以更精细地处理前面比较粗糙的特征，达到精致整合特征的目的。将卷积层提取的特征输入到全连接层，全连接层将其特征转换成为特征向量，输入到分类器进行分类，最终完成图像的识别。CNN 在训练过程中，各层权值的调整采用梯度下降法，从后往前依次修正网络的权重，损失函数收敛到规定值时就会停止各层权值的调整。

2. 卷积神经网络的结构

CNN 发展比较曲折，在机器硬件迅速发展后，CNN 成为数字图像处理领域最有力的工具，在目标检测和目标识别上的应用非常广泛。CNN 的结构组成有卷积层、激励层、池化层和全连接层。图 2.4 展示了一个简单的 CNN 结构示意图。

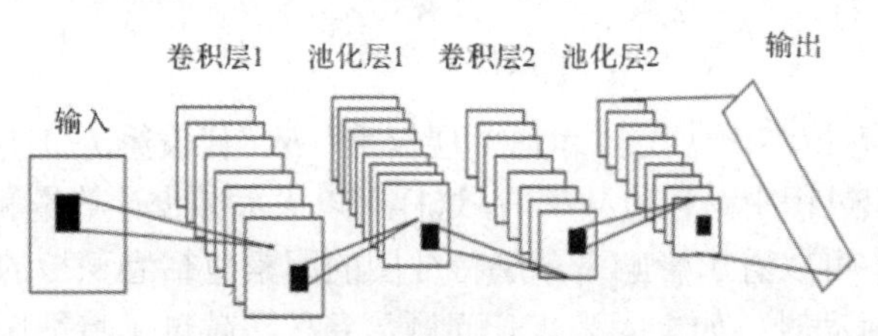

图 2.4　卷积神经网络结构示意图

1) 卷积层

卷积层的功能是对输入数字图像数据进行特征提取，其内部包含多个卷积核，组成卷积核的每个元素都相应有一个权重系数和一个偏差量(Bias Vector)，类似于一个前馈神经网络的神经元(Neuron)。卷积层内每个神经元都与前一层中位置接近的区域的多个神经元相连，区域的大小取决于卷积核的大小，且区域的大小被称为感受野(Receptive Field)[11-14]。卷积神经网络在训练时，将整张图像作为一个整体输入到卷积神经网络中，卷积层中的卷积核和图像进行卷积计算并输出特征图(Feature Map)。卷积神经网络里面的卷积层采取权值共享的机制，这种计算方法和人工神经网络中全连接的计算方法有本质的区别。即不是每一个值都进行一对一的连接计算，而是几个参数集合和整个特征图进行连接结算，这个参数集合称为卷积核。这样，卷积神经网络的参数会大量减少，在卷积神经网络训练迭代的过程中，计算量会大幅度减少，卷积神经网络参数更新会更加迅速，以加快卷积神经网络的训练速度。卷积核就像一个特征提取器，里面的参数在最开始时是随机赋予的值，但是在训练的过程中，特征提取器里面参数的值在不停地更新，这是为了达到更好的特征提取效果。卷积核尺寸的大小决定了在特征图上提取特征的数量。通过卷积核的特征提取，特征图的感受野不断地变化，通过卷积核在特征图上滑动将前面提取的简单的特征不停地融合，最后图像的特征被集合到特征图上的一个感受野里。卷积核的尺寸大小非常重要，特征的提取和融合效果会影响特征图每个感受野里面的图像完整性。图 2.5 给出了卷积的过程。

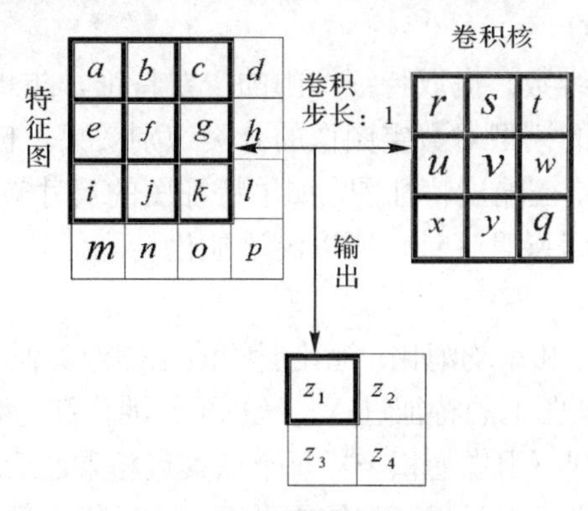

图 2.5　卷积过程示意图

下面由式(2.3)给出卷积的计算过程。

$$\begin{cases} z_1 = ar + bs + ct + eu + fv + gw + ix + jy + kq \\ z_2 = br + cs + dt + fu + gv + hw + jx + ky + lq \\ z_3 = er + fs + gt + iu + jv + kw + mx + ny + oq \\ z_4 = fr + gs + ht + ju + kv + lw + nx + oy + pq \end{cases} \tag{2.3}$$

$$z^l = f(W^{l-1} * z^{l-1} + b^{l-1})$$

式(2.3)中，*代表卷积，W^{l-1}代表第 $l-1$ 层权重，b^{l-1}代表第 $l-1$ 层的偏置。从式(2.3)可以看出卷积核在卷积过程中是权值共享的，这样可以大大减少计算量和卷积神经网络模型的参数量。从图 2.5 中可以看出影响下一层特征图的因素包括卷积核的大小和滑动步长，当卷积核在特征图上滑动时，如果因为步长问题，卷积核越过了特征图的边界，则需要边界填充。

卷积层参数包括卷积核大小、步长和填充，三者共同决定了卷积层输出特征图的尺寸。其中卷积核大小可以指定为小于输入图像尺寸的任意值，卷积核越大，可提取的输入特征越复杂。

卷积步长定义了卷积核相邻两次扫过特征图时位置的距离。当卷积步长为 1 时，卷积核会逐个扫过特征图的元素，当步长为 n 时会在下一次扫描跳过 $n-1$ 个像素。

2) *激励层*

卷积神经网络的激励层是对卷积后的值进行非线性变换。非线性变换在卷积神经网络中非常重要。非线性变换[15-17]相当于对图像进行扭曲，以提高卷积神经网络的泛化能力。泛化能力(Generalization Ability)是指机器学习算法对新鲜样本的适应能力，即在原有的数据集上添加新的数据集，通过训练输出一个合理的结果。卷积神经网络相对于传统的神经网络来说层数较深，经过庞大的前向计算以后，在卷积神经网络进行反向传播计算时会产生梯度弥散和梯度爆炸现象。为了避免这种现象的发生，激励层中激活函数的选取非常重要。一般可以在激励层中选取修正线性单元，其激励函数如图 2.6 所示。

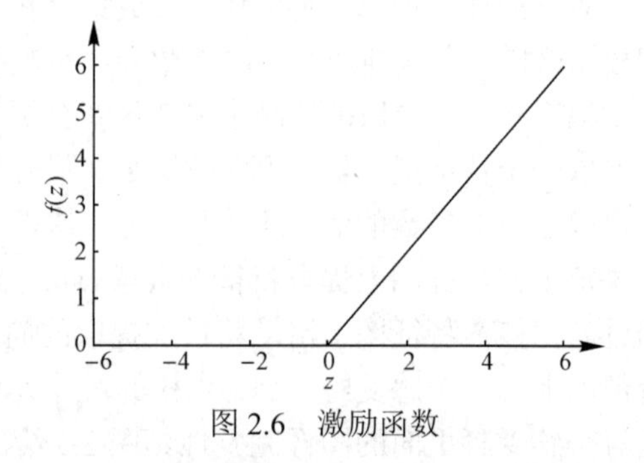

图 2.6　激励函数

3) *池化层*(Pooling Layer)

池化就是降低特征图的维数，提取特征图中的主要特征，防止卷积神经网络提取特征过于精细，限制了训练出来的模型对数字图像的分类识别效果，也就是增强卷积神经网络的泛化能力。经过卷积提取特征输出特征图，如果特征图的尺寸较大，计算量也随之上升，卷积神经网络的训练也会变缓慢且迟钝，所以经过池化会降低特征图的维度，也会使得卷积神经网络的训练变得简单。

池化主要分为最大值池化和平均池化，池化层的池化操作类似于卷积层的卷积操作，即在特征图上进行滑动，对特征图上的特征进行二次提取。池化和卷积不同之处在于，一个池化窗口在特征图上的池化区域不用像卷积一样每个像素点相乘然后叠加，而是提取这个区域像素值最大的点或者这个池化区域像素点相加的平均值。采样函数如式(2.4)所示：

$$z_k^{l+1} = f(z_k^{l+1}) = f(W^{l+1}\mathrm{down}(R_k) + b^{l+1}) \tag{2.4}$$

式(2.4)中，R_k代表池化的区域。最大值池化和平均池化的函数表达式分别如式(2.5)和式(2.6)所示。

$$\mathrm{pool}_{\mathrm{Max}}(R_k) = \underset{i \in R_k}{\mathrm{Max}}(z_i) \tag{2.5}$$

$$\text{pool}_{\text{avg}}(R_k)=\frac{1}{R}\sum_{i\in R_k}z_i \tag{2.6}$$

简单的池化过程如图 2.7 所示。

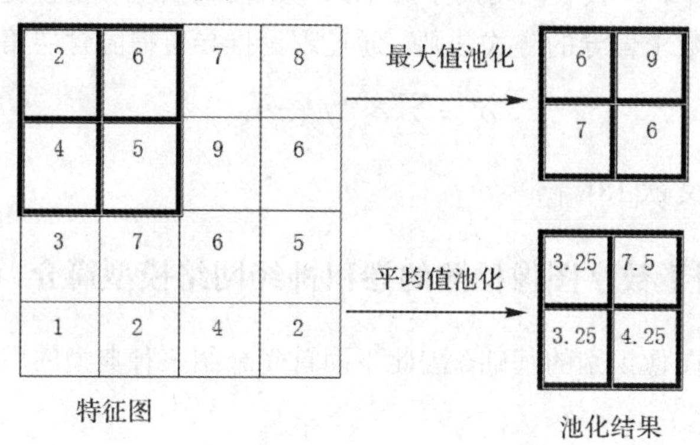

图 2.7　简单池化过程

4) 全连接层

为了将卷积和池化后的特征转变为特征向量，卷积神经网络的最后一层一般是全接层，全连接层会连接所有的像素点，然后将特征图的像素点进一步整合提取特征。全连接层类似于传统的神经网络，前后相互连接，然后将特征向量输入分类器，根据特征向量的概率值判断类别。全连接层的函数表达式如式(2.7)所示。

$$z_i^l=f(\sum_l^n W_{ij}^{l-1}x_j^{l-1}+b_i^{l-1}) \tag{2.7}$$

式中，n 代表 $l-1$ 层特征点的个数，l 表示当前的层数，W^{l-1} 代表第 $l-1$ 层的权重，b^{l-1} 代表第 $l-1$ 层的偏置，激活函数用 $f(\cdot)$表示，z_i^l 代表输出。

2.2.3　反向传播算法

BP[18]神经网络更新权重采取梯度下降法。根据前向计算得出的结果和实际值之间的误差得到损失函数。对损失函数求导，因为损失函数的变量较多，可通过矩阵的方式进行排列计算，导数的矩阵称为梯度。在对损失函数寻求最小值的过程中通过梯度来更新权重和偏置。

给定一组输入值和实际值(x^i，y^i)，$i\in 1,2,\cdots,N$，设权重为 W，偏置为 b，网络的损失函数为实际值和输出值的误差，常用的损失函数为均方误差的形式，表达式可以采用式(2.8)的形式。

$$J(W,b)=\frac{1}{N}\sum_{i=1}^{N}J(W,b;\ x^i,y^i)+\frac{1}{2}\lambda\|w\|^2 \tag{2.8}$$

式(2.8)中，$J(W,b;x^i,y^i)$ 表示为损失函数，$\frac{1}{2}\lambda\|w\|^2$ 表示正则化项，正则化的目的是防止网络的权重幅度变化过大。网络权重的更新和偏置参数的更新分别由式(2.9)和式(2.10)表示。

$$w_{ij}^{l+1} = w_{ij}^{l} - \alpha \frac{1}{N} \sum_{i=1}^{N} \frac{\Delta J(W,b;x^i,y^i)}{\Delta W_{ij}^{l}} - \lambda w_{ij}^{l} \tag{2.9}$$

$$b_{ij}^{l+1} = b_{i}^{l+1} - \alpha \frac{1}{N} \sum_{i=1}^{N} \frac{\Delta J(W,b;x^i,y^i)}{\Delta b_{i}^{l}} \tag{2.10}$$

在上面两个式子中，α 代表网络的学习率，用来控制权重和偏置变化幅度的步长。根据高等数学中复合函数求偏导的链式法则，通过理论推导可得隐含层第 l 层的残差项 δ_i^l 为

$$\delta_i^l = \sum \delta_m^{l+1} f'(z_i^l) w_{mi}^l \tag{2.11}$$

详细推导过程见参考文献[18]。

2.2.4　三种典型用于数字图像检测的卷积神经网络模型简介

数字图像检测是图像识别的基础，因此下面首先介绍三种典型的用于数字图像检测的卷积神经网络模型。

1. R-CNN 图像检测模型[19]

R-CNN 图像检测流程图如图 2.8 所示。当我们输入一张图片时，需要搜索出所有可能是待识别物体的区域，通过传统算法我们可能搜索出上千个候选框。然后从总流程图中可以看到，搜索出的候选框是矩形的，而且是大小各不相同的。然而，CNN 要求输入图片的大小是固定的，如果把搜索到的候选框(矩形框)不做处理，就直接输入到 CNN 中是不行的。因此对于每个输入的候选框都需要缩放到固定的尺度大小。一般有各向异性缩放和各向同性缩放两种缩放方法。缩放完成后，可以得到指定大小的图片，然后用这上千个候选框图片，继续训练 CNN。然而一张图片中人工标注的数据就只标注了正确的边界框(Bounding Box)，我们搜索出来的上千个矩形框也不可能会出现一个与人工标注完全匹配的候选框。因此需要用交并比(Intersection Over Union，IOU)为上千个边界框打标签，以便下一步 CNN 训练使用。如果用选择性搜索(Selective Search)挑选出来的候选框与物体的人工标注矩形框的重叠区域 IOU 大于 0.5，那么我们就把这个候选框标注成物体图像类别，否则我们就把它当作背景图像类别。

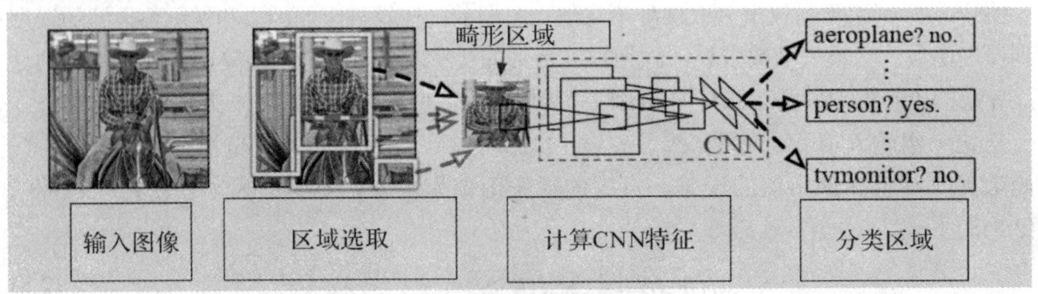

图 2.8　R-CNN 图像检测流程图

R-CNN 图像检测流程如下：

1) 网络结构设计阶段

实现数字图像检测的具体神经网络有多个可选方案：这里第一选择是经典的 Alexnet

模型[20]；第二选择是 VGG16 模型[21]。VGG16 模型虽然识别精度高，但计算量是 Alexnet 模型的 7 倍，所以一般选用 Alexnet 模型。Alexnet 模型的特征提取部分包含了 5 个卷积层、2 个全连接层，在 Alexnet 模型中 p5 层神经元个数为 9216，f6、f7 的神经元个数都是 4096。通过这个网络训练完毕后，最后提取特征时每个输入候选框图片都能得到一个 4096 维的特征向量。

2) 有监督的网络预训练阶段

物体检测的一个难点在于，物体标签训练数据一般偏少，如果直接采用随机初始化 CNN 参数的方法，那么一般训练数据量是远远不够的。在这种情况下，最好是通过某种方法进行初始化，然后再进行有监督的参数微调(Fine-Tuning)。有些文献采用的是有监督的预训练，所以在设计网络结构的时候，直接用 Alexnet 模型，然后采用它的参数作为初始的参数值，最后再微调(Fine-Tuning)训练。网络优化求解采用随机梯度下降法，学习速率一般取 0.001。

3) Fine-Tuning[22]阶段

采用选择性搜索搜索出来的候选框，经过处理达到指定大小后，便继续对上面预训练的 CNN 模型进行微调(Fine-Tuning)训练。假设要检测的物体类别有 N 类，那么我们就需要把上面预训练阶段的 CNN 模型的最后一层给替换掉，替换成 $N+1$ 个输出神经元(加 1 表示还有一个背景)，然后这一层直接采用参数随机初始化的方法，其他网络层的参数不变；接着就可以开始继续随机梯度下降(Stochastic Gradient Descent，SGD)训练了。

2. Faster-RCNN 目标图像检测模型[23]

Faster-RCNN 目标图像检测模型有两个关键点：一是使用区域选取网络(Region Proposal Network，PRN)代替原来的选择性搜索方法产生建议窗口；二是产生建议窗口的 CNN 和目标检测的 CNN 共享。整体框架流程如下：

(1) Faster-RCNN 把整张图片输入 CNN，进行特征提取。

(2) Faster-RCNN 用 PRN 生成建议(Proposals)窗口，每张图片生成 300 个建议窗口。

(3) Faster-RCNN 把建议窗口映射到 CNN 的最后一层卷积特征图(Feature Map)上。

(4) 通过感兴趣区域(Region of Interest，RoI)，池化层使每个 RoI 生成固定尺寸的特征图(Feature Map)。

(5) 利用 Softmax 损失[24]和平滑 L1 损失[25]对分类概率和边框回归(Bounding Box Regression)联合训练。Faster-RCNN 目标图像检测流程图如图 2.9 所示。

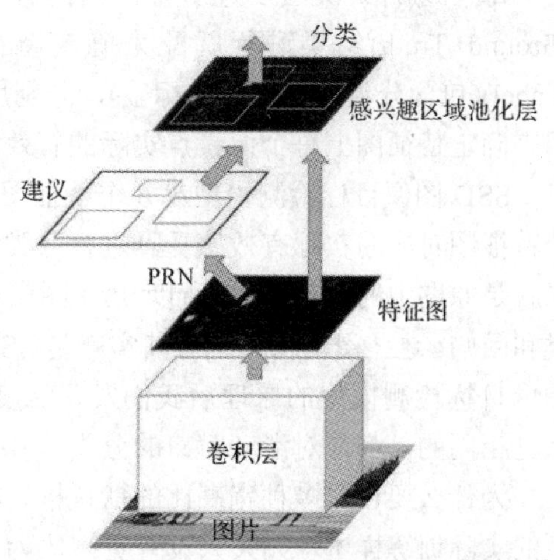

图 2.9　Faster-RCNN 目标图像检测流程图

3. SSD(Single Shot MultiBox Detector)图像目标检测模型[26]

SSD 图像目标检测模型的主要优点有：数字图像目标检测速度比 Faster-RCNN 目标检

测模型快，精度比 Yolo 模型高[27]。为提高不同尺度下的结果预测准确率，采用特征金字塔预测方式和 End-To-End 训练方式，即使分辨率比较低的图片，分类结果也很准确。SSD 目标检测模型效果好的主要原因有以下三点：

(1) 多尺度的网络结构，如图 2.10 所示。

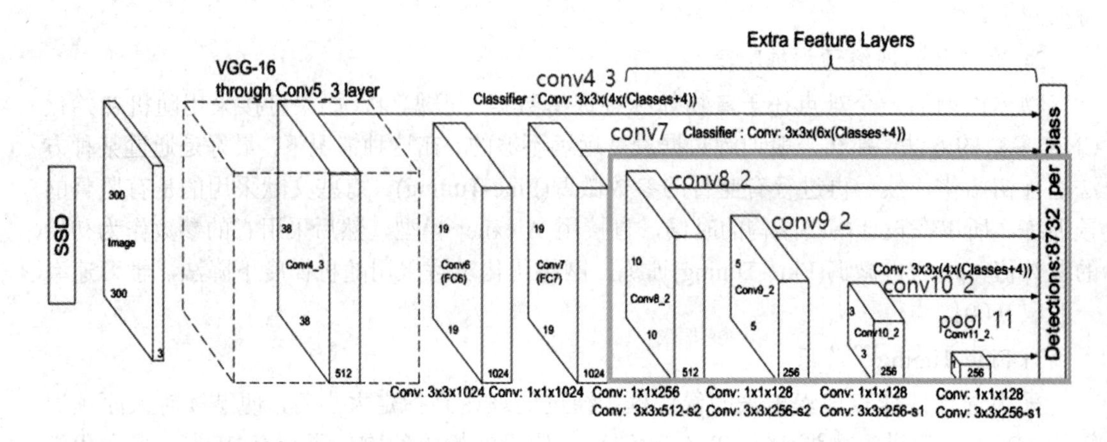

图 2.10　多尺度的网络结构图

(2) 设置了多种宽高比的默认框(Defalut Box)。

在特征图的每个像素点处，生成不同宽高比的默认框。假设每个像素点有 K 个默认框，需要对每一个默认框进行分类和回归，其中用于分类的卷积核个数为 $C\times K$(C 表示类别数)，回归的卷积核个数为 $4K$。SSD300 中默认框的数量：$(38\times38\times4+19\times19\times6+5\times5\times6+3\times3\times4+1\times1\times4)=8732$。

每一层的默认框设置了特征图的有效感受野，然后可使用这些默认框与标准分割(Ground Truth)结果进行匹配来确定特征图上每个像素点的实际有效感受野的标签(Label)(包含分类标签和回归标签)，分别用于分类和边界框回归。说简单点，默认框就是用来确定特征图上每个像素点实际的有效感受野的标签。

SSD 图像目标检测模型对 6 个特征图上所有的默认框进行分类和回归，其实就是对 6 个特征图对应的实际有效感受野进行分类和回归。说的更加通俗一点，这些有效感受野其实就是原图中的滑动窗口。所以 SSD 图像目标检测模型本质上就是对所有滑动窗口进行分类和回归。这些滑动窗口图像其实就是 SSD 图像目标检测模型实际的训练样本。知道 SSD 图像目标检测模型的原理后我们发现深度学习的目标检测方法本质与传统的目标检测方法是相同的，都是对滑动窗口的分类。

为什么要设置多种宽高比的默认框？我们知道默认框其实就是 SSD 图像目标检测模型的实际训练样本，如果只设置宽高比为 1 的默认框，最多只有 1 个默认框匹配到；而设置多个宽高比的默认框，将会有更多的默认框匹配到。也就是相当于有更多的训练样本参与训练，模型训练效果越好，检测精度越高。

(3) 使用了数据增强方式，其锚框如图 2.11 所示。

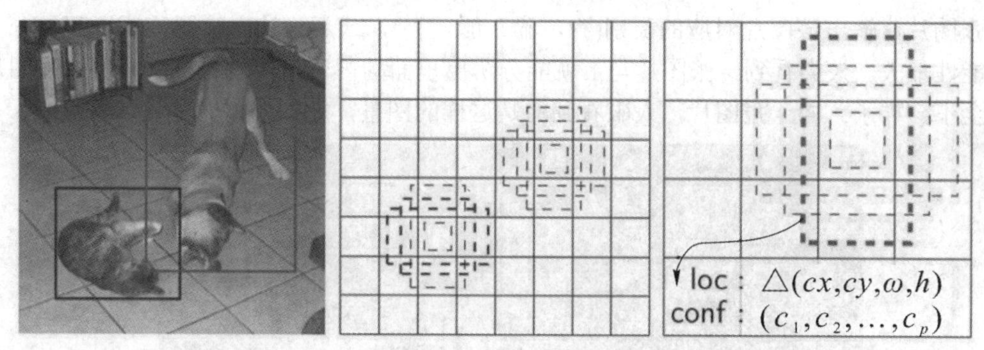

图 2.11　锚框(Anchor Box)

SSD 图像目标检测模型中使用了两种数据增强的方式。

· 放大操作：随机裁剪的图像块(Patch)与任意一个目标的 IOU 为 0.1，0.3，0.5，0.7，0.9，每个 Patch 的大小为原图大小的[0.1, 1]，宽高比在 1/2 到 2 之间，能够生成更多的尺度较大的目标。

· 缩小操作：首先创建 16 倍原图大小的画布，再将原图放置其中，然后随机裁剪(Random Crop)，能够生成更多尺度较小的目标。缩小和放大操作如图 2.12 所示。

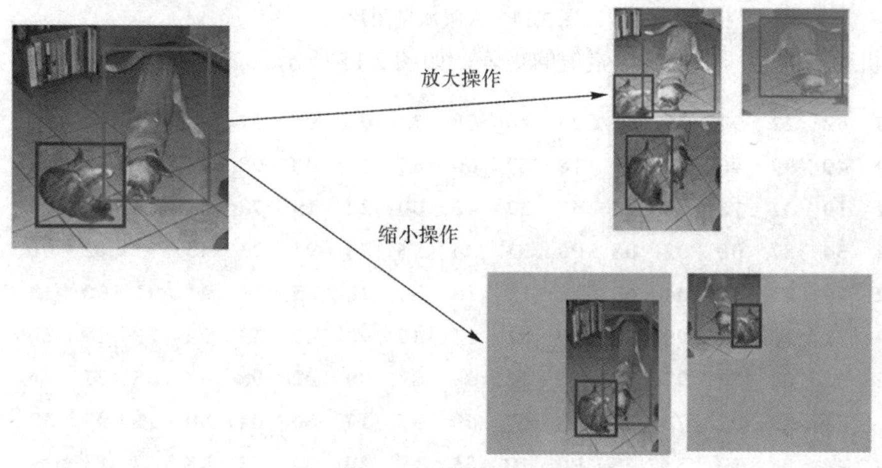

图 2.12　缩放显示图

2.2.5　基于卷积神经网络的手势图像识别

卷积神经网络对图像进行卷积的示意图如图 2.13 所示。

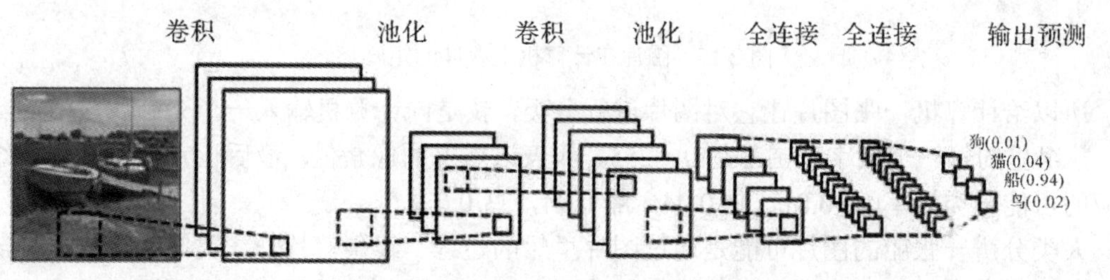

图 2.13　卷积神经网络对图像进行卷积

我们来看看在图像处理领域如何使用 CNN 模型来对图片进行分类。图片分类就是输入一张图片，输出该图片对应的类别(狗，猫，船，鸟)，或者说输出该图片属于哪种分类的可能性最大。人类看到一张图片马上就能分辨出里面的内容，但是计算机分辨一张图片就完全不一样了。同一张图片，人眼看到的是这样的图景，如图 2.14 所示。

图 2.14　人眼所见图片

计算机看到的是一个充满像素值的矩阵，如图 2.15 所示。

08	02	22	97	38	15	00	40	00	75	04	05	07	78	52	22	50
49	49	99	40	17	81	18	57	60	87	17	40	98	43	69	18	04
81	19	32	73	55	43	67	22	45	00	22	19	78	63	74	32	00
52	34	87	00	02	08	00	33	34	55	78	91	23	45	77	03	00
22	70	23	33	04	60	11	12	76	04	23	45	78	92	01	00	23
24	31	16	71	99	40	17	81	17	40	98	43	69	00	22	19	20
32	08	02	22	97	38	15	52	34	87	00	02	08	00	33	31	16
67	81	19	32	73	55	43	57	60	87	17	33	04	60	11	97	38
24	44	56	12	33	45	90	10	55	19	20	73	55	43	67	81	19
21	19	32	73	55	43	67	22	45	00	22	19	78	63	23	33	04
78	99	40	17	81	02	08	00	33	34	55	19	32	73	55	43	67
16	00	40	00	75	04	05	07	78	81	19	32	73	55	43	73	55
86	24	31	16	71	99	40	17	81	19	32	73	55	43	57	60	20

图 2.15　图片在计算机上存储的矩阵

所以给计算机一张图片让它对图片进行分类，就是向计算机输入一个充满像素值的数组，数组里的每一个数字范围都是 0～255，代表该点上的像素值。最后让它返回这个数组对应的可能分类概率(狗 0.01，猫 0.04，船 0.94，鸟 0.02)。

人类分辨一张船的图片可能是通过图片里船的边缘、线条等特征。类似的计算机分辨一张船的图片也是通过这些底层特征来进行判断，比如图片里的图像边缘和图像轮廓，然后通过 CNN 模型建立更抽象的概念。

接下来，本节给出了一种基于卷积神经网络的手势识别模型[28-34]。该模型首先利用 SSD 图像目标检测模型进行手势的检测，然后利用 AlexNet 模型对检测出的手势进行识别。为了模拟真实场景中的手势识别，建立了两个手势数据集：单一手势数据集和复杂背景下的手势数据集。单一手势数据集包含 10 种不同环境下拍摄的手势图像，手势图像在不同的光照和角度下拍摄，一共 30000 张。图 2.16 给出了单一手势数据集中的 10 种手势与标签。

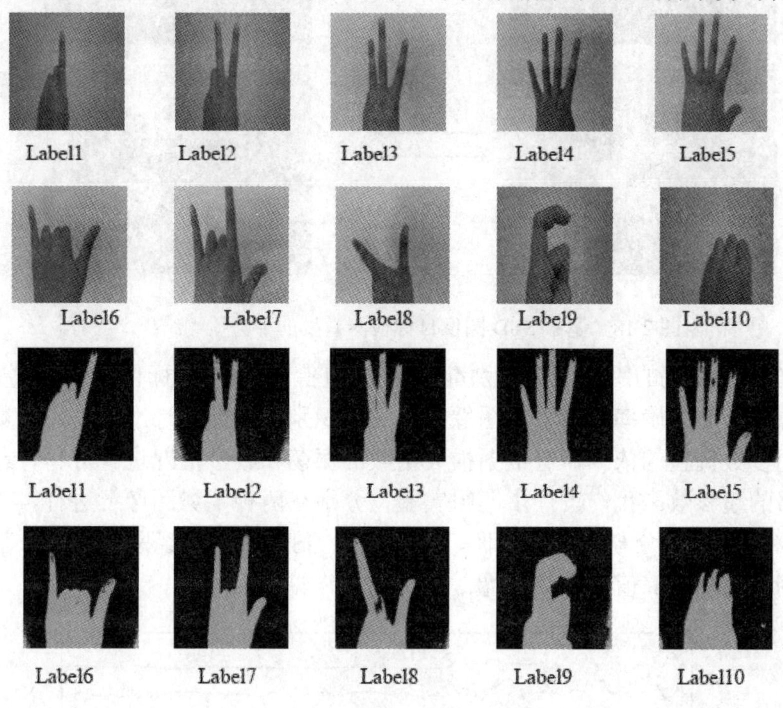

图 2.16　单一手势数据集中的 10 种手势与标签

复杂背景下的手势数据集包含了 10 种手势在不同复杂背景下采集的 15 000 张图片(图略)。图 2.17 给出了一种复杂背景下的复合卷积神经网络手势图像识别方法。

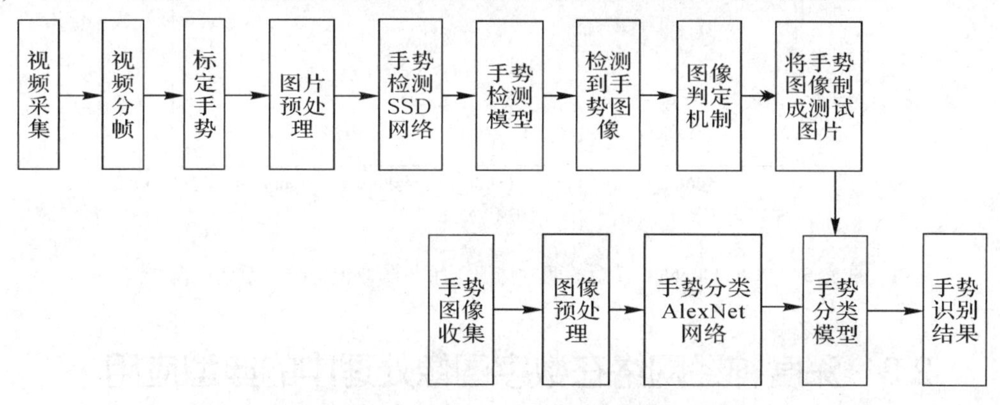

图 2.17　一种复杂背景下的复合卷积神经网络手势图像识别方法

图 2.18 给出了基于 SSD 图像目标检测模型的手势检测结果，模型的具体参数细节见参考文献[26]。

图 2.18　基于 SSD 图像目标检测模型的手势检测结果

图 2.19 给出了测试的手势图像识别准确率迭代图，其中横坐标代表迭代次数，纵坐标表示手势图像识别的准确率。该手势图像的分类以识别率为评判标准，损失函数图也是卷积神经网络超参数调整的依据，可根据损失函数的振荡和收敛情况进行分析，适当地调整卷积神经网络的超参数。我们设计了两组实验，分别在两种手势图像上进行，一组是经过 SSD 卷积神经网络检测分割的手势图像，另一组是 SSD 卷积神经网络检测分割下来经过手势的一系列预处理的二值化手势图像。具体模型详见文献[20]。

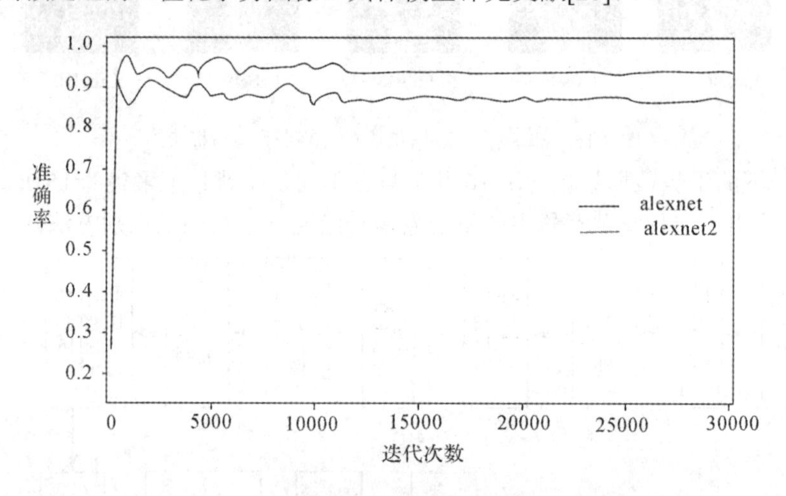

图 2.19　基于 AlexNet 模型的两种情况下手势图像识别准确率迭代图

2.3　深度神经网络在数字图像处理中的典型应用

下面以基于卷积神经网络的单幅图像去雨为例，阐述深度神经网络在图像处理中的典型应用。本节采用的简单残差密集去雨网络是在图像识别领域中的常用模型 ResNet(残差网络)和 DenseNet(密集连接网络)的基础上改进而来的。

2.3.1　ResNet 实现图像识别

在图像识别任务中，加深卷积神经网络的层数是一种提高网络学习能力的途径，如VGG 和 GoogleNet。然而，He 等人发现，随着网络层数增加到一定深度，会出现网络退化问题。这种退化问题并不是由于网络模型的过拟合导致。过拟合通常表现为训练误差降低，测试误差升高，而网络加深之后会出现训练误差升高的现象。为了解决网络退化问题，他们提出了一种残差网络(ResNet)[35]，该网络并不会受到网络层数的限制，可以通过不断加深网络层数提升网络性能，进而一举拿下当年大规模图像识别比赛 ILSVRC 的冠军。图 2.20 展示了 ResNet 中的基本残差单元，其公式可以表示为：

$$y = f(x * w + b)^{-1} + x \tag{2.12}$$

式中，x 和 y 是网络层的输入值和输出值，w 和 b 表示权重和偏置，$f(\cdot)$是参数层，*表示卷积操作。这种简单的跨层连接方式，能在几乎未增加参数量的前提下，有效提升深层网络的学习能力，其性能主要归功于一种恒等映射的思想：假设在网络达到最优的条件下继续加深网络，只需让深层的网络能够保持恒等映射，网络性能不会受到干扰而出现退化现象。对于输入数据 x 与参数层 $f(\cdot)$，如果网络层之间不包含跨层连接，其学习目标是让参数层 $f(\cdot)$直接去拟合输入数据 x，这样很难形成恒等映射。而残差学习的方式是使用 $f(\cdot)+x$ 去拟合数据 x，在网络达到最优时只需要惩罚 $f(\cdot)=0$，其学习目标会变成输入数据 x 自身的恒等映射，网络则可以一直保持最优状态，加深网络层数并不会降低网络的性能。虽然 ResNet 具有很强的学习能力，但由于无法确定多少网络层能够使网络达到最优状态，通常会设置很深的网络层，易导致网络参数量过大，某些网络模块处于无用状态。

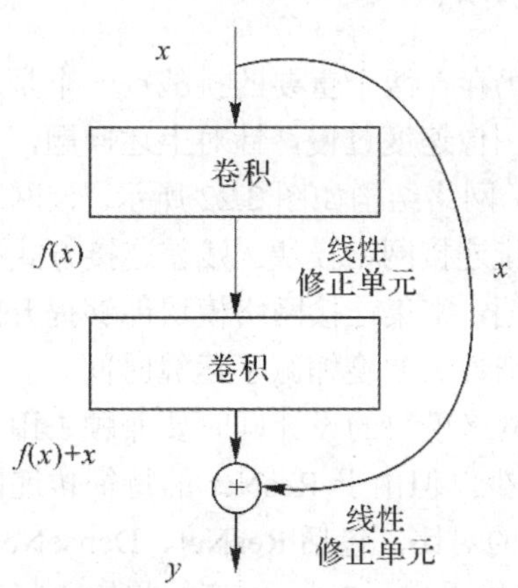

图 2.20　ResNet 中的基本残差单元

2.3.2　DenseNet 实现图像识别

随着网络层数加深，会出现明显的梯度消失的问题，这主要是由于浅层网络中的特征信息无法有效地传递到深层网络。针对上述问题，Huang 等人提出了一种密集连接的 DenseNet[36]，其基本网络模块如图 2.21 所示。具体操作是将网络层的输出特征与后面所有层的输出特征连接起来，这种连接不同于 ResNet 中的简单相加，而是将特征图级联到一起变成更深的特征图，其表达式如下：

$$y_i = C[y_0, y_1, y_2, \cdots, y_{i-1}] \tag{2.13}$$

式中，y_i为当前层的输出，$y_0, y_1, y_2, \cdots, y_{i-1}$为第一层至当前层上一层的输出，$C[\bullet]$是特征图级联，即网络通道合并。这种密集连接的网络方式可以增强网络中的特征传递与重复利用，将浅层的特征传递到更深层的网络，缓解了网络训练过程中梯度消失的问题。DenseNet 通过合理地设计网络增长率与过渡层，以更小的网络模型和更少的参数量超越了 ResNet 的图像分类性能。其中增长率为每个单元模块最后卷积层的输出特征图个数，如图 2.21 中权重层中最后一层的特征图数量；过渡层被用来减少密集连接方式所产生的特征图总量，具有降维的作用。

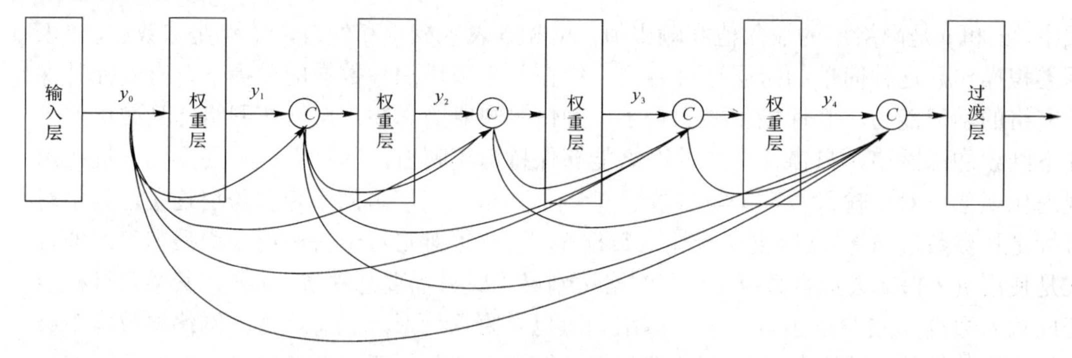

图 2.21　DenseNet 基本网络模块

2.3.3　简单残差密集去雨网络(SRDN)

目前，单幅图像去雨算法仍存在两个重要的挑战：一个是去雨图像质量欠佳，另一个是运算时间过长导致处理单幅图像速度过慢。针对上述问题，下面阐明一种基于简单残差密集网络的单幅图像去雨方法，网络结构如图 2.22 所示。该网络主要包含一种改进的残差网络连接方式和一个简单的密集连接网络模块。残差连接方式有效解决了由不恰当图像分解方式造成的去雨图像过亮问题，密集连接网络模块能够提升网络的学习能力，保留更多图像细节信息，同时又因其简洁性大幅度缩减了运算时间。

在单幅图像去雨任务中，网络模块的设计同时要兼顾去雨效果与运算速度。使用深层的 ResNet，虽然参数量有所减少，但由于 ResNet 的特征传递能力不强，去雨性能仍有待提升。图 2.23 展示了不同网络的对比，包括 ResNet、DenseNet 和 SRDN(见图 2.23(a)、图 2.23(b)和图 2.23(c))。从图中可以看出，ResNet 直接将输入特征图与两个连续卷积层之后的特征图相加，虽然这种恒等映射的思想有助于网络学习，训练更深的网络，但是简单的特征相加并不能有效地促进特征传递，而且由于需要通过不断加深网络层数来提升性能，故而会造成参数量的冗余。DenseNet 中采用特征级联的方式，将当前网络特征图与后续特征图密集连接，促进了特征传递且提高了特征的使用效率，能够在使用较少网络层数的前提下达到较为理想的性能。这种密集连接的思想可以借鉴到单幅图像去雨任务中，但是 DenseNet 设计的初衷是为了处理高水平图像分类任务，直接将其应用于单幅图像去雨这种低水平任务并不合适，因此本节设计了一种简单残差密集去雨网络，如图 2.23(c)所示。该模块在 DenseNet 的基础上，移除了网络层中所有批量正则化(Batch Normalization，BN)与一部分线性修正单元(ReLU)，对于单幅图像去雨任务更为简捷有效。图 2.23 中 Conv 代表卷积。

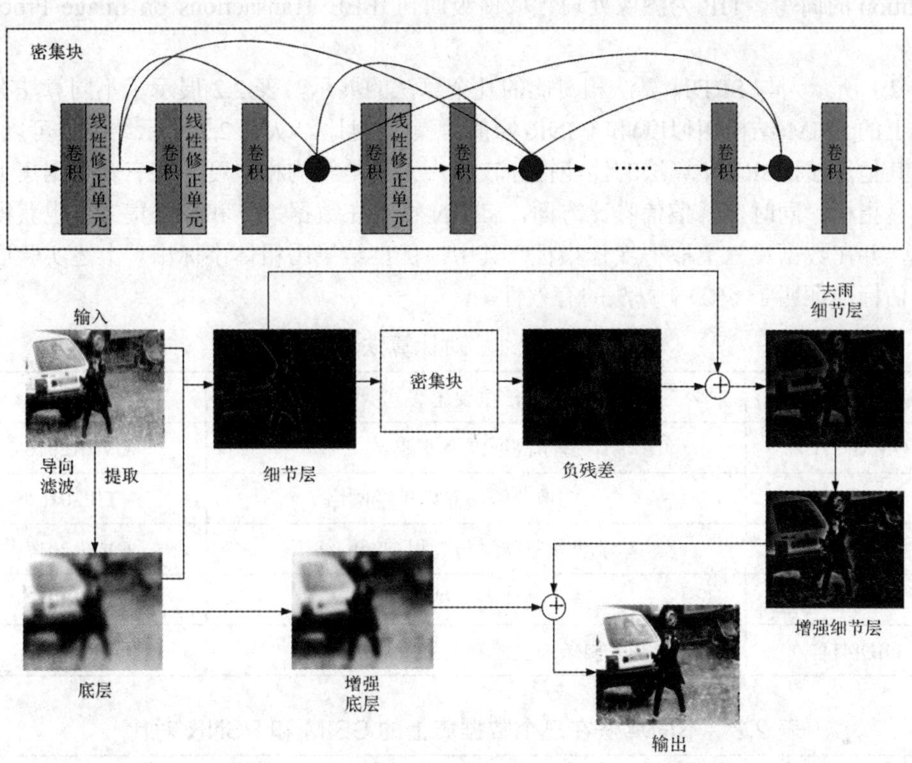

图 2.22　SRDN 结构图

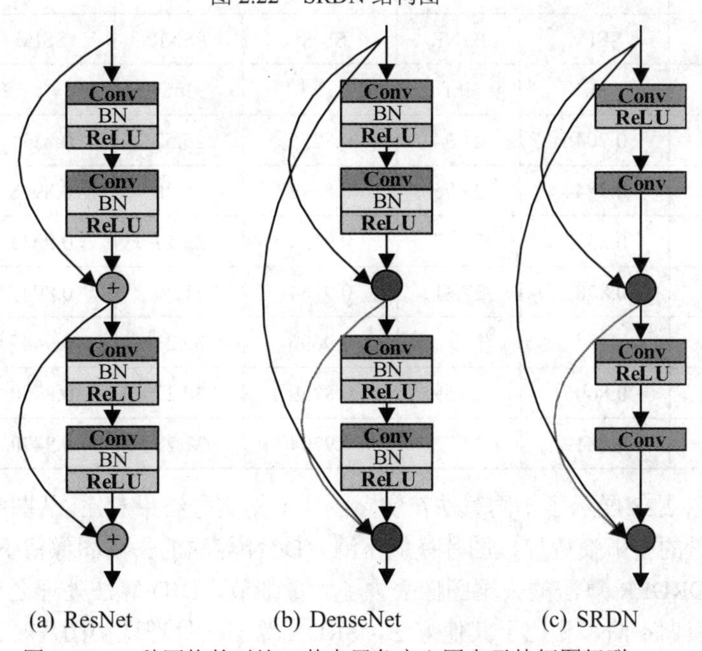

图 2.23　三种网络的对比，其中黑色实心圆表示特征图级联

2.3.4 对比算法及结果展示

CVPR 为计算机视觉领域的顶级会议 IEEE Conference on Computer Vision and Pattern Recognition 的简写，TIP 为图像处理领域顶级期刊 IEEE Transactions on Image Processing 的简写。

表 2.1 所示为与 SRDN 算法相对比的几个算法的展示。表 2.2 展示了不同算法在三个数据集上的 SSIM(结构相似度)和 PSNR(峰值信噪比)对比。从表 2.2 所示结果中可以看出，相比于其他算法，SRDN 算法的性能指标较好，尤其是结构相似度，在三个数据集上都达到了优良指标。同时在峰值信噪比方面，SRDN 算法在数据集一和数据集二上也获得了优良指标，并在数据集三上取得次佳指标。其中，优良结果用粗体字标出。上述实验通过客观的评估标准证明了 SRDN 算法的有效性。

表 2.1　对比算法

文献中算法简称	算法主要思想	文献来源
GMM[37]	基于高斯混合滤波器	CVPR2016
DCN[38]	基于图像分解与卷积神经网络	TIP2016
DDN[39]	基于负残差映射与卷积神经网络	CVPR2017
JORDER[40]	基于循环卷积神经网络	CVPR2017
DID[41]	基于雨条强度感知的生成对抗网络	CVPR2018

表 2.2　不同算法在三个数据集上的 SSIM 和 PSNR 对比

	数据集一		数据集二		数据集三	
	SSIM	PSNR	SSIM	PSNR	SSIM	PSNR
清晰图像	1	Inf	1	Inf	1	Inf
带雨图像	0.7046	21.34	0.8255	25.52	0.8371	28.82
GMM	0.7844	23.75	0.8712	28.36	0.8928	30.70
DCN	0.8333	21.97	0.9134	28.17	0.9033	29.42
DDN	0.8703	27.31	0.9164	31.39	0.8947	30.68
JORDER	—	—	0.9696	35.21	0.9447	34.49
DID	0.8605	26.59	0.8259	30.22	0.8750	28.90
SRDN	**0.8819**	27.72	**0.9704**	37.28	**0.9470**	34.41

图 2.24～图 2.28 展示了不同算法在实际图片上的实验结果对比。从图中可看出，GMM 算法生成了大量的去雨痕迹导致图片模糊不清。DCN 算法的去雨图像留下了明显的雨条。DNN 算法和 JORDER 算法的去雨图像丢失了大量细节。DID 算法处理之后的去雨图像过度平滑，背景模糊不清。相比于其他方法，SRDN 算法在处理现实图片时去雨视觉效果良

好，能够保留更多图像的细节信息。从结果图像中可以看出，基于图像分解增强的方法在处理有雾雨图时比后处理方法色彩信息更加饱满。SRDN 方法充分结合了去雨优势与图像分解增强去雾优势，在处理雾天拍摄的雨图时视觉效果更佳且图像细节明显。

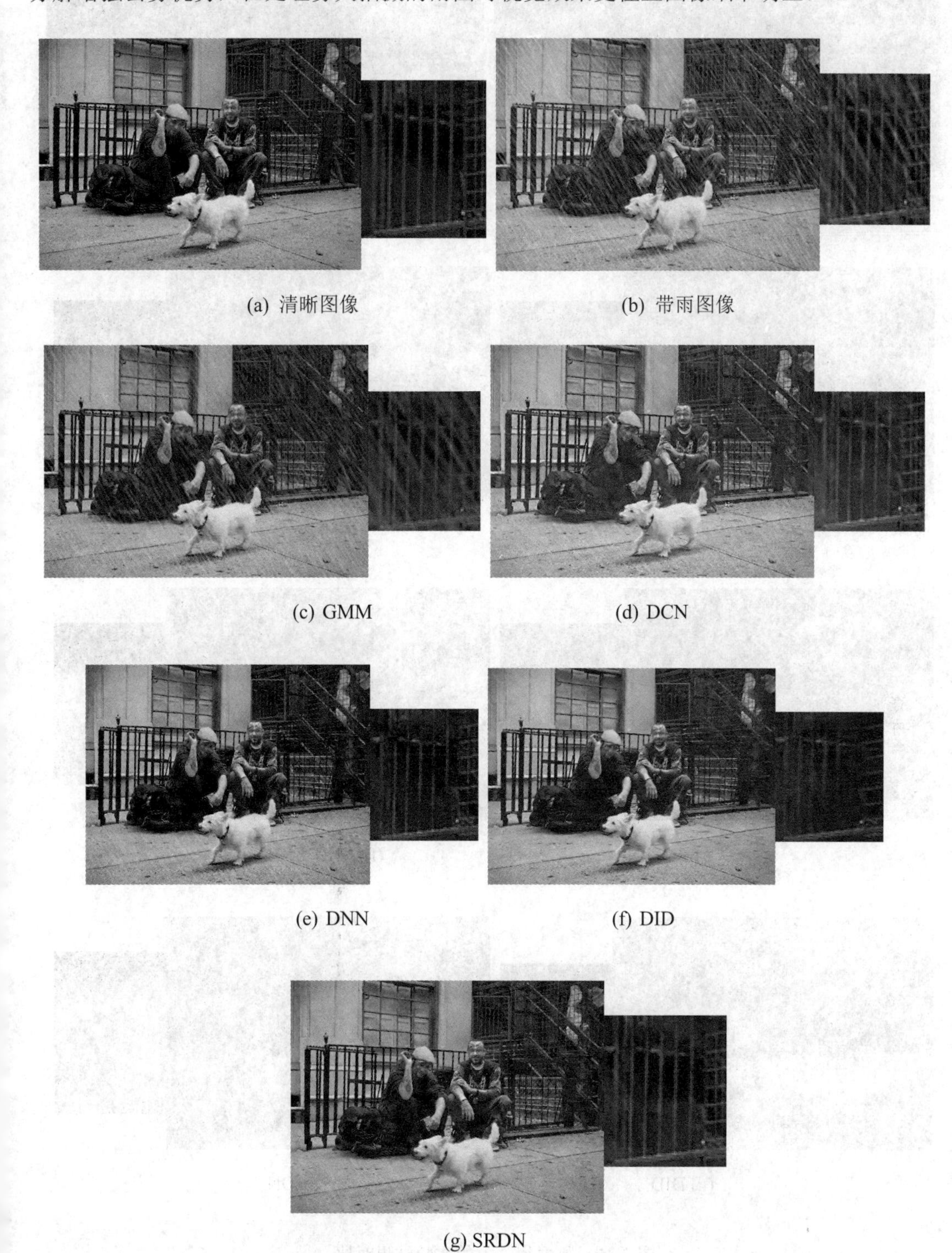

(a) 清晰图像　(b) 带雨图像

(c) GMM　(d) DCN

(e) DNN　(f) DID

(g) SRDN

图 2.24　数据集一上的实验结果对比

(a) 清晰图像　　(b) 带雨图像

(c) GMM　　(d) DCN

(e) DNN　　(f) JORDER

(g) DID　　(h) SRDN

图 2.25　数据集二上的实验结果对比

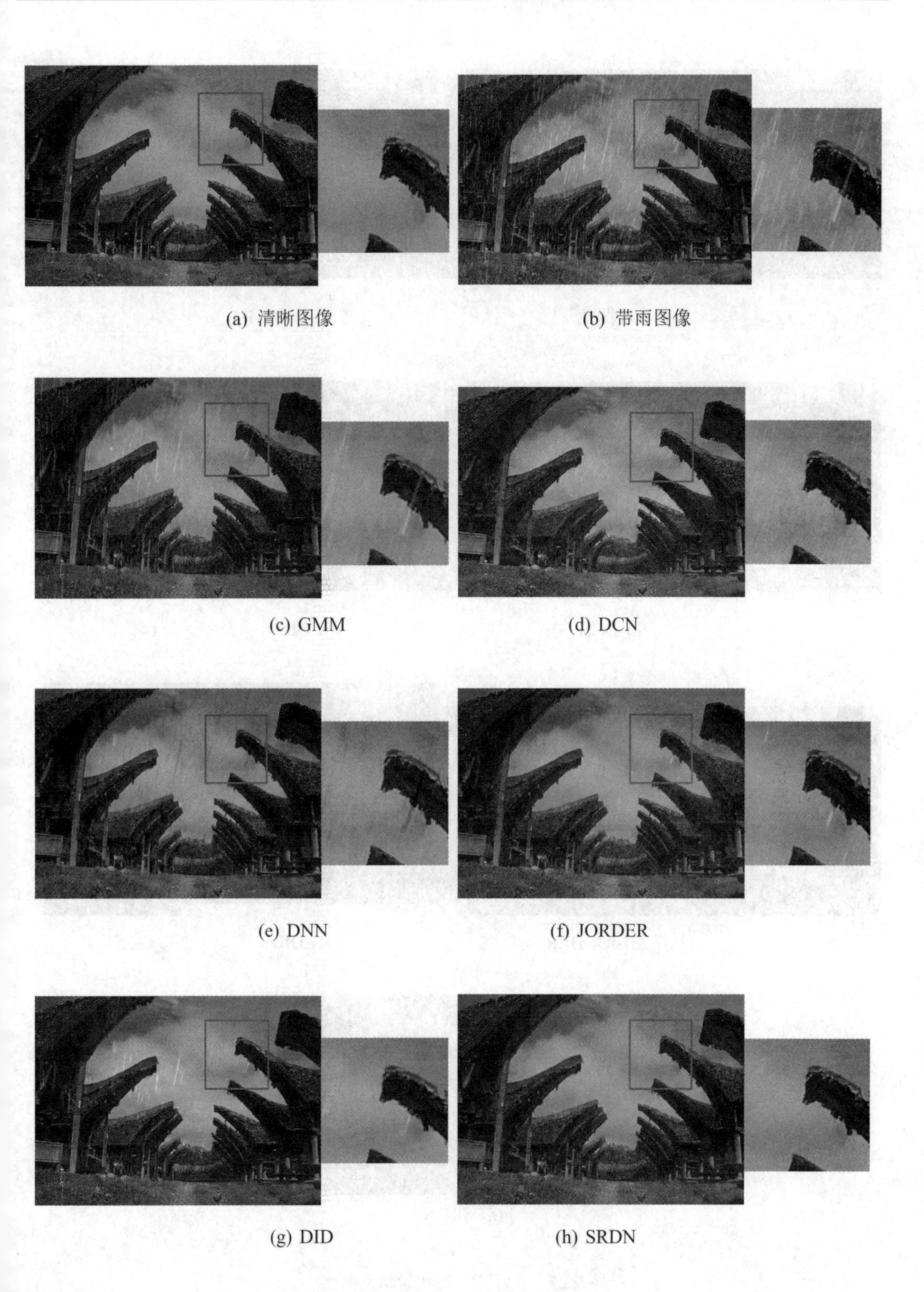

(a) 清晰图像　(b) 带雨图像

(c) GMM　(d) DCN

(e) DNN　(f) JORDER

(g) DID　(h) SRDN

图 2.26　数据集三上的实验结果对比

(a) 带雨图像　(b) GMM

(c) DCN　(d) DDN

(e) JORDER　(f) DID

(g) SRDN

图 2.27　实际图片的实验结果对比

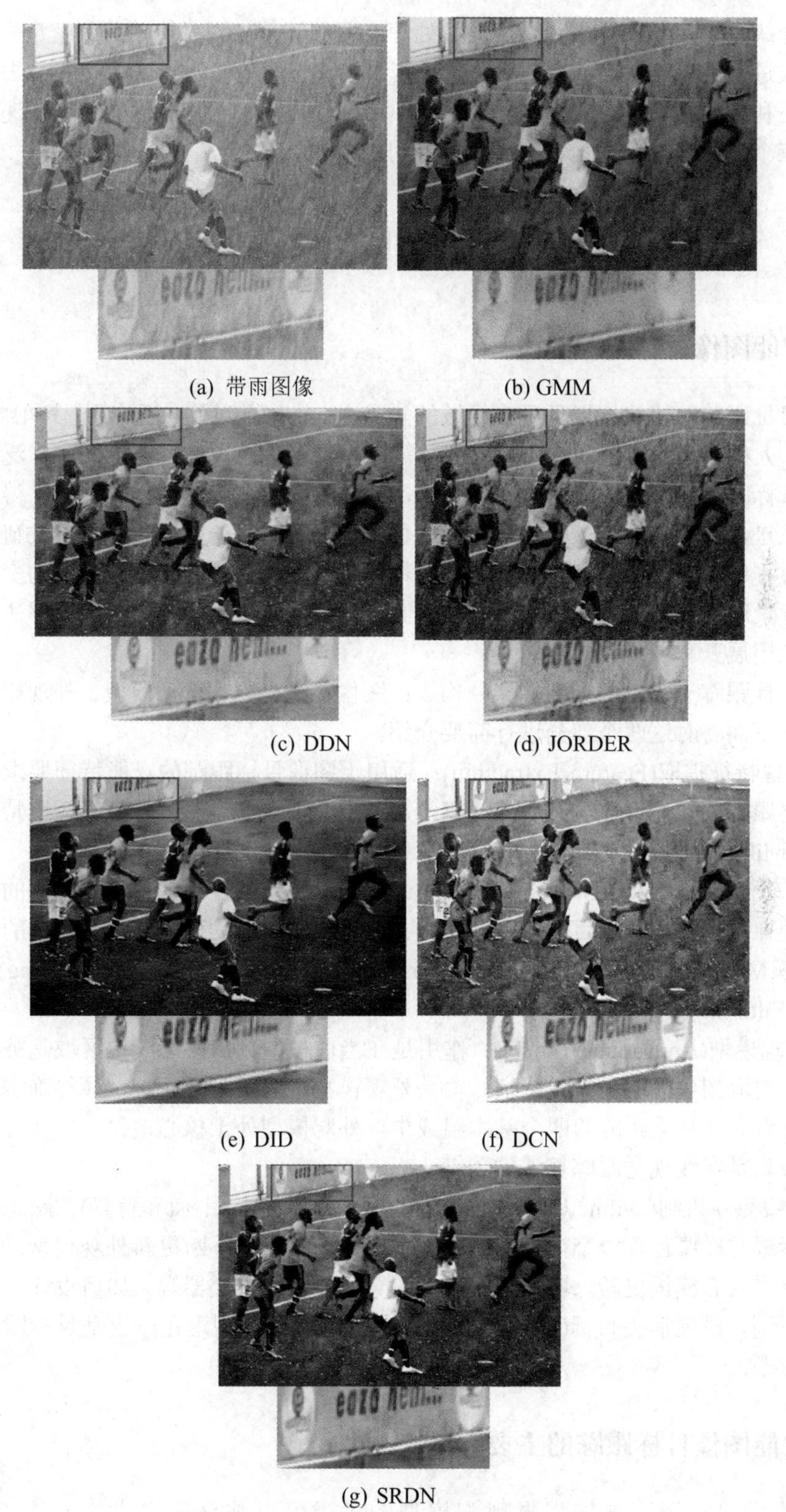

(a) 带雨图像　(b) GMM

(c) DDN　(d) JORDER

(e) DID　(f) DCN

(g) SRDN

图 2.28　现实有雾雨图的实验结果对比

本节介绍了一种卷积神经网络在图像处理方面的简单应用。简单残差密集去雨网络，利用一种改进的残差网络连接方式，解决了基于图像分解的去雨算法中存在的去雨图像过亮问题；还利用一种简单的密集连接网络模块，有效提升了网络的性能和运算速度。最后展示了在三个公开合成数据集和实际图片上的去雨效果。

2.4 几种图像智能目标跟踪算法简介

2.4.1 智能图像目标跟踪概述

图像目标跟踪是计算机视觉研究领域的热点之一，并得到了广泛应用，其在视频监控、智能交通、人机交互、视觉导航和军事制导等方面都有着重大的研究意义和广泛的应用前景。图像目标跟踪就是在连续的视频序列中，建立所要跟踪物体的位置关系，得到物体完整的运动轨迹，给定图像第一帧的目标坐标位置，并计算下一帧图像中目标的确切位置。在运动的过程中，目标可能会呈现一些图像特征上的变化，比如姿态或形状的变化、尺度的变化、背景遮挡或光线亮度的变化等。图像目标跟踪算法的研究也围绕着解决这些变化和具体的应用展开。

图像目标跟踪一般由四个基本部分构成：图像特征提取、运动模型、外观模型、在线更新机制。下面将对这四个部分进行简要介绍。

(1) 图像特征提取(Feature Extraction)：适用于图像目标跟踪的一般特征要求，它既能较好地描述跟踪图像目标，又能快速计算。常见的图像特征有灰度特征、颜色特征、纹理特征、Haar-like 矩形特征、兴趣点特征、超像素特征等。

(2) 运动模型(Motion Model)：旨在描述图像中帧与帧目标运动状态之间的关系，显式或隐式地在视频帧中预测目标图像区域，并给出一组可能的候选区域。经典的运动模型有均值漂移(Mean Shift)、滑动窗口(Slide Window)、卡尔曼滤波(Kalman Filtering)、粒子滤波(Particle Filtering)等。

(3) 外观模型(Appearance Model)：作用是在当前帧中判决候选图像区域是被跟踪目标的可能性。提取图像区域的视觉特征，输入外观模型进行匹配或决策，最终确定被跟踪目标的空间位置。在视觉跟踪的四个基本组成中，外观模型处于核心地位。如何设计一个鲁棒的外观模型是在线视觉跟踪算法的关键。

(4) 在线更新机制(Online Update Mechanism)：为了捕捉目标(和背景)在跟踪过程中的变化，目标跟踪需要包含一个在线更新机制，在跟踪过程中不断更新外观模型。常见的外观模型更新方式有模板更新、增量子空间学习算法及在线分类器等。如何设计一个合理的在线更新机制，既能捕捉目标(和背景)的变化又不会导致模型退化，也是目标跟踪研究的一个关键问题。

2.4.2 智能图像目标跟踪的主要方法

图像视觉目标跟踪方法根据观测模型的种类可以被分为生成式方法(Generative

Method)和判别式方法(Discriminative Method)。前几年最火的生成式跟踪方法基本是稀疏编码(Sparse Coding)，而近年来判别式跟踪方法逐渐占据了主流地位，以相关滤波(Correlation Filter)和深度学习(Deep Learning)为代表的判别式方法也取得了令人满意的成果。下面我们分别简要概括这几种方法的大体思想和其中的一些具体跟踪方法。

1. 稀疏表示(Sparse Representation)

给定一组过完备字典，将输入信号用这组过完备字典线性表示，对线性表示的系数做一个稀疏性的约束(即使得系数向量的分量尽可能多的为 0)，那么这一过程就称为稀疏表示。基于稀疏表示的目标跟踪方法则将跟踪问题转化为稀疏逼近问题来求解。如稀疏跟踪的开山之作 L1 Tracker[42]，其认为候选样本通过目标模板和琐碎模板可以被稀疏地表示，而一个好的候选样本应该拥有更稀疏的系数向量。稀疏性可通过解决一个 L1 正则化的最小二乘优化问题获得，最后将与目标模板拥有最小重构误差的候选样本作为跟踪结果。L1 Tracker 利用琐碎模板处理遮挡，利用稀疏系数的非负约束解决背景杂斑问题。随后在 L1 Tracker 基础上改进的方法有很多，比较有代表性的有 ALSA[43]、L1 APG[44]等。

2. 相关滤波(Correlation Filter)

相关滤波源于信号处理领域，相关性用于表示两个信号之间的相似程度，通常用卷积表示相关操作。基于相关滤波的跟踪方法的基本思想是：寻找一个滤波模板，让下一帧的图像与我们的滤波模板做卷积操作，响应最大的区域则是预测的目标。根据这一思想先后提出了大量的基于相关滤波的方法，如最早的平方误差最小输出和 MOSSE[45]利用的就是最朴素的相关滤波思想的跟踪方法。随后基于 MOSSE 有了很多相关的改进，如引入核方法(Kernel Method)的 CSK[46]、KCF[47]等都取得了很好的效果，特别是利用循环矩阵计算的 KCF，跟踪速度惊人。在 KCF 的基础上又发展了一系列的方法用于处理各种挑战。如 DSST[48]可以处理尺度变化，基于分块(Reliable Patches)的相关滤波方法可处理遮挡等。但是所有上述的基于相关滤波的方法都受到边界效应(Boundary Effect)的影响。为了克服这个问题，SRDCF[49]应运而生。SRDCF 利用空间正则化惩罚了相关滤波系数获得了可与深度学习跟踪方法相比的结果。

3. 深度学习(Deep Learning)

深度特征对目标拥有强大的表示能力，深度学习在计算机视觉的其他领域，如检测、人脸识别中已经展现出巨大的潜力。但早些年，深度学习在目标跟踪领域的应用并不顺利，因为目标跟踪任务的特殊性，只有初始帧的图片数据可以利用，因此缺乏大量的数据供神经网络学习。在研究人员把分类图像数据集上训练的卷积神经网络迁移到目标跟踪中后，基于深度学习的目标跟踪方法才得到充分的发展。如：CNN-SVM[50]利用在 ImageNet[51]分类数据集上训练的卷积神经网络提取目标的特征，再利用传统的支持向量机(SVM)方法做跟踪。与 CNN-SVM 提取最后一层的深度特征不同的是，FCN[52]利用了目标的两个卷积层的特征构造了可以选择特征图的网络，这种方法比只利用最后的全连接层的 CNN-SVM 效果有一些提升。随后，HCF[53]、DT[54]等方法更加充分地利用了卷积神经网络各层的卷积特征，这些方法在相关滤波的基础上结合多层次卷积特征进一步提升了跟踪效果。

然而，跟踪任务与分类任务始终是不同的，分类任务关心的是区分类间差异，忽视类内的区别。目标跟踪任务关心的则是区分特定目标与背景，抑制同类目标。两个任务有着本质的区别，因此在分类数据集上预训练的网络可能并不完全适用于目标跟踪任务。于是，Nam 设计了一个专门在跟踪视频序列上训练的多域(Multi-Domain)卷积神经网络(MDNet)[55]，结果取得了视觉目标跟踪(Visual Object Tracking)VOT2015[56]比赛的第一名。但是 MDNet 在标准集上进行训练多少有一点过拟合的嫌疑，于是 VOT2016[57]比赛中禁止在标准跟踪数据集上进行训练。2016 年 SRDCF 的作者继续发力，利用了卷积神经网络提取目标特征然后结合相关滤波提出了 C-COT[58]的跟踪方法，取得了 VOT2016 比赛的冠军。

过去几十年以来，目标跟踪的研究取得了长足的发展。2010 年，Kalal 等人提出一种新颖的“跟踪-学习-检测(TLD)”[59]的目标跟踪框架。该框架将长时间目标跟踪划分为三个子模块，即跟踪、学习和检测。跟踪模块基于光流实现目标在相邻图像帧的短期跟踪；检测模块通过一个级联检测器全局地定位所有已经观测到的外观；学习模块则通过“正负专家”识别和纠正检测器误差，从而降低漂移误差。2014 年，Henriques 等人提出了 KCF[47]目标跟踪算法，这是一种鉴别式追踪方法。这类方法一般都是在追踪过程中训练一个目标检测器，使用目标检测器去检测下一帧预测位置是否是目标，然后再使用新检测结果去更新训练集进而更新目标检测器。2016 年，D.Held 提出了基于深度学习的 GOTURN[60]目标跟踪方法。该算法利用深度学习强大的特征表达方式，且在 GPU GTX680 上跟踪速度达到了 100 帧每秒(PFS)。基于深度学习的跟踪框架目前还在不断发展中，比如牛津大学的 Luca Bertinetto 提出的端到端的跟踪框架，即从 SiameseFC[61]到 CFNet[62]。虽然相比于相关滤波等传统方法，其在性能上发展还非常慢，但是这种端到端输出可以与其他的任务一起训练，特别是和检测分类网络相结合，它们在实际中有着十分广泛的应用前景。下面简要介绍三种典型的用于目标跟踪的卷积神经网络模型。

2.4.3 三种典型的用于图像目标跟踪的卷积神经网络模型简介

1. 全卷积孪生网络模型[61]

孪生网络(SiameseFC)的总体构架如图 2.29 所示。图中 z 代表的是模板图像，算法中使用的是第一帧的真实值(Ground Truth)；x 代表的是搜索域(Search Region)，即为后面的待跟踪帧中的候选框搜索区域；φ 代表的是一种特征映射操作，将原始图像映射到特定的特征空间，文中采用的是 CNN 中的卷积(Convolutional)层和池化(Pooling)层；$6\times6\times128$ 代表 z 经过 φ 后得到的特征，是一个 128 通道 6×6 大小的特征(Feature)，同理，$22\times22\times128$ 也是 x 经过 φ 后的特征；后面的*代表卷积操作，让 $22\times22\times128$ 的特征被 $6\times6\times128$ 的卷积核卷积，得到一个 17×17 的分数图(Score Map)，代表着搜索域中各个位置与模板相似度值。这是一种典型的孪生神经网络，并且在整个模型中只有卷积层和池化层，因此这也是一种典型的全卷积(Fully-convolutional)神经网络。具体实现步骤如下：

(1) 损失函数。在训练模型时需要损失函数，并需通过最小化损失函数来获取最优模型。孪生网络为了构造有效的损失函数，对搜索区域的位置点进行了正负样本的区分，即目标一定范围内的点作为正样本，这个范围外的点作为负样本，例如图 2.29 中最右侧生成的分数图(Score Map)中，左上点为正样本，右下点为负样本，它们都对应于搜索域(Search Region)中的两个矩形区域。孪生网络采用的是逻辑回归损失(Logistic Loss)。

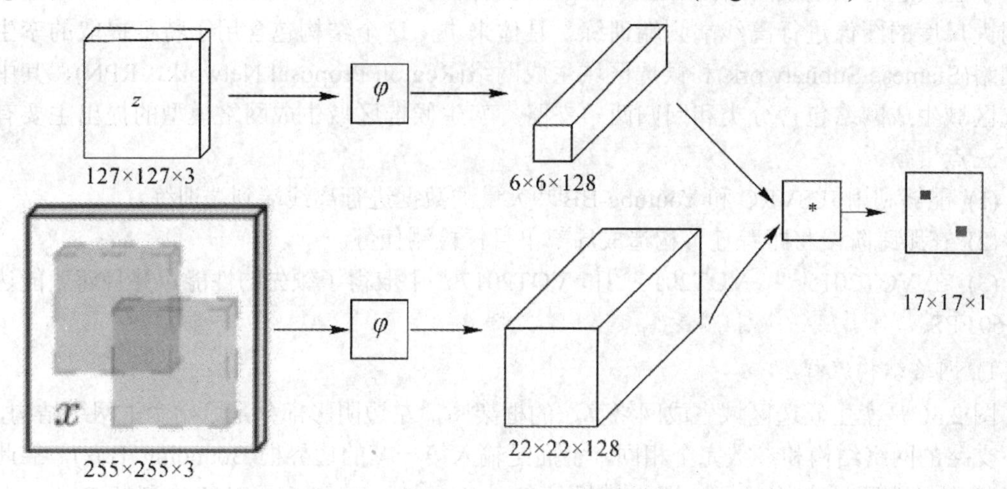

图 2.29 孪生网络的总体构架

(2) 训练数据库。与以前的算法不一样的是，孪生网络训练的数据库并不是传统的VOT(Visual Object Tracking)、ALOV(Amsterdam Library of Ordinary Videos for tracking)、OTB(Object Tracking Benchmark)三个跟踪基准数据集(Benchmark)，而是 ILSVRC(Imagenet Large Scale Visual Recognition Challenge)中用于视频目标检测中的视频，这个数据集一共有4500 个视频(Videos)，视频的每一帧都标记有真实值。

(3) 网络结构。整个网络结构类似于 AlexNet[5]，但是没有最后的全连接层，只有前面的卷积层和池化层。整个网络结构如表 2.3 所示，其中池化层采用的是最大池化层(Max-pooling)，每个卷积层后面都有一个非线性激活(ReLU)层，但是第五层没有。另外，在训练的时候，每个 ReLU 层前都使用了批量归一化(Batch Normalization)，用于降低过拟合的风险。

表 2.3 网 络 结 构

层名	尺寸	通道映射尺寸	步长	激活大小		
				样本大小	搜索尺寸	通道数
				127×127	255×255	×3
conv1	11×11	96×3	2	59×59	123×123	×96
pool1	3×3		2	29×29	61×61	×96
conv2	5×5	256×48	1	25×25	57×57	×256
pool2	3×3		2	12×12	28×28	×256
conv3	3×3	384×256	1	10×10	26×26	×192
conv4	3×3	384×192	1	8×8	24×24	×192
conv5	3×3	256×192	1	6×6	22×22	×128

2. 孪生候选区域生成网络模型[63]

孪生候选区域生成网络(Siamese Region Proposal Network)，简称 SiamRPN，它能够利用大尺度的图像进行离线端到端训练。具体来讲，这个结构包含用于特征提取的孪生子网络(Siamese Subnetwork)和候选区域生成网络(Region Proposal Network，RPN)，其中候选区域生成网络包含分类和回归两条支路。孪生候选区域生成网络模型的提出主要有以下三点贡献：

(1) 能够利用 ILSVRC 和 Youtube-BB[64]大量的数据进行离线端到端训练。

(2) 在跟踪阶段将跟踪任务构造成局部单目标检测任务。

(3) 在 VOT2015[56]、VOT2016[57]和 VOT2017[65]中取得了领先的性能，并且速度能达到 160 FPS。

1) *网络结构流程*

图 2.30 是孪生候选区域生成网络算法的框架图，左边阴影部分是原始孪生网络结构，上下支路的网络结构和参数完全相同，上面是输入第一帧的边界框(Bounding Box)，靠此信息检测候选区域中的目标，即为模板帧(Template Frame)。下面是待检测帧(Detection Frame)，显然，待检测帧的搜索区域比模板帧的区域大。中间部分是候选区域(RPN)结构，又分为两部分，上部分是分类分支，模板帧和待检测帧经过孪生网络后的特征再经过一个卷积层，模板帧特征经过卷积层后变为 $2k\times256$ 通道，k 是锚点框(Anchor Box)的数量，因为分两类，所以是 $2k$。下面是边界框回归支路，因为有四个量$[x, y, w, h]$，所以是 $4k$，右边是输出。

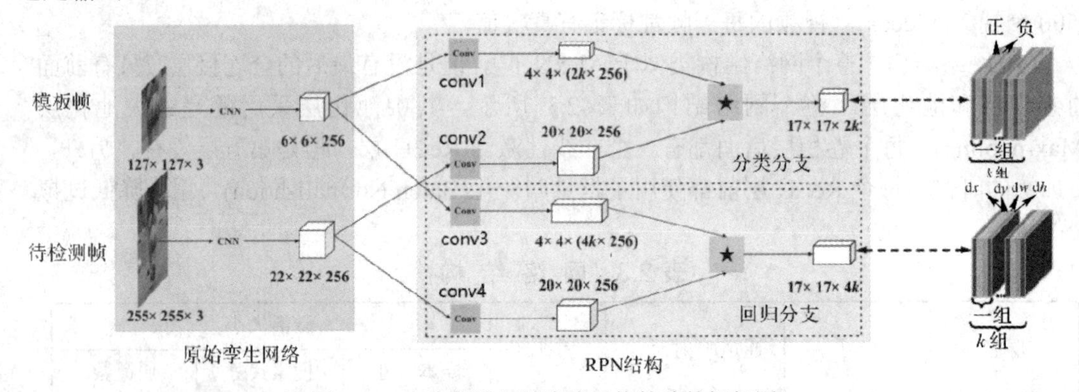

图 2.30　孪生候选区域生成网络算法的框架图

2) *单样本检测任务*

图 2.31 直观地表示出了将跟踪当作单样本检测任务，模板帧在 RPN 中经过卷积层、回归层和分类层当作检测所用的核。借鉴了元学习(Meta Learning)的思想，可通过模板帧来学习检测分支候选区域的网络参数。简单地说，就是预训练模板分支，然后利用第一帧的目标特征输出一系列权值(Weights)，而这些权值编码(Encode)了目标的信息，可作为检测分支候选区域网络的参数去检测目标。这样做的好处是：① 模板只能学到一个编码了目标的特征，并用这个特征去寻找目标，这会比直接用第一帧的特征图(Feature Map)去做匹配更具鲁棒性。② 相比原始的 SiameseFC[61]网络，候选区域(RPN)网络可以直接回归出目标的坐标和尺寸，既精确又不需要像多尺度(Multi-scale)一样浪费时间。

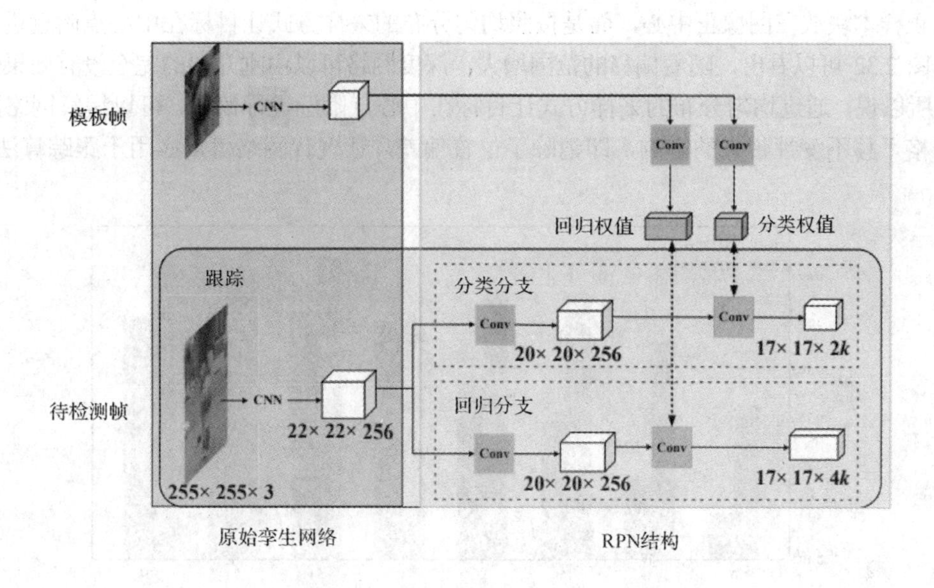

图 2.31　单样本检测任务示意图

3. SiameseRPN++ 网络模型[66]

基于孪生网络的跟踪器将跟踪表述为目标模板和搜索区域之间的卷积特征互相关。然而，与最先进的算法相比，在精度方面孪生网络的算法仍然有明显差距，即不能利用来自深层网络的特征，如残差网络(ResNet-50)或更深层网络，其核心的原因在于用深层网络提取特征会导致缺乏严格的平移不变性。

SiameseRPN++网络模型通过一种简单而有效的空间感知采样策略打破这一限制，成功地训练了一个性能显著的孪生网络跟踪器；提出了一种新的模型结构来实现分层(Layer-wise)和深度(Depth-wise)的聚合，这不仅进一步提高了模型的精度，而且减小了模型的尺寸。SiameseRPN++ 网络模型的主要贡献如下：

(1) 对孪生跟踪器进行了深入的分析，并证明在使用深层网络时，精度的降低是由于平移不变性被破坏所导致。

(2) 提出了一种简单而有效的采样策略，以打破空间不变性限制，成功地训练了基于残差网络(ResNet)架构的孪生跟踪器。

(3) 提出了一种基于层次的互相关操作特征聚集结构，该结构有助于跟踪器根据多层次学习的特征预测相似度图。

(4) 提出了一个深度可分离的相关结构来增强互相关，从而产生与不同语义相关的多重相似度。

(5) 使用深层网络、多层特征融合、深度互相关，并在多层使用 SiamRPN[64]，成功地缓解平移不变性问题。

1) 缓解平移不变性问题

SiameseFC 中的相关操作可以看成是按照滑窗的形式计算每个位置的相似度。这就会带来两个具体的限制：网络需要满足严格的平移不变性和对称性。如果现代网络(Modern Networks)[66]的平移不变性被破坏，则带来的弊端就是会学习到位置偏差。因此在训练过程中不再把正样本块放在图像正中心，而是按照均匀分布的采样方式让目标在中心点附近进行偏移。由图 2.32 可以看出，随着偏移的范围增大，深度网络可以由刚开始的完全没有效果逐渐变好。所以说，通过均匀分布的采样方式让目标在中心点附近进行偏移，可以缓解网络因为破坏严格平移不变性带来的影响，即消除了位置偏差，让现代网络可以应用于跟踪算法中。

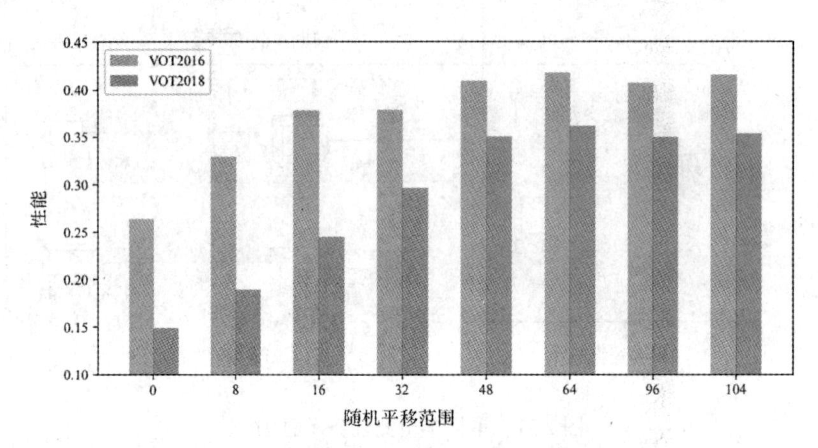

图 2.32　在 VOT 数据集上随机平移对性能的影响

2) 使用深层网络

实验是在残差网络(ResNet-50)上完成的。现代网络的步长(Stride)一般都是 32，但跟踪为了定位的准确性，一般步长都比较小(Siamese 系列一般都为 8)，所以这里把残差网络最后两个块(Block)的步长去掉，同时增加了膨胀卷积(Dilated Convolution)，一是为了增加感受野，二是为了能利用预训练参数；MobileNet[67]等现代网络也是进行了这样的改动。如图 2.33 所示，改过之后，后面三个块的分辨率就一致了。在训练过程中采用了新的采样策略后，我们就可以训练残差网络了，并且能够正常跟踪一些视频。

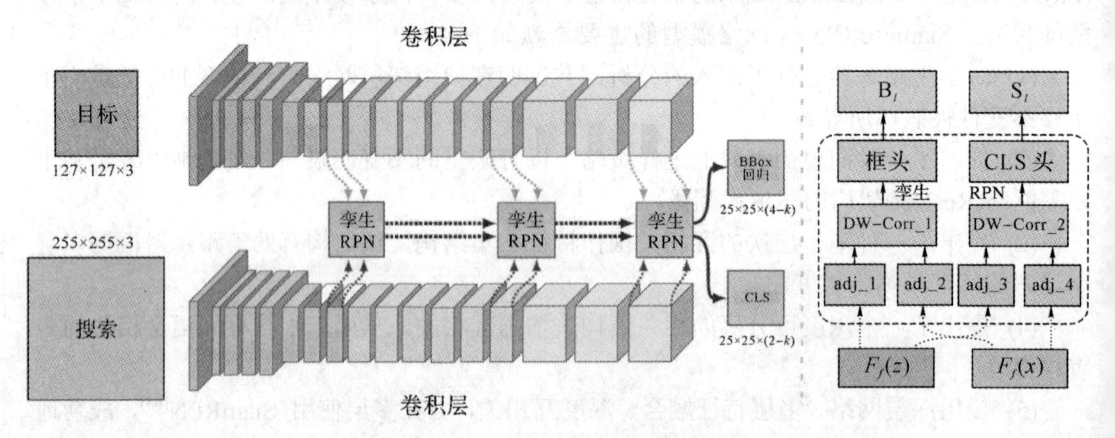

图 2.33　SiameseRPN++网络框架图

3) 多层特征融合

如图 2.33 所示，由于深层网络中的层数比较多，网络的不同块(Block)能够获取的特征也具有很大的差别，浅层网络特征更关注于提取一些颜色、边缘等信息，而深层网络特征则更关注于目标的语义特征，因此将深层网络的多层特征进行融合是一个值得去研究的工作。SiameseRPN++选择了网络最后三个块(Block)的输出进行融合，其公式如下：

$$S_{\text{all}}=\sum_{l=3}^{5}\alpha_i * S_l, B_{\text{all}}=\sum_{l=3}^{5}\beta_i * B_l$$

式中，S 表示分类；B 表示回归。

4) *深度互相关*

互相关(Cross Correlation)：如图 2.34(a)所示，用于 SiamFC[61]中，模板特征在搜索区域上按照滑窗的方式获取不同位置的响应值，最终获得一个一维的响应映射图。

(1) 上通道互相关(Up-channel Cross Correlation)：如图 2.34(b)所示，用于 SiamRPN 中，与互相关操作不同的是在做相关操作之前多了两个卷积层，通道个数分别为 256 和 256×2k，其中 k 表示每一个锚点(Anchor)上面的锚点个数。其中一个用来提升通道数，而另一个则保持不变。之后通过卷积的方式，得到最终的输出。通过控制升维的卷积来实现最终输出特征图的通道数。

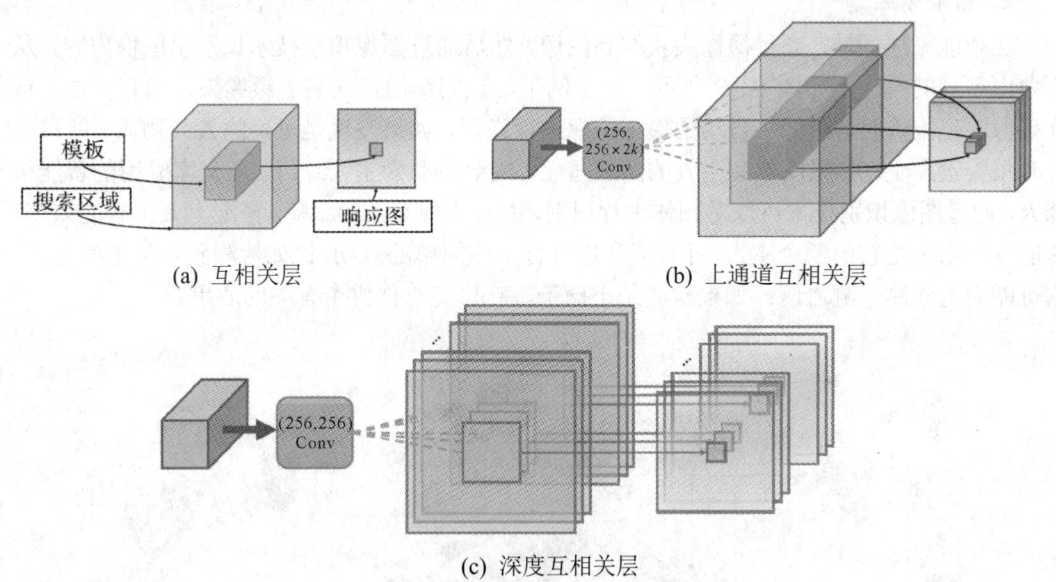

(a) 互相关层　　(b) 上通道互相关层

(c) 深度互相关层

图 2.34　不同互相关层的结构图

(2) 深度互相关(Depth-wise Cross Correlation)：如图 2.34(c)所示，和上通道互相关一样，在做相关操作以前，模板和搜索分支会分别通过一个卷积层，但并不需要进行维度提升，这里只是为了提供一个非孪生网络的特征。在这之后，通过类似深度卷积的方法，逐通道计算相关结果，这样的好处是可以得到一个通道数非 1 的输出，在后面添加一个普通的 1×1 卷积就可以得到分类和回归的结果。整个过程类似于构造检测网络的头网络。

5) *在多层使用* SiamRPN[63]

如图 2.33 所示，在 conv3_3、conv4_6 和 conv5_3 的分支上均使用 SiamRPN 网络，并将前面 SiamRPN 的结果输入到后面的 SiamRPN 网络中。多级级联的优点是：可以通过多个 SiamRPN 来选择出多样化的样本或者具有判别性的样本块，第一个 SiamRPN 可以去除掉一些特别简单的样本块，而后面的网络进一步进行滤除，最终剩余一些负样本(Hard Negative Sample)，这样其实有利于提升网络的判别能力。由于使用了多级回归操作，因此可以获得一个更加准确的边界框。

2.5　智能数字图像识别技术的主要应用领域

1. 网络搜索

以 Facebook 和谷歌为例。近日，Facebook 专门为图像和视频理解打造了一个专业计算机视觉平台 Lumos。该平台可以为整个社交网络提供视觉搜索服务。它将从两个方面改善社交网络上的用户体验：一方面是基于图片本身(而不是图片标签和拍照时间)的搜索；另一方面是升级的自动图片描述系统(可向视觉障碍者描述图片内容)。对于谷歌而言，图片识别已经攻克，它的下一个挑战是视频识别，其目标是提升图像识别技术，最终能够识别和搜索视频本身的原内容，从而改善视频推荐服务。

2. 智能家居

在智能家居领域，通过摄像头获取到图像，然后通过图像识别技术识别出图像内容，从而做出不同的响应，如图 2.35 所示。举个例子，我们在门口安装了摄像头，当有物体出现在摄像头范围内时，摄像头自动拍摄下图像进行识别，如果发现是可疑的人或物体，就可以及时报警给户主。如果图像和主人的面部匹配，则会主动为主人开门。还有家庭用的智能机器人，通过图像识别技术可以对物体进行识别，并且实现对人的跟随，搭配上人工智能系统，它能分辨出你是它的哪个主人，并且能和你进行一些简单的互动。比如检测到是家里的老人，它可能会为你测一测血压；如果检测是小孩子，它可能给你讲个有趣的故事。

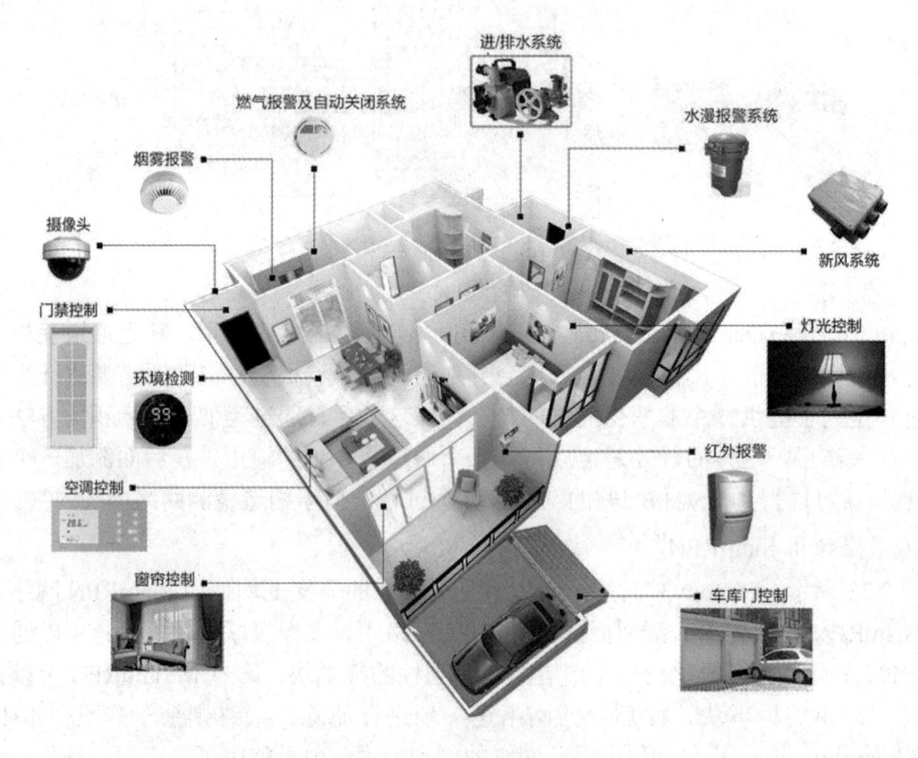

图 2.35　智能家居显示图

3. 电商购物应用

网购时，消费者使用的相似款(拍照识别/扫描识别)搜索功能，就是基于图像识别技术的。当消费者将鼠标停留在感兴趣的商品上时，就可以选择查看相似的款式；同时通过调整算法，还能够更好地猜测消费者的意图，搜索结果即使不能提供完全匹配的商品，也会为消费者推荐最为相关的商品，尽量满足消费者的购物需求。这对于商家来说，也是一种从外界导流和提高移动端用户黏度的方式。

4. 农林业应用

在农林业方面，图像识别技术已在多个环节中得到应用，例如森林调查。通过无人机对图像进行采集，再通过图像分析系统对森林树种的覆盖比例、林木的健康状况进行分析，从而可以做出更科学的开采方案。原木检验方面，图像识别可以快速对木材的树种、优劣、规格进行判断，从而省去大量人工参与的环节。

5. 金融应用

在金融领域，身份识别和智能支付将提高身份安全性与支付的效率和质量。比如，在传统金融中，用户在申请银行贷款或证券开户时，必须到实体门店做身份信息核实，完成面签。如今，通过人脸识别技术，用户只需要打开手机摄像头，自拍一张照片，系统将会做一个活体检测，并进行一系列的验证、匹配和判定，最终会判断这个照片是否是用户本人，完成身份核实。

6. 安防应用

图像识别在安防领域应用较多。未来在软硬件铺设到后端软件管理平台的建设转型中，图像识别系统将成为打造智慧城市的核心环节。比如，人脸识别是智能安防时代视频监控中不可或缺的一部分，能直接帮助用户从视频画面中提取出“人”的信息，这大大提升了监控系统的价值，让监控系统不再是“呆板”的录像，而是让它去“认人”，如图 2.36 所示。

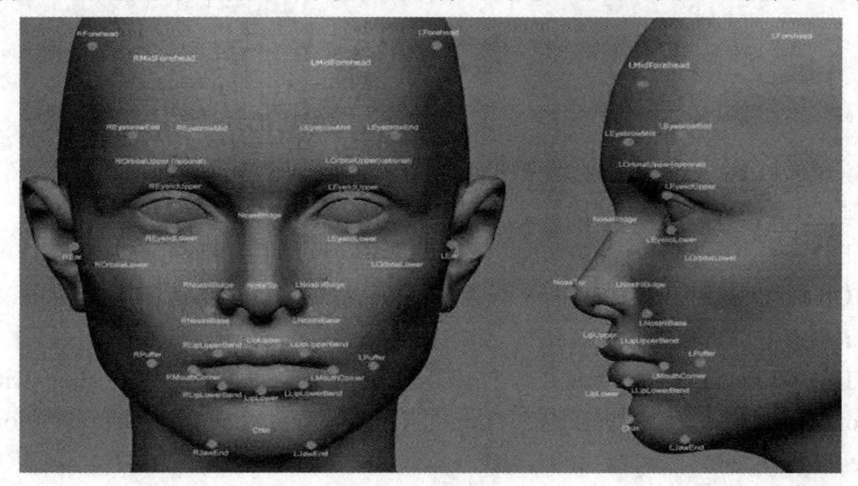

图 2.36 智能安防

7. 医疗应用

未来，将图像识别技术应用到医疗领域，可以更精准、快速地分辨 X 光片、MRI 和 CT 扫描图片，上至诊断预防癌症，下至加速发现治病救命的新药。比如，一个放射科医生一生可能会看上万张扫描图像，但是，一台计算机可能会看上千万张。让计算机来解决医学图像的问题，这听起来并不疯狂。

8. 娱乐监管应用

以视频直播为例，直播内容的审查鉴定可以从以下几个方面展开：识别图像中是否存在人物体征，并统计人数；识别图像中人物的性别、年龄区间；识别人物的肤色、肢体器官暴露程度；识别人物的肢体轮廓，分析动作行为。除了图像识别之外，还可以从音频信息中提取关键特征，判断是否存在敏感信息；实时分析弹幕文本内容，判断当前视频是否存在违规行为，动态调节图像采集频率。

此外，在机器人、无人机、自动驾驶、交通、工业化生产线、食品检测、教育、古玩等行业中，图像识别也有广泛的应用前景。

2.6 智能数字图像识别技术的未来展望

虽然目前基于卷积神经网络的图像识别系统有很多，且识别效果也非常不错，但其中一些基本问题仍然没有得到很好的解决。主要表现在两个方面：第一，尚未形成一套完整的通用理论。现在许多识别系统都是根据特定的数据库进行特别的网络深度和层次设计的，通过不断的摸索发现最佳的参数和优化算法，其人为因素比较大，也没有较系统的理论阐述影响卷积神经网络识别效果的因素。第二，现有的方法尚存在一些缺陷。特别是对自然图像进行分类识别时，卷积神经网络的初始状态参数以及寻优算法的选取，会对网络训练造成很大影响。选择不好会造成网络的不工作，或者有可能陷入局部极小、欠拟合、过拟合等诸多问题。在不久的将来，随着图像数据增多，基于深度学习对图像处理的方法很有可能成为主流图像分类技术。

参 考 文 献

[1] 冈萨雷斯，伍兹. 数字图像处理[M]. 3版. 北京：电子工业出版社，2011.

[2] 阮秋琦. 数字图像处理学[M]. 北京：电子工业出版社，2007.

[3] 姚国正，汪云九. D.Marr及其视觉计算理论[J]. 机器人，1984(6)：57-59.

[4] HINTON G，OSINDERO S，TEH Y W.A Fast Learning Algorithm for Deep Belief Nets[J]. Neural Computation，2014，18(7)：1527-1554.

[5] KRIZHEVSKY A，SUTSKEVER I，HINTON G. ImageNet classification with deep convolutional neural networks[C]. International Conference on Neural Information Processing Systems，2012：1097-1105.

[6] POLLACK J B.Recursive distributed representations[J]. Artificial Intelligence，1990，46(1)：77-105.

[7] GOODFELLOW I J，POUGET A J，MIRZA M，et al.Generative adversarial nets[C]. International Conference on Neural Information Processing Systems，2014.

[8] LIN A，LI J，MA Z. On Learning and Learned Data Representation by Capsule Networks[J]. IEEE Access，2019(99)：1-1.

[9] 李弼程，彭天强，彭波. 智能图像处理技术[M]. 北京：电子工业出版社，2004.

[10] 卷积神经网络研究综述[J]. 计算机学报，2017，40(6)：1229-1251.

[11] JONES J P，PALMER L A. An evaluation of the two-dimensional Gabor filter model of simple receptive fields in cat striate cortex[J]. Journal of Neurophysiology，1987，58(6)：1233-1258.

[12] 刘伟，袁修干，杨春信，等. 生物视觉与计算机视觉的比较[J]. 航天医学与医学工程，2001，14(4)：303-307.

[13] COATES A，NG A Y. Selecting Receptive Fields in Deep Networks[C]. International Conference on Neural Information Processing Systems，2011.

[14] SMYTH D，WILLMORE B，BAKER G E，et al. The Receptive-Field Organization of Simple Cells in Primary Visual Cortex of Ferrets under Natural Scene Stimulation[J]. The Journal of Neuroscience：The Official Journal of the Society for Neuroscience，2003，23(11)：4746-4759.

[15] NAIR V，HINTON G. Rectified linear units improve restricted boltzmann machines[C]. International Conference on International Conference on Machine Learning，2010.

[16] HAN J，MORAGA C. The Influence of the Sigmoid Function Parameters on the Speed of Backpropagation Learning[C]. International Workshop on Artificial Neural Networks，1995.

[17] CUN Y L，KANTER I，SOLLA S A. Eigenvalues of covariance matrices：Application to neural network learning[J]. Physical Review Letters，1991，66(18)：2396-2399.

[18] RUMELHART D E，HINTON G E，WILLIAMS R J. Learning Representations by Back Propagating Errors[J]. Nature，1986，323(6088)：533-536.

[19] GIRSHICK R，DONAHUE J，DARRELLAND T，et al. Rich feature hierarchies for object detection and semantic segmentation[C]. IEEE Conference on Computer Vision and Pattern Recognition，2014.

[20] KRIZHEVSKY A，SUTSKEVER I，HINTON G. ImageNet Classification with Deep Convo- lutional Neural Networks[C]. Curran Associates Inc，2012.

[21] SIMONYAN K，ZISSERMAN A. Very Deep Convolutional Networks for Large-Scale Image Recognition[J]. Computer Science，2014.

[22] HENTSCHEL C，WIRADARMA T P，Sack H. Fine tuning CNNS with scarce training data-Adapting imagenet to art epoch classification[C]. IEEE International Conference on Image Processing (ICIP)，2016.

[23] REN S，HE K，GIRSHICK R，et al. Faster R-CNN：Towards Real-Time Object Detection with Region Proposal Networks[J]. IEEE Transactions on Pattern Analysis & Machine Intelligence，2015，39(6)：1137-1149.

[24] https://blog.csdn.net/akenseren/article/details/80530922.

[25] http://www.chioka.in/differences-between-l1-and-l2-as-loss-function-and-regularization/.

[26] LIU W，ANGUELOV D，ERHAN D，et al. SSD：Single Shot MultiBox Detector[C]. European Conference on Computer Vision，2016.

[27] REDMON J，DIVVALA S，GIRSHICK R，et al. You Only Look Once：Unified，Real-Time Object Detection[J]. 2015.

[28] 袁荣尚. 基于卷积神经网络的手势图像识别方法研究[D]. 桂林：广西师范大学，2019.

[29] 刘石磊. 人机交互中的手势分割及识别关键技术的研究[D]. 济南：山东大学，2017.

[30] 郭子雷. 基于计算机视觉的手势识别系统的设计与实现[D]. 武汉：华中科技大学，2016.

[31] 吕华富. 基于卷积神经网络的静态手势识别研究[J]. 现代计算机，2018，3(12)：22-24.

[32] 韩蒙蒙. 基于卷积神经网络的手势识别算法研究[D]. 长春：吉林大学，2017.

[33] 杜堃. 复杂环境下通用的手势识别方法研究[D]. 广州：广东工业大学，2016.

[34] 郭叶军，汪敬华. 基于Caffe网络模型的Faster R-CNN算法推理过程的解析[J]. 现代计算机，2018(1)：9-12.

[35] HE K，ZHANG X，REN S，et al. Deep residual learning for image recognition [C]. IEEE Computer Society，2016：770-778.

[36] HUANG G，LIU Z，MAATEN L V D，et al. Densely connected convolutional networks [C]. IEEE Computer Society，2017：4700-4708.

[37] LI Y，TAN R T，GUO X，et al. Rain streak removal using layer priors[C]. IEEE Conference on Computer Vision and Pattern Recognition，2016：2736- 2744.

[38] FU X，HUANG J，DENG X，et al. Clustering the skies：A Deep network architecture for single-image rain removal[J]. IEEE Transactions on Image processing，2016，26(26)：2944-2956.

[39] FU X，HUANG J，ZENG D，et al. Removing rain from single images via a deep detail network [C]. IEEE Conference on Computer Vision and Pattern Recognition，2017：1715-1723.

[40] YANG W，TAN R T，FENG J，et al. Deep joint rain detection and removal from a single image[C]. IEEE Conference on Computer Vision and Pattern Recognition，2017：1357-1366.

[41] ZHANG H and PATEL V M. Density-aware single image deraining using a multistream dense network[C]. IEEE Conference on Computer Vision and Pattern Recognition，2018：695-704.

[42] MEI X，LING H. Robust visual tracking using L_1 minimization[C]. International conference on computer vision，2009：1436-1443.

[43] JIA X，LU H，YANG M H. Visual tracking via adaptive structural local sparse appearance model[C]. IEEE Conference on computer vision and pattern recognition，2012：1822-1829.

[44] BAO C，WU Y，LING H，et al. Real time robust tracker using accelerated proximal gradient approach[C]. IEEE Conference on Computer Vision and Pattern Recognition，2012：1830-1837.

[45] BOLME D S，BEVERIDGE J R，DRAPER B A，et al. Visual object tracking using

adaptive correlation filters[C]. IEEE computer society conference on computer vision and pattern recognition，2010：2544-2550.

[46] HENRIQUES J F，CASEIRO R，MARTINS P，et al. Exploiting the circulant structure of tracking-by-detection with kernels[C]. IEEE Conference on Computer Vision and Pattern Recognition，2012：702-715.

[47] HENRIQUES J F，CASEIRO R，MARTINS P，et al. High-Speed Tracking with Kernelized Correlation Filters[J]. IEEE Transactions on Pattern Analysis & Machine Intelligence，2015，37(3)：583-596.

[48] DANELLJAN M，HGER G，KHAN F S，et al. Accurate Scale Estimation for Robust Visual Tracking[C]. British Machine Vision Conference，2014.

[49] DANELLJAN M，HGER G，KHAN F S，et al. Learning Spatially Regularized Correlation Filters for Visual Tracking[J]. IEEE Int Conf Comput Vision，2015：4310-4318.

[50] TANG Y C. Deep learning using linear support vector machines[J]. Computer Science，2015.

[51] RUSSAKOVSKY O，DENG J，SU H，et al. Imagenet large scale visual recognition challenge[J]. Computer Vision，2015，115(3)：211-252.

[52] LONG J，SHELHAMER E，DARRELL T. Fully convolutional networks for semantic segmentation[J]. IEEE Transactions on Pattern Analysis & Machine Intelligence，2014，39(4)：640-651.

[53] MA C，HUANG J B，YANG X，et al. Hierarchical convolutional features for visual tracking [C]. IEEE Computer Society，2015：3074-3082.

[54] QI Y，ZHANG S，QIN L，et al. Hedged deep tracking[C]. IEEE Conference on Computer Vision and Pattern Recognition，2016：4303-4311.

[55] NAM H，HAN B. Learning multi-domain convolutional neural networks for visual tracking[C]. IEEE Conference on Computer Vision and Pattern Recognition，2016：4293-4302.

[56] KRISTAN M，MATAS J，LEONARDIS A，et al. The Visual Object Tracking VOT2015 Challenge Results[C]. IEEE Int Conf Comput Vision.，2015：1-23.

[57] BATTISTONE F，SANTOPIETRO V，PETROSINO A. The Visual Object Tracking VOT2016 challenge results[C]. IEEE Int Conf Comput Vision.，2016.

[58] DANELLJAN M，ROBINSON A，KHAN F S，et al. Beyond Correlation Filters：Learning Continuous Convolution Operators for Visual Tracking[J]. European Conference on Computer Vision，2016：472-488.

[59] KALAL Z，MATAS J，MIKOLAJCZYK K. P-N Learning：Bootstrapping Binary Classifiers by Structural Constraints[J]. IEEE Computer Society Conference on Computer Vision and Pattern Recognition，2010：49-56.

[60] HELD D，THRUN S，SAVARESE S. Learning to Track at 100 FPS with Deep Regression Networks[J]. European Conference on Computer Vision，2016：749-765.

[61] BERTINETTO L，VALMADRE J，HENRIQUES J F，et al. Fully-convolutional siamese

networks for object tracking[J]. European Conference on Computer Vision，2016：850-865.

[62] VALMADRE J，BERTINETTO L，HENRIQUES J F，et al. End-to-end representation learning for Correlation Filter based tracking[J]. IEEE Comput Soc Conf Comput Vision Pattern Recognit.，2017：2805-2813.

[63] LI B，YAN J，WU W，et al. High Performance Visual Tracking with Siamese Region Proposal Network[C]. IEEE/CVF Conference on Computer Vision and Pattern Recognition (CVPR)，2018：8971-8980.

[64] REAL E，SHLENS J，MAZZOCCHI S，et al. YouTube-BoundingBoxes：A Large High-Precision Human-Annotated Data Set for Object Detection in Video[C]. IEEE Conference on Computer Vision and Pattern Recognition (CVPR)，2017：5296-5305.

[65] KRISTAN M，LEONARDIS A，MATAS J，et al. The visual object tracking vot2017 challenge results. [C]. IEEE Int Conf Comput Vision.，2017：1949-1972.

[66] LI B，WU W，WANG Q，et al. SiamRPN++：Evolution of Siamese Visual Tracking With Very Deep Networks[C]. IEEE/CVF Conference on Computer Vision & Pattern Recognition，2019：4282-4291.

[67] HOWARD A G，ZHU M，CHEN B，et al. MobileNets：Efficient Convolutional Neural Networks for Mobile Vision Applications[J]. 2017.

第三章　基于人工智能的语音识别基本理论与技术

3.1　语音识别概述

图像识别技术的发展，使智能体(Agent)具备了视觉系统，拥有了初步的视觉能力。然而，人们的最终目的是构建一个完整的，拥有成套视觉、听觉、嗅觉、触觉，甚至味觉功能的类人智能体。语音识别最早的设想是建立一种人与智能体之间能够进行交互的方式。也就是，智能体具有能够理解人类语言的能力，并且能够根据人类所述输出相应的文本或动作等。如何让智能体拥有听觉能力，成为了人工智能领域一个重要的研究方向。

基于以上的设想，科学家们于 20 世纪 50 年代开启了语音识别的研究。历经半个多世纪的发展，语音识别技术从基于传统方法，再到近年来受到人工智能与深度学习的启发和影响采用深度学习方法，新型语音识别技术开始逐步发展起来，并且已经成功地在市场上投入使用。有些新兴智能产业(例如人机交互设备产业尤其是可穿戴设备)正是在语音识别技术的引领之下发展壮大的。因此，语音识别已经成为人类社会走向智能化的关键技术之一。

本章旨在通过介绍语音识别的基础知识、基本原理，比较传统方法与现代基于人工智能深度学习方法的语音识别技术的不同之处，使读者初步理解基于人工智能的语音识别技术及其应用。

3.2　语音识别基础知识

3.2.1　人耳的结构与声音

在构建智能体的听觉系统之前，了解最基本的声学与人耳结构的生理知识是非常必要的。声音是由于物体振动使周围的空气产生了疏密变化，从而引起的一种叫做声波的振动。声波又经过不同的介质，传入人耳。图 3.1 为人耳结构图。人耳是分析与处理声波的重要器官，其中人耳的耳廓能够搜集外界不同类型的声波，这些声波经过外耳道与中耳为界的鼓膜，引起鼓膜的振动，产生与获得的声波频率相一致的振动频率，鼓膜引起的振动又反馈给了鼓室，鼓膜的作用是把声波所携带的能量信息进行放大。此后，这些被放大之后的信息又经过听小骨的作用，传入了内耳(即图 3.1 中含有半规管、前庭、听神经和耳蜗这些器官的区域)；内耳的主要功能是产生与先前被放大后的信息对应的神经信号，这些神经信号最终传入人类的大脑，供大脑处理，成为人类可以理解的词语或音乐等不同信息。

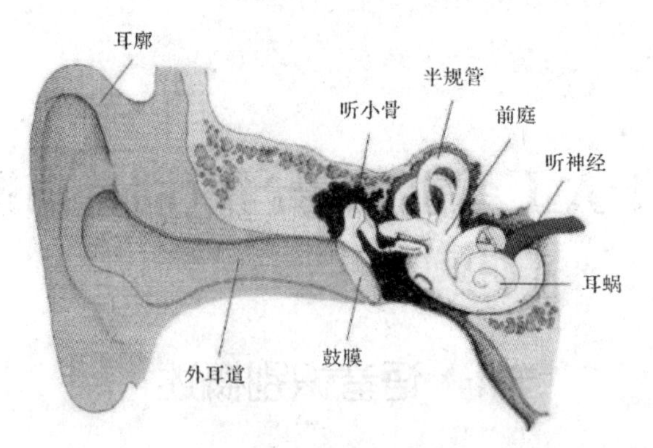

图 3.1　人耳结构图

我们在物理课中已经学习过，表征声波有两个极其重要的参数，分别是频率和振幅。频率是单位时间内某个物体完成振动的次数，可以通过如下数学表达式进行描述：

$$f = \frac{1}{T} \tag{3.1}$$

式中，f 是频率，单位为赫兹(Hz)；T 是周期，单位为秒(s)。图 3.2 所示是一个信号在振幅相同的情况下，频率分别为 1Hz、3Hz、6Hz 的波形图。

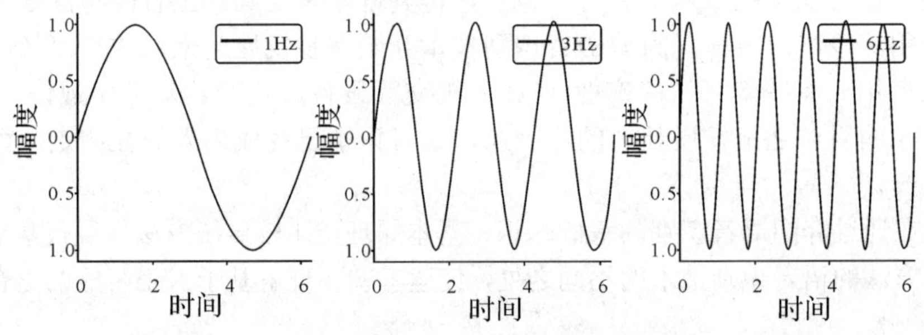

图 3.2　一个信号在三个不同频率下的波形图

简而言之，频率表示了人耳对各种类型的声音的敏感程度。人耳能够分辨的频率范围是有限的，其范围为 20 Hz～20000 Hz。当频率范围处于 1000 Hz～3000 Hz 时，人耳对此段频率的声音最为敏感。对于猫狗等其他动物而言，它们对声音的敏感程度往往强于人类，也就是可分辨的频率范围比人类要宽得多。图 3.3 所示是人类与动物的听觉频率分布对比图，狗的耳朵能够分辨的频率范围是 15 Hz～50000 Hz，而猫耳的最高分辨频率高达 65 000 Hz。这表明它们能够感知更宽频段的声音，与人类相比，更能够察觉出环境中声音的细微变化。

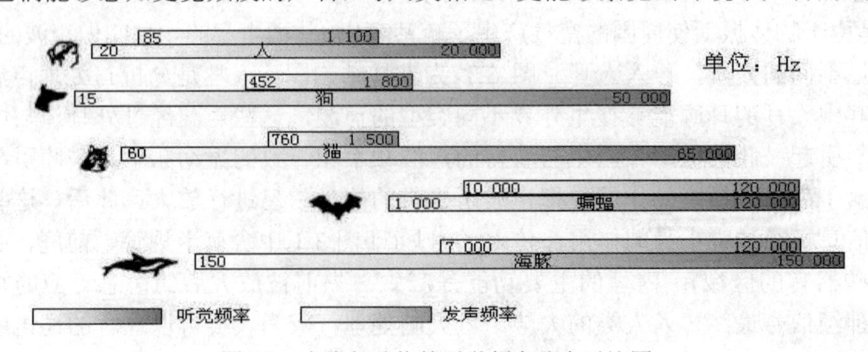

图 3.3　人类与动物的听觉频率分布对比图

振幅是表示振动范围和强度的物理量(单位：dB)，也就是影响音量大小的关键因素。图 3.4 所示是频率相同但振幅不同的两个声波信号示意图。

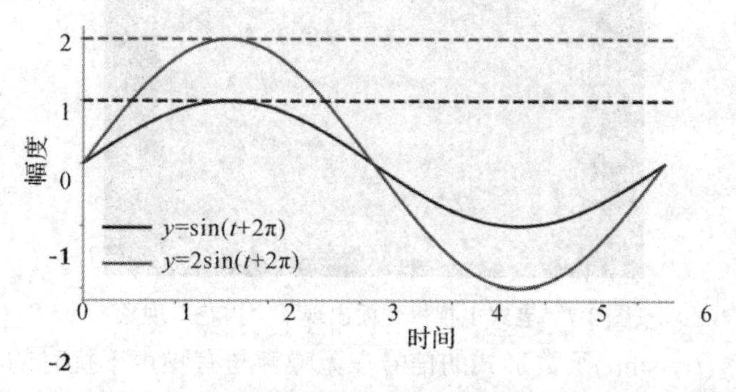

图 3.4　频率相同但振幅不同的两个声波信号

3.2.2　声波的获取与存储——模拟方法

理解了人耳和声学基础知识之后，还需要学习声波以及声学信息存储的方法，其目的是便于语音数据的分析与处理。人们早期是采用模拟方法记录声学信息的，主要的原理是根据声音在空气中的振动强度不同转化为相对应大小的电信号，再通过其他技术将这些电信号整合为一段连续的信号，并用一些传统物理方法存储在相应的存储设备中，其中磁带是早期最常见、使用最广泛的存储设备(见图 3.5)。在其塑料薄膜上附着一层磁性涂料，根据电磁原理，电流可以改变磁场的强弱和方向，因此磁带上形成了极性不同、磁场强度各异的小磁场。先将声波中所携带的声学信息利用相应的传感器(例如麦克风)转换为电信号，然后利用电磁原理实现声波信息的存储，例如通过磁带等设备保存下来，以模拟方法完成声波的采集与存储。

使用传统方法从声波中获得的声学信息是连续变化的物理量，严格意义上称其为模拟信号。图 3.6 所示是一段模拟信号的时域波形图。

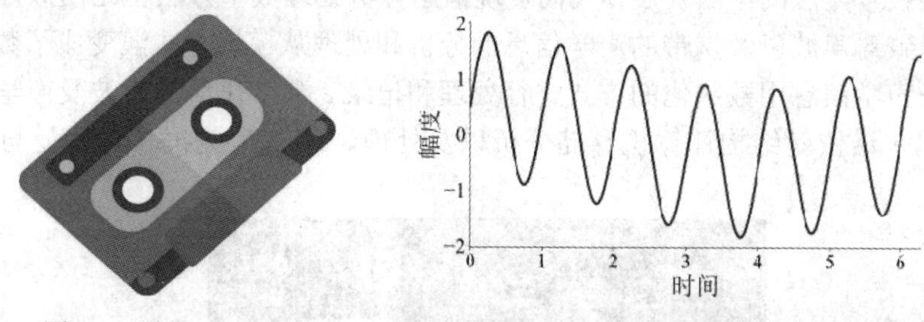

图 3.5　磁带　　　　图 3.6　模拟信号的时域波形图

模拟信号的分析与处理对设备的要求较高。例如对一段模拟信号实施简单地放大或者缩小操作需要通过一些电路元器件比如三极管、可变电阻器。当对模拟信号进行复杂分析与处理时，往往需要多个电路元器件共同作用，从而增加了信号处理电路的研发和制造成本。除此之外，模拟信号的抗干扰能力也较差，例如我们听到的调幅广播有很强的噪声，而老式的阴极摄像管电视机遇到信号干扰时，播出的画面很容易出现“雪花”现象。图 3.7 所示是一台老式电视机在遇到信号干扰之后出现的“雪花”现象。因此环境的噪声干扰对采用模拟信号存储声波的相应电信号方法具有较大的影响。

图 3.7 老式电视机画面出现了“雪花”现象

图 3.8 展示了 $y(t)=\sin(t)$函数形式的信号在无噪声与有噪声干扰时的不同表现。左侧图中的函数图像在无噪声干扰时非常平滑，没有毛刺；右侧图中的函数图像在噪声干扰下，波形产生了变形并带有毛刺。

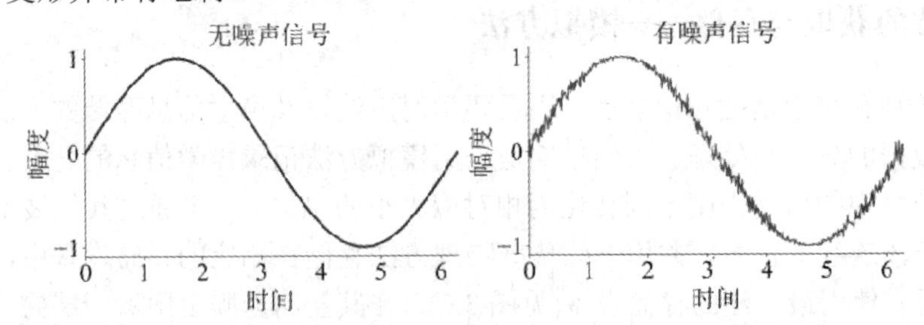

图 3.8 sin 函数形式的信号在无噪声与有噪声干扰情况下的波形

当模拟信号出现干扰时，图像很容易产生失真，进而导致声音失真。如果接收机接收到一段受干扰的模拟信号，它将极易出现错误的输出。

3.2.3 声波的获取与存储——数字方法

随着数字技术方法的不断发展，人们发现信息分析处理数字方法相比模拟方法拥有更强的优势，以致对声波以及携带的声学信息的分析和处理从模拟方式演变成了数字方式，即将声波以及声学信息用数字化的方式进行处理和记录。数字化后的声波及声学信息，可以轻松地被冯·诺依曼结构计算机存储分析以及处理。图 3.9 为冯·诺依曼与他设计的 IAS 机[1, 2]。

图 3.9 冯·诺依曼与他设计的 IAS 机

声波信息的相应电信号通过数字化处理的最大好处就是在存储和传输及对其进行数据信息处理时，数字化后的信号及其信息不易产生失真，抗干扰能力强，具有处理精度高、重现性能好、灵活性高、便于编辑以及存储等优点。信息数字化处理已经成为现代计算机处理存储数据最常用的方法。究其原因是，现代计算机采用二进制数来表达电平的逻辑关系，一般高电平用“1”表示，低电平用“0”表示。二进制数还可以通过“按权展开求和”法转化为八进制数、十进制数等多种进制数制，可以用如下数学表达式理解“按权展开求和”：

$$(a_{n-1}a_{n-2}\cdots a_1a_0)x = a_{n-1}x^{n-1} + \cdots + a_0x^0 + a_{-1}x^{-1} + \cdots + a_{-m}x^{-m} \tag{3.2}$$

式中，等式左边的表达式代表一个 n 位的 x 进制数(可以是二进制、八进制、十进制、十六进制)，等式右边的表达式表示的是通过“按权展开求和”，将一个 x 进制数转换为一个十进制数。例如一个二进制数 1101 转换为一个十进制数，根据“按权求和展开”：

$$(1101)_2 = 1\times2^3 + 1\times2^2 + 0\times2^1 + 1\times2^0 = 13$$

代表声波及声学信息的电信号通过名为“模数转换”的方法进行变换。“模数(A/D)转换”有以下三个步骤：采样、量化、编码。图 3.10 所示是一个简单的模数转化流程图。

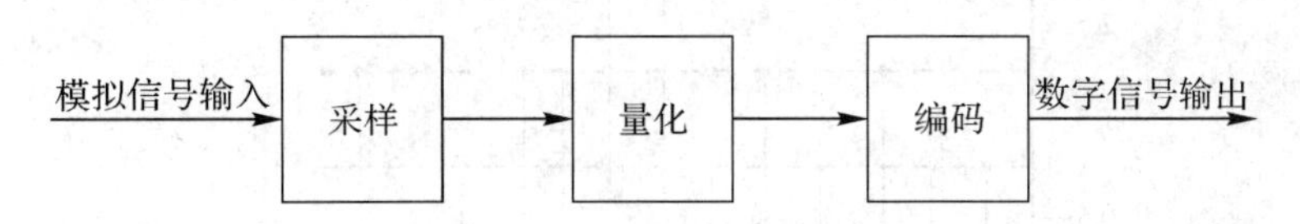

图 3.10　模数转换流程图

采样，首先是将一段表示输入声波信息的连续电信号在时间尺度上进行离散化。如图 3.11 所示，第一个子图展示的是信号未采样前的原始信号，第二个子图则是采样完成之后的信号。

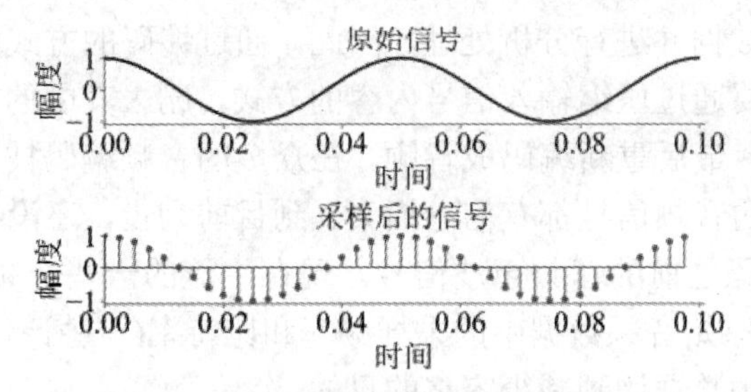

图 3.11　信号采样

采样是根据采样频率的大小进行的，采样频率的大小会影响采样之后恢复信号的质量。对于一个频率范围有限的信号，如果采样频率大于原始输入信号最高频率的两倍，则用采样之后的信号可以恢复原始信号，即重建时不会产生“失真”现象。也就是说能够获得原始输入信号的所有信息，这便是“奈奎斯特采样定理”，可以用如下数学表达式来表达：

$$f_{\mathrm{S}} > 2f_{\mathrm{N}} \tag{3.3}$$

式中，f_{S} 是采样频率，f_{N} 是被采样信号的最高频率，单位皆为 Hz。需要特别指出，对窄带信号，不必满足式(3.3)。

经过采样之后的信号在时间上已是离散状态，但每个采样点对应的幅值还是连续的值，可能带有小数。计算机相较于处理整数，处理小数需要消耗更多的硬件资源。因此还有必要对采样之后的信号进行量化操作，最简单的方法是将每个离散时间点上的幅值取整，例如使用简单的四舍五入的思想。图 3.12 展示了如何将一段信号的幅值进行量化的操作。即以坐标纵轴为参考，将坐标系均匀划分为不同的区域，按照四舍五入原则对落入不同区域的采样点对应的幅值进行取整。比如一个采样点对应的幅值为 1.1，落入幅值区间[1，2]，则该点幅值量化之后的幅值为 1；若幅值为 1.8，则量化之后的幅值为 2。

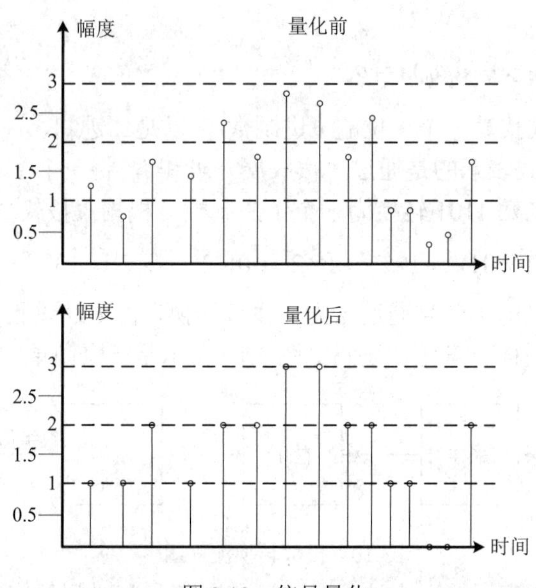

图 3.12　信号量化

表示声波的电信号经过采样以及量化之后，可以进一步进行编码，从而变换成对应的二进制数字信号。这是因为计算机的存储容量是有限的，特别是在嵌入式设备上不可能存储很长一段原封不动的数据并进行分析处理。因此，通过编码的方式能够解决数据容量问题。设备对音频编码主要通过压缩输入信号内容的方式，删去其中的冗余内容，将信号中最重要的部分保留下来，最后重新编码成音频。在众多的音频编码技术中，通常采用有损编码，也就是编码之后的音频信号都有信息损失。到目前为止，还没有一种音频编码技术能够百分之百还原出编码之前的音频声波信号。现在主流的一些音频编码格式有 MP3、AAC 等，它们通过降低原始音频数据中的采样频率和比特率(一种评价音频质量的标准)的方法，牺牲了一部分音频数据达到减少容量的目的。

至此，表示声波的电信号经过数字化处理，并通过编码解决了信号干扰问题，且能有效地存储在计算机设备中，达到了设备快速处理的需求。

3.3　语音识别基本原理

计算机上已存储了大量数字化处理之后的语音数据，现在需要对语音数据进行分析处理。以一段语音音频为例，首先将存储好的语音音频从保存的格式中通过解压的方法还原出音频波形。图 3.13 所示是一段音频解压之后的声波电压波形图。

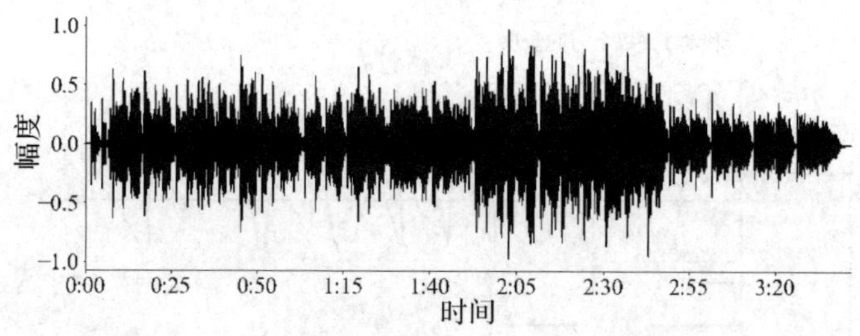

图 3.13　解压后的声波电压波形图

还原之后的波形是不能直接拿来使用的，还必须对其预处理，防止之后出现不必要的错误。通常，可以采用一种称为 VAD(Voice Activity Detection)操作的信号处理方法，该方法会切除首尾两端的静音[3]。图 3.14 显示的是一段声波波形进行了 VAD 处理后的波形图，图 3.14(a)是输入信号，图 3.14(b)是经过 VAD 处理之后的输出。

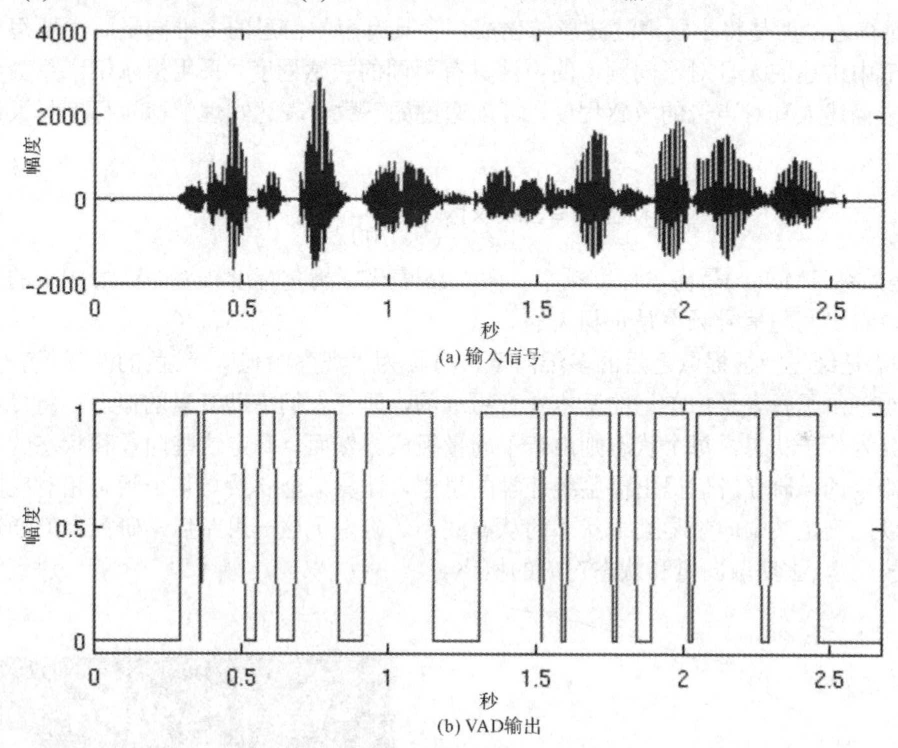

图 3.14　VAD 操作之后的声波波形

在物理学中，一些问题在某些场景之下是无法从全局的角度进行系统分析的，这时往往会采用微元法的思想将问题模块化并逐一解决。对于图 3.14 中的语音波形，我们也可以采用微元法的思想对波形通过“窗口函数”进行分帧处理：将“窗口函数”随时间轴移动，“窗口”位置经过的波形便能通过“窗口函数”映射出来。图 3.15 所示是一个波形简单的分帧演示结果。一个“窗口”长度为 T 的“窗口函数”随时间轴移动了 $K-T$ 个时间步长到了下一位置，移动的过程中将窗内的波形按照图中的“窗口函数”映射出来。

一段语音波形通过分帧操作被分成了许多的小段声波波形，再通过波形变换的方法对这些小段声波波形进行特征提取和分析。主要采用经典的梅尔倒谱(Mel-Frequency Cepstrum)中的梅尔倒谱系数(Mel-Frequency Cepstral Coefficients，MFCCs)进行声学特征提

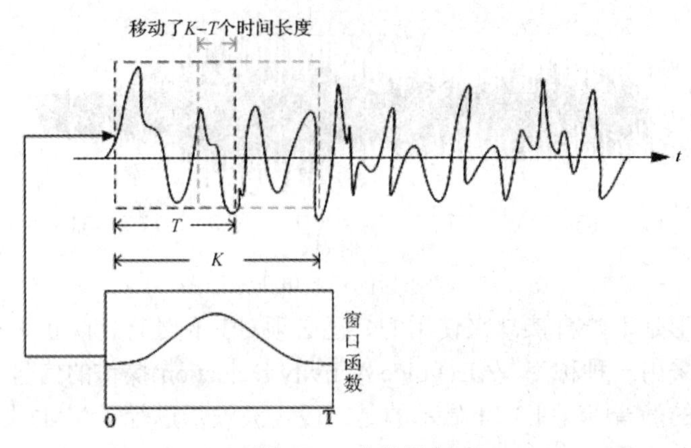

图 3.15　分帧操作

取[4]。简而言之，就是将小段声波波形转化成包含具有声学信息的多维向量。主要思想是基于上一节中讲述的人耳对不同频率的声波具有不同的敏感程度，采用梅尔倒谱系数中的梅尔标度来描述人耳对声音的敏感程度，可以通过如下数学表达式理解梅尔标度与人耳频率的关系。

$$\mathrm{Mel}(f)=2595\times\lg\left(1+\frac{f}{700}\right) \tag{3.4}$$

式中，f是频率，$\mathrm{Mel}(f)$是梅尔标度频率。图 3.16 表现了梅尔标度频率随信号频率的变化关系，可以看出其与信号频率是正相关的。

图 3.17 是经过特征提取之后的多维向量，可称为“观察序列”，颜色的深浅代表了向量值的大小。由于音素是由单词的基本发音组成的，研究者们借助音素的概念，将“观察序列”划分为若干状态，每个状态则由若干向量组成。然而，确定这些向量和状态的对应关系是有难度的，研究者们提出借鉴统计学的思想，计算某个向量与某个状态相对应的最大概率，以此确定某个向量与某个状态的从属关系。确定了这一思路后，研究者们通过建立“声学模型”，去获取向量和状态对应的概率。

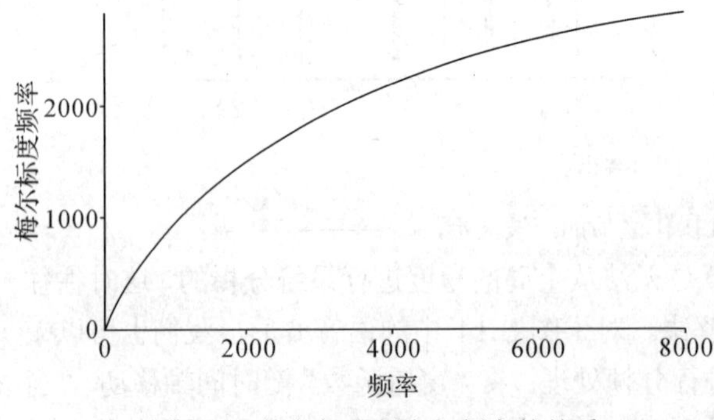

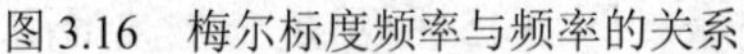
图 3.16　梅尔标度频率与频率的关系

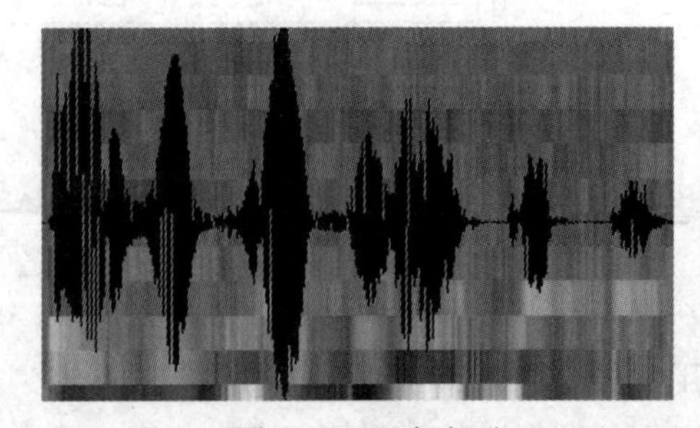

图 3.17　观察序列

“声学模型”在研究语音识别中占有举足轻重的地位，是语音识别的核心部分。“声学模型”一般由建模单元构成。对于建模单元，需要考虑三个方面，分别是可训练性、泛化能力、建模精度。可训练性指建模单元构建的“声学模型”能否训练规模庞大的训练素材或是训练集；泛化能力是指当训练素材或者训练集有内容发生改变时，建模单元能否继续训练；建模精度意味着建模单元在训练之后构建起来的“声学模型”能否满足一些语音识别系统在复杂任务条件下的精度要求。“声学模型”在选择建模单元进行构建时，很难满足上述三个方面的要求。不过可以使用一些方法平衡各个方面带来的不利影响。例如，在提高精度的情况下，为了解决上下文相关建模会增加计算成本这一问题，可以使用一些聚类方法来减少模型中的参数，具体方法不在此详述。

完成了“声学模型”的建模之后，还需要进行“解码”，具体方法是通过建立参考字典和语法组成的语言模型与声学模型的连接，也就是建立一个网络进行搜索。通过这个网络，寻找声学模型与语言模型中参数能够对应的最优搜索路径，作为语音识别的最终结果。完整的传统语音识别过程原理图如图 3.18 所示。

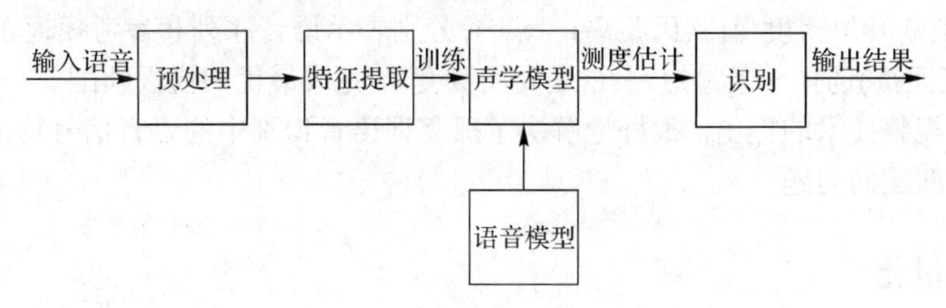

图 3.18　传统语音识别过程原理图

3.4　传统语音识别方法

现有的语音识别系统按发音方式可以分为四类，分别是：孤立词系统(如 20 世纪 50 年代由 AT&T 贝尔实验室开发的一套能够识别 10 个英文数字的 Audry 数字发音系统)、连接词系统，以及连续语音识别和关键词检出系统；根据人群语音识别的依赖程度可划分为特定人群和非特定人群的语音识别系统；根据词汇数量大小可划分为小词汇量、中等词汇量以及大词汇量甚至是无限词汇量语音识别系统。

这些语音识别系统大都遵循相同的语音识别原理，主要区别在于使用的具体方法不同。传统语音识别方法可以分为两种：一种是基于声学模型和语音知识的方法，另一种是基于模板匹配法。其中基于声学模型和语音知识的方法起步较早，甚至早于语音识别的研究。由于声学模型的复杂，导致基于声学模型和语音知识方法构建的语音识别系统无法突破技术实用的门槛。而基于模板匹配的方法，技术成熟，已有大量使用此方法的语音识别系统得到了运用，并取得了很好的社会应用价值。基于模板匹配的方法同样需要特征提取、模板训练、分类，最后通过判别操作，完成整个语音的识别过程。下面将介绍一种目前较为流行、经典且成熟的模板匹配方法。

3.4.1　基于模板匹配的动态时间规整

在模板匹配法中，语音信号首先进行 VAD 处理。由于语音信号是随机的，同一个人的声音在不同时刻声波的长度也是完全不同的，因此，不能直接把输入模板和相对应的参考模板进行比较，而早期的 VAD 处理主要依靠段落所携带的能量、振幅等其他物理量进行。如果只经过 VAD 处理，到最后识别出来的效果并不很好。因此，如何规整时间成为 VAD 操作之后需要解决的问题。20 世纪 60 年代，一位名叫 Itakura 的日本学者提出了动态时间规整技术(Dynamic Time Warping，DTW)[5]。

动态时间规整技术在时间上采取动态规划，其核心思想是把语音输入信号在时间尺度上均匀放大或者缩小，并保持和相对应的参考模板的距离测度一致，再通过距离测量计算例如使用欧几里得度量(Euclidean Metric)(也称欧式距离)计算最短路径，也就是语音信号和参考模板之间的相似程度。欧几里得度量在多维空间下，可以用如下数学表达式表达：

$$d(x,y)=\sqrt{(x_1-y_1)^2+(x_2-y_2)^2+\cdots+(x_n-y_n)^n}=\sqrt{\sum_{i=1}^{n}(x_i-y_i)^2} \tag{3.5}$$

式中，$d(x, y)$是欧几里得度量(欧氏距离)，x_i、y_i分别表示语音序列和参考模板。通过欧几里得度量(欧式距离)选择一条最短路径(最高相似度)，完成最优的模板匹配。

动态时间规整技术的提出，很好地解决了孤立词语音识别中的语音信号特征序列与参考模板长度不匹配的问题。

3.4.2　矢量量化

孤立词语音识别系统的另一种重要方法，是20世纪70年代后期出现的“矢量量化(Vector Quantization，VQ)”方法[6]，它在语音识别中占有极其重要的地位，主要适用于小词汇量的孤立词语音识别系统。

矢量量化是一种有效的有损压缩技术，其理论基础是香农的速率失真理论。矢量量化的基本原理是用码书中与输入矢量最匹配的码字的索引代替输入矢量进行传输与存储，而解码时仅需要简单地查表操作。其突出优点是压缩比大、解码简单且能够很好地保留信号的细节。对每一个原始数据进行矢量量化，并用量化后的中心点表示。由于只需要对所有量化后的中心点以及对应的索引进行存储，因此可大大减小数据的存储空间。矢量量化的基本技术原理可用图3.19概述。

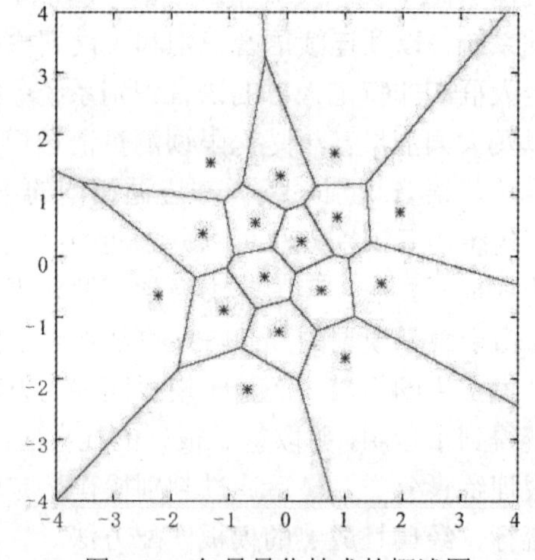

图3.19　矢量量化技术的概述图

在图3.19中，实线将这张图划分为16个区域。任意的一对数(也就是横轴x和纵轴y组成的任意一个坐标点(x, y))都会落到上面这张图中的某一特定区域。然后它就会被该区域的星号点近似。这里有16块不同区域，就是16个星号点。然后这16个值就可以用4位的二进制码来编码表示($2^4=16$)。上面这些星号点就是量化矢量，表示图中的任意一个点都可以量化为这16个矢量中的一个。在图3.19中，星号点被称为码矢(Codevectors)，所有码矢的集合称为码书(Codebook)。

采用矢量量化的语音识别系统，在相同的编码速率下，信息损失程度远远小于使用标量量化编码的系统。另外，若在同样的信息损失程度之下，矢量量化所需要的码率大小远远低于标量量化的码率，因此减小了语音识别系统的负载，而且语音识别的质量也并没有下降。

需要注意的是，矢量量化在复杂度上远超标量量化。为了降低矢量量化的复杂程度，研究者们先后研究出了多种优化方法，大致可以分为两类：无记忆矢量量化方法和有记忆矢量量化方法。感兴趣的读者可以查阅相关资料，详细了解其细节[7]。

3.4.3　隐式马尔科夫模型

现实中人类的语音一般都是连续的。假设有一段连续语音，我们把每个文本对应的单词都看作是两个不同的状态，便可以把此对应关系看作是一个状态转移到另一状态，而后我们可以使用概率 P 来表示状态转移发生的可能性。由于连续语音中单词连读情况非常多见，采用孤立词语音识别系统往往受限于它本身的方法，不能及时确定文本和单词之间的对应关系，而且连续语音的随机性注定了无法使用孤立词语音识别的方法，也不能够直接通过观察获得状态转移概率 P，因此，也就无法实现连续语音识别。因此，迫切需要一种高效的方法实现连续语音识别。

学者 James Baker 发现了隐式马尔科夫模型(Hidden Markov Model，HMM)非常适用于含有连续语音的场景[8]。隐式马尔科夫过程有一个隐藏状态和可见状态。使用隐藏状态表示那些连续语音序列对应的所有可能的文本序列，用可见状态表示确定的需要识别的语音序列。接着，通过计算当前单词对应某个文本的最大概率，确定不同状态的转移概率。通过统计需要识别出的特定文字的发音概率，并把这些概率组成一个集合，再去统计文字与单词之间互相转换的概率，相互比较，便可找出语音序列最可能对应的某个文字或者文本序列了，如图 3.20 所示。

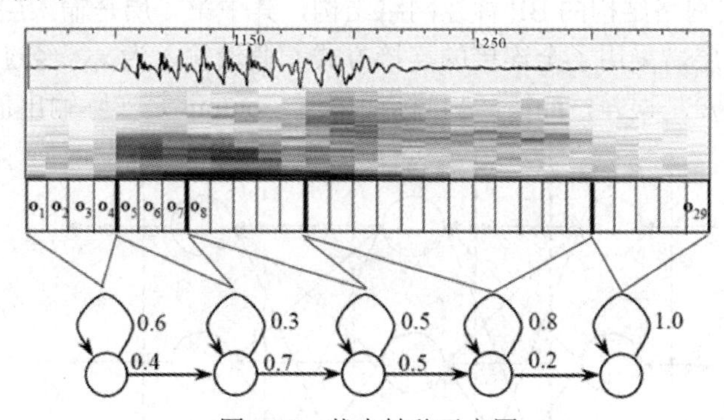

图 3.20　状态转移示意图

通过使用隐式马尔科夫模型的统计学方法，可以有效模拟人类语言表达过程，实现连续语音识别。隐式马尔科夫模型还有多种变形，有离散、连续和半连续隐式马尔科夫模型，其主要区别在于内部采用的数学统计模型上的差别。因为其数学统计模型的差异，所以基于多种变形的隐式马尔科夫模型的连续语音识别在性能上有所不同，例如，在训练数据足够多的情况下，采用连续隐式马尔科夫模型在识别性能上要好于离散和半连续隐式马尔科夫模型。

隐式马尔科夫模型方法往往需要大量的学习时间，如果需要进一步提高其连续语音识别的准确率，还需要进行大量的语音和文本对齐操作，并且需要配置大量的参数文件。其中最著名的方法是高斯混合模型(Gaussian Mixture Model，GMM)[9]，它是一种通过高斯概率密度函数精确量化某个问题构建而成的模型。它与隐式马尔科夫模型相结合后，形成了一种叫做 GMM-HMM 的语音识别方法，一直在语音识别技术发展中保持着相当长的霸主地位，直到人工智能的出现尤其是深度学习的发展，才撼动了其在语音识别技术中的地位。

3.5 基于人工智能的当代语音识别方法

传统语音识别方法比较复杂，人工操作处理需要太多时间，效能比很低。例如，在特征提取上，往往需要使用复杂的数学模型才能取得好的效果。随着人工智能理论和技术的不断发展，人工神经网络在语音识别中的应用中成为了一个研究重点。经过实践发现，使用人工智能方法的语音识别系统，不仅能降低成本，而且与采用一些传统方法的语音识别系统相比，性能还得到了大幅度的提高。

人工智能中最重要的是人工神经网络及其学习方法。尤其是真实大脑中的人类神经元是具有自学、联想、对比、推理以及概括能力的，模拟人类神经网络的人工神经网络本质上还是一个自适应的非线性系统或非线性动力学系统，符合语音识别中语音数据非线性以及随机的特点。因此，人工神经网络非常适用于语音识别。

3.5.1 基于 BP 神经网络的语音识别

1982 年，加州理工学院的 Hopfield 教授提出了著名的“Hopfield 网络”[10]，世界范围内再次掀起了研究神经网络的热潮。之后，采用反向传播算法的 BP 神经网络应运而生，图 3.21 展示的是三层网络结构的 BP 神经网络结构，其中第一层是输入层，中间层是隐藏层，最后一层是输出层，采用了全连接的连接方式。假设输入为 x_i，经过隐藏层，最后从输出层输出 y_j。其中 E 是误差，target 是目标期望值，output 是实际输出值。

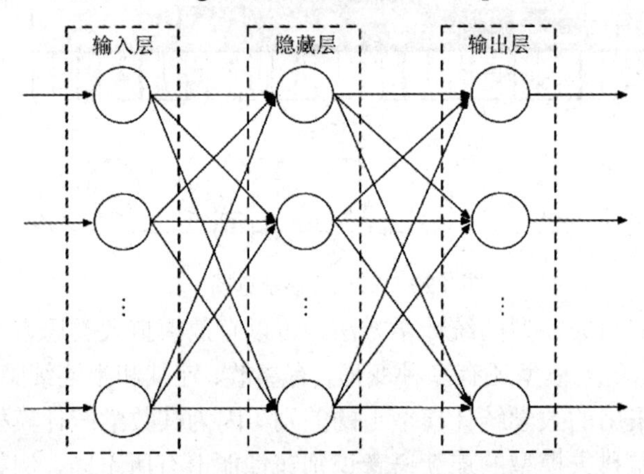

图 3.21　三层网络结构的 BP 神经网络结构图

神经元之间的连接权重根据误差进行校正，经过不断调整，使 BP 神经网络的权重达到一个收敛状态。权重更新的过程为

$$w_{ij}' = w_{ij} - \eta \Delta w_{ij}$$

式中，w_{ij} 是两层神经元之间位更新之前的权重，w_{ij}' 是更新之后的权重，η 是学习率，用来调整误差函数收敛的快慢程度，Δw_{ij} 是权重更新值。

BP 神经网络使用反向传播算法，根据实际输出和期望值输出之间的误差，得

$$E=\sum\frac{(\text{target}-\text{output})^2}{2}$$

在语音识别中运用 BP 神经网络，不需要用复杂的数学方法去提取声学信号的特征，而是将声学信号按照不同的种类进行映射，再根据误差函数，调节每层神经元之间的连接权重进而促使神经元激活函数计算出期望的函数值。BP 神经网络可以在超平面(满足 n 元一次方程上点的集合，这个集合就是空间的一个超平面)中形成各不相同且不相交的区域，构造光滑的类边界，高效地分辨出语音中的细微差别，使得语言识别的精确度大大提高。此外，BP 神经网络并不会固定它的输入形式，它可以是二值或其他类型的连续值，也可以是各种声学信号的属性或者其特征的任意组合，还可以是多条语音同时输入，并行处理，加快识别速度。这意味着 BP 神经网络对多种类型的任务表现出极强的适应性。图 3.22 是基于 BP 神经网络的语音识别的流程示意图，该图清楚地描绘了基于 BP 神经网络的语音识别的工作原理。

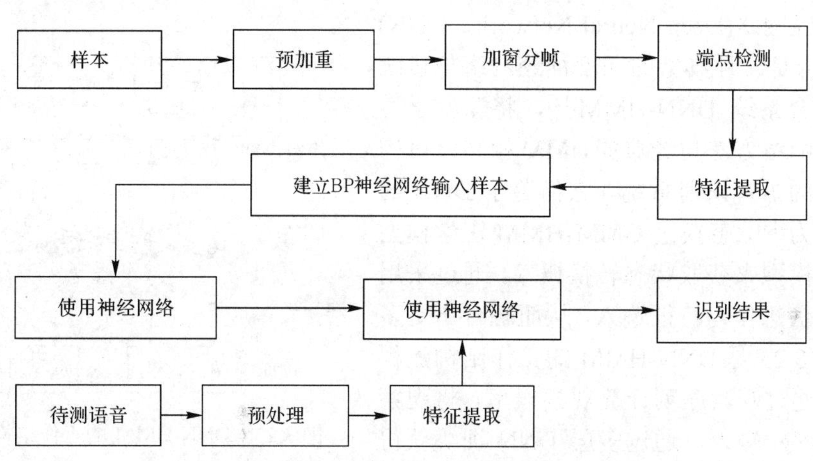

图 3.22　基于 BP 神经网络的语音识别的流程示意图

表 3.1 是使用 BP 神经网络进行语音识别的测试结果。该测试通过话筒直接输入测试语音 1，2，3，4，5，系统首先提取特征，然后根据事先预存的输入样本训练好网络，最后再对样本进行测试并得到测试结果。从测试结果看出，采用 BP 神经网络进行语音识别能够获得不错的结果。

表 3.1　BP 神经网络算法识别率

语音内容	识别次数	正确次数	错误次数	拒绝识别数	识别率
1 号语音	5	5	0	0	100%
2 号语音	5	4	0	1	80%
3 号语音	5	5	0	0	100%
4 号语音	5	4	0	1	80%
5 号语音	5	5	0	0	100%
所有语音	25	23	0	2	92%

然而，BP 神经网络的局限性主要是在神经网络训练时，网络很容易陷入局部极小值，而且 BP 神经网络在增加隐藏层数之后会引起显著的计算消耗，这大大限制了网络的学习速度，增加了时间成本，制约了学习性能的提高。由于这些问题的存在，人们还需要在此领域进行突破。

3.5.2 基于深度学习和深度神经网络的语音识别

近十多年来，随着计算机硬件的高速发展，FPGA 与 GPU 的性能越来越强大，并且深度学习展现出了强大的并行计算能力。根据人工智能的领先人物 Ray Kurzweil 的观点[11]，现今的计算能力正在以指数形式不断增长，强大的硬件为深度学习和深度神经网络(Deep Learning and Deep Neural Networks)提供了足够强大的计算能力。同时，大数据技术的发展使得深度学习与深度神经网络可以获得大量的训练数据与测试数据，这样便有源源不断的训练样本。基于深度学习和深度神经网络的语音识别系统，与传统语音识别系统相比，识别错误率相对能够下降 30%甚至更多，因此愈发受到工业界的青睐。

深度神经网络(Deep Neural Network，DNN)与 HMM 结合是一种典型的深度神经网络与传统语音识别混合系统 DNN-HMM[12]，将深度学习和深度神经网络方法与经典的 HMM 相结合可构建一个强大的语音识别系统。它借鉴了 DNN 的强大分类能力[13]，替换了 GMM-HMM 声学模型中的 GMM 模型来获取状态转换概率，通过采用相邻的语音信息作为特征输入，从而融合出更多的特征。图 3.23 是 DNN-HMM 的工作结构流程图。首先是通过观察序列计算观察概率，将观察序列作为 DNN 输入，通过多层 DNN 训练获得特征输出。

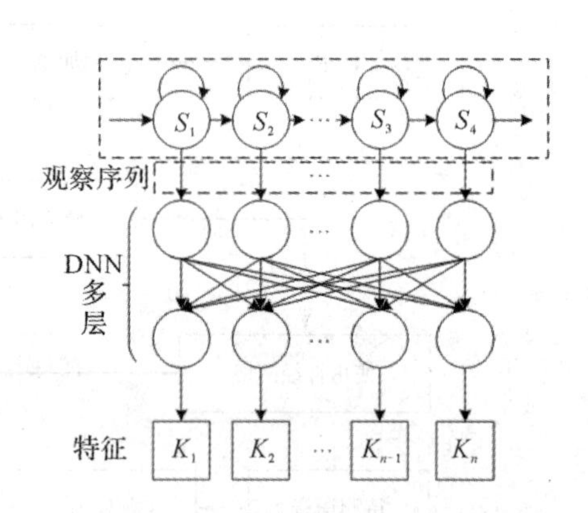

图 3.23　DNN-HMM 的工作结构流程图

表 3.2 是 DNN-HMM 与 GMM-HMM 在五个不同任务上测试后得出的词错误率(Word Error Rate，WER)对比结果。DNN 对输入进行特征提取也使用了窗口机制，不过其窗口长度是固定的，有很多相似的特征，导致特征并不完整，使得建立的声学模型具有局限性。由于 DNN 只能对固定的输入和输出之间的映射进行学习，因而限制其学习能力。

表 3.2　DNN-HMM 与 GMM-HMM 在五个不同任务上测试后得出的词错误率对比

任 务	训练时间/小时	DNN-HMM	GMM-GMM
Switchboard (测试集 1)	309	18.5	27.4
Switchboard (测试集 2)	309	16.1	23.6
英语广播新闻	50	17.5	18.8
Bing 语音搜索(语句错误率)	24	30.4	36.2
YouTube	1400	47.6	52.3

3.5.3　基于循环神经网络与长短时记忆单元的语音识别

在使用 DNN-HMM 进行语音识别时，人们发现语音信号中的某个字词的发音与前后上下文的几个字词都有关系，而且 DNN 只能学习固定窗口长度内的输入与输出的映射关系，无法发挥其强大的学习能力，也就限制了采用 DNN-HMM 方法的语音识别的性能。因此，必须寻找一种新的解决办法来发挥神经网络强大的学习能力。

经过不懈的努力，人们发现循环神经网络(Recurrent Neural Networks，RNN)具有更强的长时建模能力[14]，也就解决了 DNN 只能学习固定的窗口映射关系导致其学习能力受到限制的问题。因此，在语音识别领域，DNN 的主导地位逐步被 RNN 所替代。RNN 与 DNN 在神经网络结构上的最大的不同如图 3.24 所示，RNN 中的隐藏层传递到下一层中的输出，还包括了上一时刻隐藏层的输出作为反馈，从而为神经网络带来了记忆功能，更加符合语音信号在时序上的特性。然而 RNN 也存在训练时会梯度消失与爆炸的问题，训练效果降低，进而导致 RNN 学习性能也降低。研究者们又提出了使用长短时记忆单元(Long Short Term Memory，LSTM)来解决梯度消失的问题[15]，这是因为 LTSM 具有记忆网络之前训练的过程和内容的能力。LSTM 在实际训练测试中证明了可以解决梯度消失的问题。图 3.25 是使用 LSTM 进行语音识别的工作流程图。

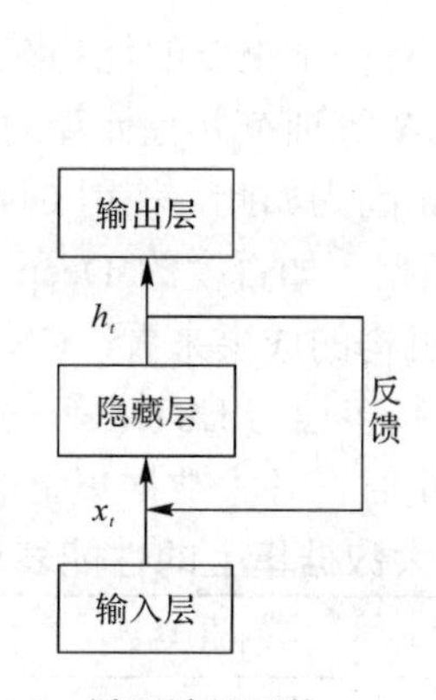

图 3.24　循环神经网络(RNN)

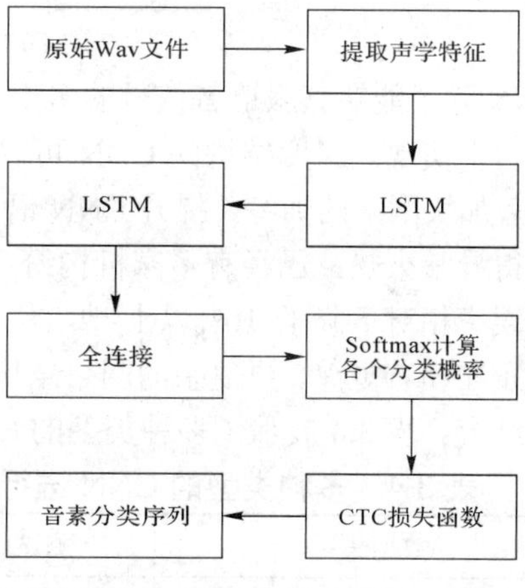

原始Wav文件 → 提取声学特征 → LSTM → LSTM → 全连接 → Softmax计算各个分类概率 → CTC损失函数 → 音素分类序列

图 3.25　使用 LSTM 进行语音识别的工作流程

此后，又有研究者使用双向 LSTM 方法进行语音识别[16]，获得了比 RNN、MLP、单向 LSTM 更好的性能。表 3.3 提供了不同类型的神经网络在 TIMIT 数据库上进行语音识别的测试结果。

表 3.3　语音识别测试结果

网络	训练集得分	测试集得分	迭代次数
BLSTM	77.4	69.8	20.1
BRNN	76.0	69.0	170
LSTM(0 帧延迟)	70.9	64.6	15
RNN(0 帧延迟)	69.9	64.5	120
MLP(无时间窗口)	53.6	51.4	835

3.5.4 基于卷积神经网络的语音识别

除了上述谈到的 DNN-HMM、LSTM-RNN 方法的语音识别，也有研究者利用卷积神经网络(Convolutional Neural Networks，CNN)结合 HMM 来进行语音识别[17]。这项技术的研究背景是研究者注意到了以往语音识别模型有性能不稳定的情况，其主要原因是语音信号本身是多变的、随机的。人们研究发现 CNN 可以利用其卷积运算具有平移不变性的特征来解决语音信号的多变、随机性问题，以保证语音识别模型在性能上稳定。科大讯飞的深度全序列卷积神经网络(Deep Full Convolutional Neural Networks，DFCNN)直接使用了语音的语谱图作为 CNN 的输入数据，使 CNN 能够获得完整的语音特征，极大地增强了 CNN 的表达能力。图 3.26 是 DFCNN 架构的工作流程图。

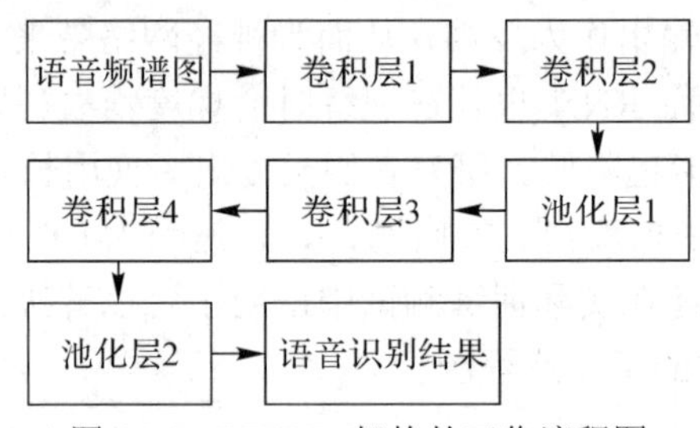

图 3.26　DFCNN 架构的工作流程图

CNN 除了能够克服语音信号的多变、随机性之外，还有一个重要的优势在于其容易在硬件平台上实现。深度结构的 CNN 可以通过 GPU、FPGA 等拥有并行计算的设备进行加速，显著加快网络的训练，提升 CNN 语言识别的速度。正因为如此，使用 CNN 进行语音识别变得异常火热，已经有多家机构纷纷推出了定制化模型，如百度的 Deep Speech，将识别错误率相对下降了 10%以上[18]。从各大研发团体和机构的成果来看，CNN 的发展方向不仅正在朝着更深、更复杂的网络结构迈进，而且越来越多地与 LSTM 等其他人工智能方法相结合。表 3.4 展示了多种类型的 CNN 进行语音识别时在各大数据集上的性能表现。

表 3.4　多种类型的 CNN 进行语音识别时在各大数据集上的性能表现

数据集	测试结果	网络类型
WSJ	WER 5.6%	CNN over RAW Speech(Wav)
Hub5’00 Evaluation(Switchboard)	WER 11.5%	CNN
Hub5’00 Evaluation(Switchboard)	WER 12.2%	Deep CNN，Multi-scale Feature Maps
TIMIT	PER 16.7%	CNN in Time and Frequency + Dropout，17.6% W/O Dropout
CHiME(noisy speech)	Clean 6.30% Real 67.94% Sim 80.27%	CNN + Bi-RNN + CTC (Speech to Letters)
TED-LIUM	WER 6.5%	TDNN + TDNN-LSTM + CNN-bLSTM Dense TDNN-LSTM across Two Kinds of Trees

3.6 语音识别的应用

语音识别经过半个多世纪的发展，经过了传统方法到人工智能的语音识别方法的演变，促使了语音识别的商用化、普及化。越来越多的基于语音识别的交互式应用和产品走入人们的日常生活。目前，语音识别已经应用在语音拨号、语音导航、室内设备控制、语音文档检索、数据录入、机器翻译等领域。

3.6.1 语音智能交互

目前，人们能随时随地使用具有语音识别功能的相关应用。例如语音助手，这是最常见也最常使用的以语音识别技术为主要功能的应用软件。譬如美国苹果公司在每部生产的iPhone手机上都会安装一款叫做Siri的语音助手软件。图3.27是Siri的功能展示。Siri全名叫做语音识别接口，其技术来源于美国国防部高级研究规划局的CALO计划，旨在简化军方的一些工作，后来衍生出民用版本即Siri。

图3.27　Siri的功能展示

人们可以通过Siri播放短信内容、查询天气和信息、设置手机功能等；它支持英语、法语、汉语等多个主流语言。Siri最大的特色是其人机交互功能，这归功于它通过人工智能的方法实现庞大复杂的对话系统。它并不会答非所问，产生啼笑皆非的反馈，而是根据人的语意，给出类人的反馈。具有同样相类似功能的产品，有谷歌公司出品的谷歌助手以及三星公司出品的Bixby等。在桌面平台上，有微软的Cortana小娜语音助手，使用者无须从键盘上输入信息或者命令，只需几条简单的语音指令，便能轻松使用微软的操作系统。我国的科大讯飞、百度、vivo等公司，分别推出了讯飞语音、百度语音助手、Jovi语音助手等产品。与国外公司产品相比，主要优势体现在具有更加出色的本地化服务。

3.6.2 语音机器翻译

除了上述语音助手之外，还有语音机器翻译，它也是语音识别应用的主领域。在语音识别技术还没有进入翻译领域之前，人们普遍需要消耗大量的时间来手动输入需要翻译的字句，输入字符的容错率很低，语音识别技术的出现实现了人们能够真正即时翻译的愿景。

在此方面已有广泛成功投入商业运用的翻译产品，如美国谷歌公司的谷歌翻译(见图 3.28)以及美国微软公司的 Bing 翻译，国内有诸如有道翻译、科大讯飞和百度翻译，它们都受到了人们的广泛好评。

图 3.28　谷歌翻译界面

3.6.3　智能家居家电和无人汽车领域

在智能家居系统中，可用语音去控制电灯、电视机等电子电器设备，例如美国苹果公司的 HomePod(见图 3.29)，小米公司的一些智能家电等产品。除了控制电子电器设备，还可将嵌入式设备结合语音识别技术去控制传统的机械设备，诸如窗帘的收放、门窗的关闭等。

美国特斯拉公司智能汽车的推出，大力推动了无人驾驶电动汽车的发展。在无人汽车上，语音识别技术已经被视为未来操控无人汽车的一项关键技术。驾驶员只需通过一句语音命令，便可实现拨打电话、查询地图、播放音乐等功能，减少了驾驶中的安全隐患。图 3.30 所示是科大讯飞 nomi 车载人工智能系统。国内科大讯飞公司的人工智能车载系统首次在蔚来汽车公司的智能汽车上采用，并取得了良好的使用体验。

图 3.29　HomePod

图 3.30　科大讯飞 nomi 车载人工智能系统

3.6.4　安全防盗领域

语音识别在安全技术领域也有广泛应用，其中最多使用的就是智能门禁系统。图 3.31 是一个语音门禁的实物。一般的语音门禁主要使用传统的语音识别方法，门禁系统可以通过识别进入者的语音信息，告诉门禁系统是否开放通行。除了门禁系统，还有其他一些电子设备上的语音电子锁，通过语音命令解开电子设备。语音门禁通过采用语音识别技术作为一道安全防范措施，加强了设备的安全性。同时人们也正在考虑使用人工智能方法的语音识别作为新的安全加密方法。语音识别的应用绝不仅限于上述所述，还有更多领域等着人们去挖掘和探索。

图 3.31　语音门禁

3.6.5　同声传译

同声传译(Simultaneous Interpretation)需要翻译员在极短的时间内将演讲者的内容快速精准地翻译给听众，而翻译员在长时间高强度的工作环境下容易出现错误。另外，同声传译人才紧缺，据估计，全球同声传译专业人员数量不足三千人，中国同声传译人才尤其紧缺。为此，研究人员考虑通过人工智能的方法，解决同声传译现有普遍存在的问题。百度推出的 DuTongChuan 系统是首个上下文感知机器同传模型。在对其测试中，汉译英准确率为 85.71%，英译汉准确率为 86.36%。百度还邀请了三位具有丰富专业经验的同声传译选手进行了比试，DuTongChuan 相比人类选手减少了漏译率。此后，百度将 DuTongChuan 系统运用到 2019 年百度 AI 开发者大会，接受质量检验，结果达到了百度预期的效果，并获得了用户的广泛好评。

3.7　语音识别技术的未来展望

语音识别从概念提出到发展经过了半个多世纪，从使用传统方法再到结合人工智能方法的语音识别，从最早识别 10 个英文字母再到实现大规模连续词汇的识别率提高到 95%以上的壮举，技术发展突飞猛进。仔细深究当代语音识别的研究进展能够呈现出爆发式增长与突破的原因，首要归功于人工智能，尤其是深度学习理论的提出与发展，其次是大数据技术的应用，使得深度神经网络拥有海量的数据供其训练，充分发挥了深度学习和深度神经网络强大的表达与学习能力。另外，计算机硬件和云计算的发展也为它提供了技术平台，尤其是移动互联网与物联网技术的发展和普及，保证了深度学习和深度神经网络在训练模型时的时效性，大量的深度学习算法得以验证，从而不断获得改进创新。

现代语音识别技术的突破与迅猛发展，已经离不开深度学习、大数据、云计算，唯有三者相互发展，共同促进，语音识别技术才会有新的突破和新的发展。语音识别作为深度学习最早的研究与应用领域之一，取得了重大突破；同时，也推动了深度学习技术的发展，越来越多的依靠深度学习方法的语音识别技术产品进入了市场，但这绝不意味着语音识别已无创新与突破之处。现在仍有相当多的难点与应用障碍需要突破，其中包括如下研究热点：

1. 端到端的语音识别系统

虽然 DNN-HMM 开创了使用深度学习与深度神经网络进行语音识别的先河，但即使使用 DNN-HMM 训练声学模型，也只是分别单独使用 DNN 和 HMM 训练声学模型中的部分内容。如果能够通过某些独特高效的方法将声学模型中的所有部分联合训练，则可以极大提升语音识别效果。

目前一种叫做 Encoder-Decoder 的新型框架被提出[19]，真正地实现了端到端的声学建模，引起了不少研究者们的兴趣。美国谷歌公司以及中国的科大讯飞公司已经在其自家开发的新的端到端框架上应用，并获得了优良的效果。

2. 直接使用原始语音信号进行建模

如果能够直接使用原始语音信号代替人为设计的算法进行特征提取，可以使深度神经网络获得更完整、更丰富的训练资源，这样可以大大提高语音识别的性能。目前，已经有不少的研究者们开始尝试直接将语音信息放到深度神经网络中进行学习，但是目前的效果并不十分理想，与传统的人为设计算法提取特征相比，性能没有得到较大的提高，还有待进一步研究和探索。

3. 提升远场环境下语音识别的效果与性能

传统收集到的语音信息都是通过单个途径获得的，也就是从一个设备、在单一环境下采集的。如果可以通过多个设备在不同环境下采集就能获得更多语音的特征，再和深度学习与深度神经网络结合，可以改善现有的远场环境下的语音识别性能。当下远场环境语音识别也已成为语音识别领域中的热点，不少研究者们希望通过引入大数据的方法进行问题的突破。不过，现在的方法还不成熟，仍处在理论研究中。

4. 针对小语种、方言的语音识别的研究

无论是在理论研究上，还是实际产品的开创过程中，都是首先以世界上的主流使用语言为基础开展工作的。然而一些小语种，甚至一些方言上的语音识别，很少有研究者对此进行专门的研究，其主要原因是受到全球化浪潮的影响，大多数国家都在学习世界流行的通用语言，例如英语等，造成了本国、本土一些民族语言使用上的断层，有一些方言至此消失，且小语种以及方言的使用范围不广泛，使用人数不多，不能获取足够的语音数据提供给神经网络进行学习。

如果能够通过语音识别技术，用人工智能和深度学习的方法保护濒危的小语种或者方言，对于语言的多样化研究将起到重要的作用。

5. 智能语音人机交互

在一个嘈杂的环境下，人类不需要听清楚所有内容就能理解讲述者的语意，而现在的语音识别技术还没有在语意理解上获得重大的技术突破。因此，现有的语音识别需要较高的工作条件，从而使得语音识别技术的发展，成为了人机交互前进的绊脚石。研究者发现

在语义理解中直接引入深度学习，在大量的经验中是不可行的。研究者指出使用深度学习必须改进原有的算法，主要方法是将图模型、统计学等其他学科进行融合。如果在语意理解方向的研究得到突破，那么人机智能交互会像水和电一样无处不在。

参考文献

[1] John von Neumann. Available：https://en.wikipedia.org/wiki/John von _Neumann，2001.

[2] IAS machine：Revision history. Available：https://en.wikipedia.org/ wiki/IAS_machine，2003.

[3] SRINIVASAN K，GERSHO A. Voice activity detection for cellular networks[C]. IEEE Workshop on Speech Coding for Telecommunications，1993：85-86.

[4] TAN L，KARNJANADECHA M. Modified Mel-Frequency Cepstrum Coefficient[C]. Information Engineering Postgraduate Workshop，2003：127-130.

[5] ITAKURA F. Minimum prediction residual principle applied to speech recognition[J]. IEEE Trans.Acoust.，1975，23(1)：67-72.

[6] GRAY　R M. Vector Quantization[J]. IEEE ASSP Magazine，1984，1(2)：4-29.

[7] GERSHO A，GRAY R，GERSHO A，et al. Vector quantization and signal compression[J]. Springer International，1992，159(1)：407-485.

[8] BAKER J K. Stochastic Modeling For Automatic Speech Understanding[M]. Readings in Speech Recognition，1990：297-307.

[9] ROSE R C，REYNOLDS D A. Text independent speaker identification using auto-matic acoustic segmentation[C]. International Conference on Acoustics，Speech，and Signal Processing，2002：293-296.

[10] HOPFIELD J J. Neural networks and physical systems with emergent collective computational abilities[J]. Proc of the National Academy of Sciences，1982，79(8)：2554-2558.

[11] KURZWEIL R. The law of accelerating returns[J]. Alan Turing：Life and legacy of a great thinker，2004：381-415.

[12] HINTON G，DENG L，YU D，et al. Deep Neural Networks for Acoustic Modeling in Speech Recognition：The Shared Views of Four Research Groups[J]. Signal Processing Magazine IEEE，2012，29(6)：82-97.

[13] MOHAMED A R，HINTON G，PENN G. Understanding How Deep Belief Networks Perform Acoustic Modelling[C]. Acoustics，Speech and Signal Processing (ICASSP)，IEEE International Conference，2012.

[14] GRAVES A，MOHAMED A，HINTON G. Speech recognition with deep recurrent neural networks[C]. Acoustics，Speech and Signal Processing (ICASSP)，IEEE International Conference，2013，3：6645-6649.

[15] GERS F A，ECK D，SCHMIDHUBER J. Applying LSTM to Time Series Predictable

through Time-Window Approaches[C]. International Conference Vienna，Austria，Proceedings，2001：669-676.

[16] Graves A，Schmidhuber J. Framewise phoneme classification with bidirectional LSTM and other neural network architectures[J]. Neural Networks，2005，18：602-610.

[17] ABDEL-HAMID O，MOHAMED A R，JIANG H，et al. Convolutional Neural Networks for Speech Recognition[J]. IEEE/ACM Transactions on Audio Speech & Language Processing，2014，22(10)：1533-1545.

[18] AMODEI D，ANUBHAI R，BATTENBERG E，et al. Deep Speech 2：End-to-End Speech Recognition in English and Mandarin[J]. Proceedings of The 33rd International Conference on Machine Learning，2016：173-182.

[19] CHO K，VAN M B，GULCEHRE C，et al. Learning Phrase Representations using RNN Encoder-Decoder for Statistical Machine Translation[J]. Proceedings of the 2014 Conference on Empirical Methods in Natural Language Processing (EMNLP)，2014：1724-1734.

第四章　基于人工智能的大数据挖掘

4.1　大数据的基本概念与产业发展趋势

1. 大数据的基本概念

与传统数据相比，大数据是需要新处理模式才能具有更强的决策力、洞察发现力和流程优化能力来适应海量、高增长率和多样化的信息资产。大数据通过数据采集、数据存储和数据分析，能够发现已知变量间的相互关系，从而进行科学决策。大数据的价值在于对数据进行科学分析以及在分析的基础上进行数据挖掘和智能决策[1]。大数据以数据为单位，计算机学家认为大数据是个体量巨大的数据集，技术人员认为大数据是个收集、处理、分析、应用数据的新模式，经济学家则把它看成用之不竭的资产。由于大数据拥有巨大量的数据形式的资料，一些传统的数据库软件已经无法对大数据进行获取、保存、处理、分析等操作，因此需要开发更加强大的数据库软件对大数据进行一系列的操作，并且在数据处理方式上也要进行创新，这样提取出的数据才更具有可靠性，同时可给企业和政府管理部门带来增长迅速、种类多样、流程简单、高洞察力和决策力的信息资产。大数据正处于快速扩张阶段，各行业都有涉及，一些行业的数据存储量已经远超了拍字节(PB)。

大数据的主要特点有：

(1) 数据量的规模大(例如我们日常使用的电脑或者存储设备都是 TB 级别的，而相对较大的企业的数据量是在艾字节(EB)级的规模)、储存量大、计算量大、数据的增长速度以及获取速度快。

(2) 数据具有格式种类的多样性(例如数据结构由传统的结构化数据转向与非结构化、半结构化数据共存的状态)、广泛性、高价值属性、无结构性、便捷性。

(3) 大数据富含巨大价值，但是这种价值的密度却很低，需要大浪淘沙般地从规模巨大、类型繁多的数据中快速提取有价值的数据信息。有些数据从表面上看是一些无用数据，但是在数据分析、整合过程中却能够体现出巨大的价值，并且这些数据可以被保留并在不同的统计中反复分析和使用而不会被损坏，也不会被降低价值[2, 3]。

大数据的处理流程一般包括收集、分析、应用三个环节。首先，通过社交网络、电商、联网的移动智能终端、物联网、各类传感器网络、导航仪等渠道采集数据，这既包括缓存在设备上的 Cookies，还包括设备上的数字、图片等内容。巨大体量的数据汇聚在一起形成了大数据集合，其中所蕴含的数据价值倍增。这些被收集的原始数据利用一些理论和方法进行挖掘、整合、分析等，数据与数据之间发生诸多关联，产生更多的信息，这些信息将被运用于构建智慧医院、智慧城市、智慧政府等[4]。

大数据最早是信息科学的科学概念，即 IT 学科的概念术语，它是对在数据技术和数据终端快速发展的背景下产生的庞大数据量和指数化增长的数据量增速的描述。随后，数据分析人员在对庞大数据背后的信息价值研究的基础上，进一步将大数据的概念扩展为利用传统数据处理系统无法完成存储、处理和分析的具有数据内涵价值的数据整体。根据在大数据分析中所采用的分析方法和对象的不同，大数据的内涵再次得到扩展，即大数据是指不使用随机分析(抽样调查)法这样途径获得数据，而是对所有数据进行分析处理[5]。

至此，大数据不单是信息学科的科学概念，更涉及管理咨询、信息分析等多个学科。IBM 管理咨询专家指出，大数据具有“5V”特性：Volume(大量)、Velocity(高速)、Variety(多样)、Value(低价值密度)、Veracity(真实性)[5]。Volume 是指大数据以数据整体为分析对象，在当前数据基数大、数据增速迅猛的情况下，数据总体规模巨大且数据规模扩张速度明显。Velocity 是指在大数据背景下的分析工作借助于数据分析技术和现代计算机技术，相较于人工分析技术，分析人员能够快速地对整体数据实现数据高速分析。Variety 是指在新的数据分析技术背景下，计算机的数据分析技术不仅能对数字、文字等结构化数据进行分析，将来也能对图片、视频、音频等非结构化数据进行分析，无需人工进行数据结构的转化。Value 是指尽管大数据是针对数据整体的分析，数据整体的规模也将不断扩大，但是其中能够为分析人员所利用的价值数据仅仅占其中的一小部分。因此，数据规模越大，其中的价值数据所占的份额比例越小，数据价值密度越低，数据分析人员首先需要对全体数据进行筛选，随后开展数据分析。Veracity 是指大数据的数据来源是真实存在的数据集合，是对现实世界产生的数据的抽取与转化。相比较以传统统计分析为基础的管理咨询和数据分析，大数据放弃了统计抽样的方法。大数据的分析对象是数据整体而非抽样数据，其分析结果依据具有全面性，避免了抽样风险对数据分析结果的影响。快速的数据分析处理技术使得大数据的分析处理结果具有实时性，避免了“保鲜期”极短的数据信息失去原有的信息价值。

2. 大数据的产业发展趋势

今年来，全球大数据的发展仍处于活跃阶段。国际数据公司(IDC)发布的报告称，2019 年，大数据与商业分析解决方案全球市场的整体收益达到 1896.6 亿美元(约合人民币 13495.1 亿元)，这一数字相比 2018 年增长 12.1%。国际数据公司(IDC)统计显示，全球近 90%的数据将在这几年内产生，预计到 2025 年，全球数据量将比 2016 年的 16.1 ZB 增加十倍，可达到 163 ZB。随着大数据、移动互联网、物联网等产业的深入发展，我国数据产生量将出现爆发式增长，数据交易将迎来战略机遇。我国产生的数据量将从 2018 年的 7.6 ZB 增至 2025 年的 48.6 ZB，复合年增长率 CAGR 达 30.35%，超过美国同期的数据产生量约 18ZB(注：ZB，即十万亿亿字节)。

近年来，我国大数据产业受到党和国家及地方政府的高度重视。2015 年，国务院正式印发了《促进大数据发展行动纲要(国发〔2015〕50 号)》，成为我国发展大数据技术及产业的首部战略性指导文件。各省级政府成立了大数据局管理机构，纷纷出台支持大数据技术开发、平台建设和产业发展的战略，使大数据产业发展的政策环境日益完善，大数据技术产品水平持续提升，大数据产业蓬勃发展，行业融合应用不断深化，数据资产化步伐稳步推进，数字经济量质提升，对社会经济的创新驱动、融合带动作用显著增强。

4.2　大数据挖掘的基本理论与技术

4.2.1　数据挖掘概述

数据挖掘是一门交叉科学，它涉及人工智能、机器学习、统计学、模式识别、数据库等诸多领域。它起源于数据库中的知识发现(Knowledge Discovery in Database，KDD)，利用统计学、机器学习、数据库等技术从数据中挖掘人们感兴趣的模式，并且找出之前没有发现的隐藏在数据中的准确信息。在技术上，它吸收了数据库和数据仓库的海量数据管理技术以及数据可视化技术；在方法上，它自成一派，开创了适合自己的一般步骤和流程。数据挖掘将原来存储在数据库中的数据的潜在价值挖掘出来，为社会所用，为人类造福。例如原本孤立地存储在数据库中的数据可以用来做购物网站，屏蔽垃圾电子邮件，诊断疑难杂症，帮助大型企业的管理者做出科学决策等。

20 世纪 60 年代，统计学家最开始在没有先验假设的情况下做了一些基础的统计分析工作，当时他们称之为"Data Fishing"或者"Data Dredging"。数据挖掘(Data Mining)最早是在 1990 年被数据库社区的学者们提出的，然后逐渐被其他领域的学者慢慢接受并广泛使用。这一术语在人工智能和机器学习领域受到了真正的热捧，人工智能和机器学习领域一直将数据挖掘作为数据库中知识发现的一个关键技术。自 2007 年以来，数据科学(Data Science)也用于描述这一领域。数据挖掘要解决的核心问题是知识表示，属性选择，处理确实值、异常值和稀疏数据，发现感兴趣的模式等。数据挖掘与数据分析最大的不同是，数据挖掘倾向于发现以前从未发现过的模式，这意味着数据挖掘比数据分析要复杂得多。

数据挖掘的目标是从大数据集中提取有价值的信息，并将其转化为可理解的结构以供进一步使用。除了原始的分析步骤之外，它还包括数据库和数据管理、数据预处理、模型和推理考虑、兴趣度度量、复杂性考虑、发现结构的后处理、可视化和在线更新。总之，数据挖掘是数据库知识发现过程的分析步骤[6]。实际的数据挖掘任务是对大量数据进行半自动或自动分析，以提取以前未知的、有趣的模式，如数据记录组(聚类分析)、异常记录(异常检测)和依赖关系(关联规则挖掘、顺序模式挖掘)等。这些模式可以被看作是输入数据的一种总结，并且可以用于进一步的分析。数据挖掘步骤可以识别数据中的多个组，然后通过决策支持系统来获得更准确的预测结果[7]。

随着社会信息化的不断推进，各种类型的数据也在爆发式增长，如何从海量数据中获得有价值的信息成为当今各行各业的迫切需求。在这样的大背景下，数据挖掘技术越来越受到重视并被深入研究。

数据挖掘作为数据知识发现的一个主要手段，它的基本定义是：从大量的、不完全的、有噪音的、模糊的、随机的实际数据中发现隐含的、规律性的，人们事先未知但又具有潜在应用价值并且最终可理解的信息和知识的非平凡过程[8]。数据挖掘所发现的知识可使用在数据管理、优化检索、提供决策帮助等方面。另外，数据的维护与探查也可通过这一技术完成。

与传统数据库等静态数据统计相比，数据挖掘具有以下四个方面的显著优点：

第一，数据挖掘所面对和处理的是海量数据，它利用了诸如分布式等海量运算工具；

第二，数据挖掘是为了从数据中发现人们难以获得的隐藏信息；

第三，数据挖掘整个过程可自动化完成，它也是人工智能的一项成功运用；

第四，数据挖掘包含了大量的交叉学科知识，是一门集合了统计学、数据库、模式识别和人工智能等学科的综合学科。

数据挖掘最主要的任务是利用复杂的数据进行预测性描述，在此基础上可衍生出以下几种常用的任务类别。

1. 分类与回归学习

回归学习(Regression Learning)和分类学习(Classification Learning)是机器学习中的两大类问题。回归学习的输出是连续的，而分类学习的输出则是代表不同类别的有限个离散数值。例如，如果有一个数据集 x，它所对应的真实值为 y_1，回归就是通过将这些数据集拟合出一个函数关系，使得 $y_2=g(x)$。当然拟合可能会有误差，可能不完全准确，但是有一定的真实性，重点就是通过已知去预测未知，误差大小为 $e=y_2-y_1$。分类就是一个类似于 sign(x)函数的问题，就是你输入一个 x，得到的输出要么是 0，要么就是 1。分类与回归是数据挖掘中最常用的两种算法。它们是一类描述了不同类别数据特征的模型，能够对数据进行正确的分类与量化[9]。分类与回归能够在海量数据中自动寻找预测性的信息，并且快速地应对数据的变化，给出数据最直观的信息。例如在商业领域的预测问题上，分类与回归学习能够预测关于市场未来的数值信息，或者为未来新用户进行归类与推荐，对未知事件做出响应与反馈。

2. 关联分析学习

从大规模数据集中寻找物品间的隐含关系被称作关联分析学习(Association Analysis Learning)或者关联规则学习(Association Rule Learning)。这些信息往往难以用常规的手段统计得到，通过规则能够清晰展示数据属性之间的联系[10]。其中数据关联可分为单一、时序、因果等关联。关联分析学习旨在找到数据属性的关联网络，为数据的进一步识别和区分提供可信度高的规则系统。关联分析的目标是发现频繁项集和发现关联规则。例如，沃尔玛拥有世界上最大的数据仓库系统，为了能够准确了解顾客在其门店的购买习惯，沃尔玛对其顾客的购物行为进行分析便可知道顾客经常一起购买的商品有哪些。沃尔玛数据仓库里集中了其各门店的详细原始交易数据，在这些原始交易数据的基础上，沃尔玛利用数据挖掘方法对这些数据进行分析和挖掘，得到一个意外的发现“跟尿布一起购买最多的商品竟是啤酒！”经过大量实际调查和分析，揭示了一个隐藏在“尿布与啤酒”背后的美国人的一种行为模式：在美国，一些年轻的父亲下班后经常要到超市去买婴儿尿布，而他们中有30%～40%的人同时也为自己买一些啤酒。产生这一现象的原因是：美国的太太们常叮嘱她们的丈夫下班后为小孩买尿布，而丈夫们在买尿布后又随手带回了他们喜欢的啤酒。

3. 聚类学习(Clustering Learning)

聚类学习是机器学习中一种重要的无监督算法，它可以将数据点归结为一系列特定的组合，主要有 K 均值聚类、均值漂移算法、基于密度的聚类算法、利用高斯混合模型进行最大期望估计和凝聚层次聚类等聚类算法。理论上，归为一类的数据点具有相同的特性，而不同类别的数据点则具有各不相同的属性。聚类学习一般包含了模式识别、相似性度量等学科，与分类回归最主要的区别在于它主要面向无标签的数据，通过衡量数据之间的相似性进行分组和归类，根据数据类间相似性原理分成若干簇群[11]。聚类学习一定程度上提高了人们对数据的客观认识，大大增加了数据之间的偏差性。

4. 孤立点分析[6]

Hawkins 给出了孤立点的本质定义：孤立点(Outlier)是在数据集中与众不同的数据，使人怀疑这些数据并非随机偏差，而是产生于完全不同的机制。它可能是度量或执行错误所导致的，例如，一个人的年龄为-888 可能是程序对未记录年龄的缺省设置。另外，孤立点也可能是固有的数据变异性的结果。例如，一个企业老板的工资自然远远高于公司其他雇员的工资，成为一个孤立点。因此，孤立点分析可以用于发现标准类型知识外的偏差型知识，这种知识体现在数据集中包含差异性的特例对象上，可以揭示出事物偏离常规的异常现象，通常是数据聚类外的一些离群值。偏差型知识可以在不同的概念层次上发现。

孤立点分析有着广泛的应用。它能用于欺诈监测，例如探测不寻常的信用卡的使用情况或电信服务。此外，它可在市场分析中用于确定极低或极高收入的客户的消费行为，或者在医疗分析中用于发现对多种治疗方式产生的不寻常反应。

5. 摘要(Summarization)[6]

摘要是一种在数据集中寻找能够包含整个集合信息代表性子集的过程。摘要任务不仅仅局限于文本摘要，如图像摘要系统要找到最重要的图片，监控视频要找到最重要的事件等。

6. 异常检测(Anomaly Detection)[6]

异常检测的假设是入侵者活动异常于正常主体的活动。根据这一理念建立主体正常活动的“活动简档”，将当前主体的活动状况与“活动简档”相比较，当违反其统计规律时，认为该活动可能是“入侵”行为。异常检测的主要目的是指从数据中找出不符合预期的模式。在不同的语境中，异常检验也被称为异常值检测、新颖性检测、噪声检测、偏差检测或异常挖掘。异常检测技术用于各种领域，如入侵检测、欺诈检测、故障检测、系统健康监测、传感器网络事件检测和生态系统干扰检测等。它有时也应用于预处理中，可删除数据集中的异常数据。

上述数据挖掘技术有广泛的应用，从商业应用方面来说，数据挖掘技术是一种数据信息化的处理方式，它的核心要点在于对海量结构化和非结构化数据进行抽取、转换、加载(Extract Transform Load，ETL)操作与建模，从中提取出人们感兴趣并且难以通过常规手段发现的信息。其中结构化数据以数据库结构为代表，例如文本等文件；非结构化数据通常包含了图像数据、影音数据、传感器数据等。所以数据挖掘这种分层分析数据的技术可以描述为：按照具体的业务主题制定挖掘目标，对海量的数据特征进行分析处理后建立模型，从而展示未知的、有价值的信息或者规律[12]。随着随机数据挖掘技术的不断发展，基本形成了以人工智能、数据库系统、理化统计为核心的综合科学，研究方向包括计算理论、数据仓库、可视化技术等衍生领域[13]。

数据挖掘的基础是数据库，但数据库在数据挖掘中已经不再是一个存储一张简单的表或者用于数据分析的工具。首先，数据库像是一个没有任何结构和预先定义好的模型的存储空间。例如，许多非计算机方面的研究人员只需要在文本编辑器上输入简单的数据，就能将实验日期与地址、实验化学成分等诸如此类的信息放进数据库中。如果人们想要达到这样的目的，必须对自然语言使用大量的注释才可实现。其次，数据库主要以分层或者关系格式结构存储数据并且需要使用接口才能查询存储数据，这样做的好处是能够制定完整的数据标准和固定的访问规则，例如为了搜索某些特定标准的数据，需要通过查询语言与数据库管理系统(Database Management System，DBMS)通信。当一个数据库的数据不是用于学习，而是用于其他方面时，这些数据通常都是杂乱无章并且漏洞百出的。最后，数据挖掘的数据库其存储量的增大并不会导致算法变慢。在数据挖掘过程中，DBMS 通信不仅要快，而且还必须优化访问数据库的应用程序。也许比其他领域更为重要的是，当直接访问或通过选择访问少量特别有趣的数据时，必须考虑数据访问的复杂性[14]。

4.2.2　数据挖掘框架

如前所述，数据挖掘的目的是从海量无规则的数据中发现有价值的隐藏信息，根据挖掘目的不同选择相应合适的算法对数据进行分析、重构、预测、解释和评估，最后将数据挖掘的结果交给相关领域专业人员进行分析和表达，并且借助数据可视化技术对结果进行可视化展现，使用户能够通过数据得到所需要的结论[15]。

数据挖掘整体流程可以分为以下几个基本步骤：确定挖掘任务目标、数据采集、数据预处理、特征工程、模型训练、模式评估、结果分析、数据展示，其挖掘框架如图 4.1 所示。

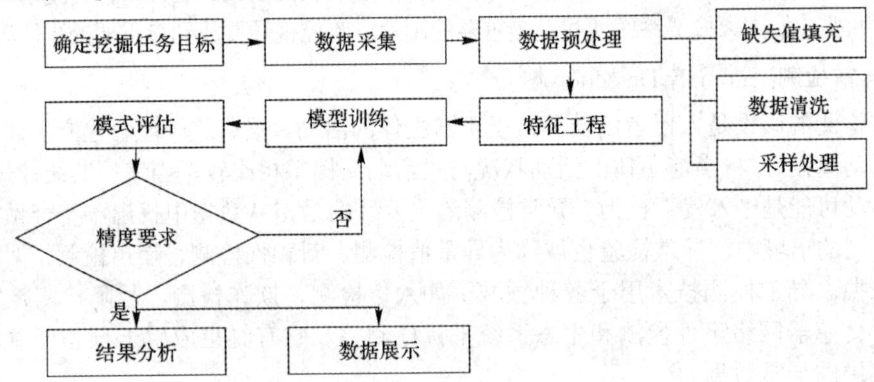

图 4.1　数据挖掘流程

首先根据需要确定挖掘任务的目标所属问题，比如分类、回归、时序、聚类学习等，一旦确定了目标便可以在对应的场景下采集原始数据。数据预处理是将收集到的原始数据进行清洗与格式化、采样处理等操作。这一阶段是整个数据处理过程中重要的阶段。由于数据的质量会直接影响到预测的结果，所以该步骤直接保证了数据的有效性和一致性[16]。数据预处理阶段主要将不一致数据、非对齐数据、缺失数据、异常数据等进行补齐和修正。在数据预处理阶段还要保证在不修改原始数据的同时，数据的信息不丢失。经过数据预处理的样本在特征工程步骤中需要按照业务逻辑生成与目标变量相关的特征，或者依据统计学原理衍生出其他特征以便更好地描述数据。这一步骤是整个数据挖掘中最为复杂和耗时的工作，它直接决定了预测结果的上限[17]。

待经过特征工程的训练样本准备完毕后，便可选择合适的算法进行模型训练。回归学习可选择线性回归、加权回归、时序分析方法等多种算法，分类学习可选择逻辑回归、支持向量机、贝叶斯算法、神经网络等模型。数据挖掘的训练是一个螺旋上升的过程，需要与制定好的评价函数不断评估、调节参数以完善挖掘模型[18]。

4.2.3　数据挖掘的基本步骤

通常情况下，完整的数据挖掘过程由以下几个步骤组成[19]：

(1) 数据清洗(消除数据的噪声和不一致性)：数据库中的数据集或多或少都会存在不完整、不一致的数据记录，在不合格的数据集上无法直接使用数据挖掘算法进行数据分析。而数据清洗可以通过填补缺失数据值、平滑数据噪声、消除数据异常值等手段，提高数据记录的质量，使其符合挖掘算法的规范和要求。

(2) 数据集成(组合多种数据源)：就是将来自多个数据源的数据合并到一起，形成一致的数据存储，有时数据集成之后还需要进行数据清洗以便消除可能存在的数据冗余。

(3) 数据规约(从数据库中提取与分析任务相关的数据)：在不影响数据挖掘结果的前提下，可以通过数据聚集、删除冗余特性的方法压缩数据集规模，只保留与数据挖掘关联的数据，从而降低数据挖掘的时间复杂度。

(4) 数据变换(将数据变换为适合挖掘的形式)：数据变换的方法众多，包括平滑处理、聚集处理、规格化、数据泛化处理、属性构造等。此外如果数据是实数型的，还可以使用概念分层和数据离散化的手段来转换数据。

(5) 知识发现(使用算法提取数据集中的有用知识)：是数据挖掘的核心步骤。知识发现使用数据挖掘算法分析数据仓库中的数据集，从而找到有用的数据模式。

(6) 模式评估(依照某种度量方法评估知识发现的结果)：去除不符合评估标准的模式，往往需要采取一系列客观评估标准，比如规则的准确度、支持度、置信度、有效性等，并从实用性角度来验证数据挖掘结果的正确性。

(7) 知识表示(使用可视化等手段展示挖掘出的知识)：可以使用可视化手段将数据挖掘所得到的分析结果直观展示给用户，当然也可以将分析结果存储到数据库当中，供其他应用调用。数据挖掘过程往往不是一次完成的，它是一个反复循环的过程。如果某个步骤没有达到预期目标，则需要对处理方式进行调整并重新执行。第 1 步到第 4 步的数据挖掘环节可归纳为数据预处理。简要地说，数据挖掘的步骤包括：数据预处理、知识发现、模式评估和知识表示，具体的步骤如图 4.2 所示[20]。

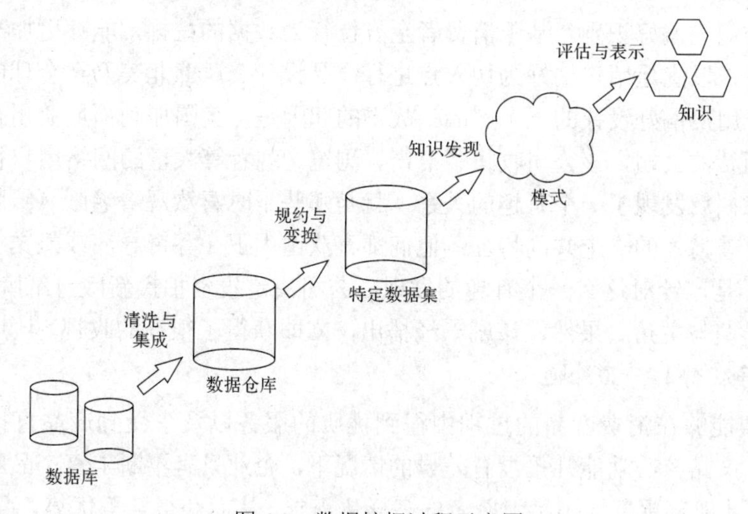

图 4.2　数据挖掘过程示意图

4.3　大数据挖掘的典型应用

数据挖掘将高性能计算、机器学习、人工智能、模式识别、统计学、数据可视化、数据库技术和专家系统等多个范畴的理论与技术融合在一起。大数据时代对数据挖掘而言，既是机遇也是挑战，分析大数据，建立合适准确的体系，持续优化，提升决策的准确性，以便更有利于掌握并顺应市场的多端变化。在大数据时代下，数据挖掘作为最常用的数据分析手段得到了各个领域的认可，目前国内外学者主要研究数据挖掘中的分类、优化、识别、预测等技术在众多领域中的应用。

数据挖掘的应用范围十分广泛。比如在市场营销领域，我们可以通过对消费者的消费数据进行分析，确定消费者的兴趣、爱好和习惯以及消费倾向，从而得出有商业价值的商业决策；在竞技运动中，教练可以不用出门，利用开发出来的专业软件，分析出每一场比赛的相关事件，进而为以后的训练提供依据；在商业银行中，通过对金融数据进行分析，得出数据模式，可以预测金融市场的变化。数据挖掘在因特网筛选中也有很重要的作用[21, 22]。

4.3.1　市场营销领域的应用

市场营销领域是最早应用数据挖掘技术的领域，也是最需要数据挖掘技术的领域。这主要是由其自身的行业特性所导致的，市场营销行业需要对客户信息进行精准分析，并对客户进行精准定位，通过最终的数据分析结果来为客户提供精准服务。数据挖掘技术有效地提升了市场营销领域的服务能力和销售业绩[23]。

1. 提供个性化产品

从消费者的角度来看，个性化产品指的是能满足消费者个性化消费需求的产品；从企业竞争优势角度来看，个性化产品就是拥有竞争对手的同类产品所没有的特性和优势。

1) 基于用户偏好的产品设计

区别于传统用户偏好识别，基于消费者全方位行为数据的挖掘，能够更加准确和快捷地识别用户偏好，以满足用户偏好为切入点进行产品设计。风靡北美乃至全球的美剧《纸牌屋》就是基于用户偏好设计的一个产品。故事的起因是，美国加利福尼亚州有一家专门经营在线影片租赁的公司，该公司收集了点击、浏览、观看等大量的网络用户行为偏好数据，经过数据挖掘后发现了一个有趣的关系，就是那些平时喜欢观看老版《纸牌屋》的网络用户，他们有着另外的一个共同特征：他们都喜欢由大卫·芬奇导演或凯文·史派西主演的电视剧。于是，针对这么一个有趣的发现，公司决定投资拍摄新版《纸牌屋》，并由上述二位担当导演与主角。果然，该剧一经播出，立即获得了很高的收视率[24]。

2) 基于竞争优势的产品外延

用户更希望能够在消费产品的过程中得到优质的服务以及享受到产品直接功能之外的附加功能。在产品核心功能几乎没有差异的情况下，企业只有不断丰富产品的其他层次的内容和功能，才能够更好地满足消费者的多样化需求，从而获得竞争优势，赢得消费者。

所以，产品外延已然成为企业获得竞争优势的一种有效途径，更是一种新的竞争焦点，因为消费者不再仅仅满足于产品的直接效用和功能。

3) 差异化价格制定

对于不同的消费者而言，他们有着各自的个性化需求，就算是同样的一件商品，它可能满足消费者的不同心理或需求，即它给消费者带来的效用是不同的。所以，对于这样一件商品，不同的消费者对于产品的价格会有不同的接受程度，即他们的支付意愿不一样。比如有的人觉得该产品是一种身份地位的象征，所以价格再高也要买，然而有的人则不这么认为。因此，企业要改变以前单一的定价策略，以大数据挖掘为基础，识别消费者的需求和购买力，根据不同的需求和产品价格弹性进行差异化定价，从而在满足消费者个性化需求的基础上实现企业利益最大化。

2. 精准化信息传播

精准化信息传播指的是将关于企业的产品广告、促销活动等商业信息向目标受众推送，引起目标受众关注并产生点击、阅读等行为，为消费者购买所需的物品做好前期工作。

1) 基于实时竞价的实时传播

RTB 是英文单词“Real Time Bidding”的首字母缩写，中文意思是“实时竞价”[25]。它是一种以大数据技术为支撑的精准传播手段，其原理是当某一个网络用户利用互联网搜索某些信息、浏览某些商品、点击某些广告窗口或链接的时候，所有的这些行为都会被毫无保留地通过 Cookie(存储在用户本地终端上的数据，即小型文本文件)记录下来。然后通过广告交易平台，当用户下一次上网时，系统会在以往用户行为判定的基础上，向用户推送一些符合其兴趣偏好的广告，从而既节省了企业的广告成本，也让广告投放、推送变得更加精准，不会造成盲目推介的情况，达到企业与用户之间的双赢。

2) 基于互动社交的内容传播

随着社交网络的快速发展，我们将圈子搬到了社交软件上，我们每天都花大量的时间在社交软件上聊天、交友、诉说心情、分享购物体验等，而这些社交行为会对其他的圈子成员产生一定的影响。企业则可以有效利用社交用户的自主性和基于对社交圈子的信任来营造内容传播。鉴于圈子成员间具有某种相同特征并且人们更加倾向于相信自己认识的社交圈好友，企业应该在各社交圈子里积极传播一些个性化的产品信息和营销内容。

3. 客户需求服务精细化管理

基于大数据挖掘的客户需求服务精细化管理是指通过数据挖掘识别每个客户所处的生命周期，并予以区分，针对不同生命周期的客户采取差异化的管理方式和营销策略，进而提高客户忠诚度并使得客户生命周期价值最大化。客户生命周期指的是客户关系的生命周期，它是企业从开始与客户建立业务关系一直到最终关系结束的一个全过程[26]。

1) 客户关系管理之反馈机制

企业与客户之间的关系不是一次性的业务关系，而是建立起一种长期性的业务往来关系，每一次的业务结束都意味着下一次新的业务往来正在形成，这样形成一种长期的、循环的、稳定的业务往来关系。事实上，精准营销的精准程度也是建立在不断发生的业务关系之上，即它并不是一下子就能够实现的，而是在长期与客户发生业务往来中逐渐精准的，通过每一次营销结果的实时反馈，逐渐掌握客户的兴趣偏好，倾听客户对于产品在使用过程中的感受以及对于产品的建议，与其形成有效的互动并做出相应的改变措施。

2) 客户关系之个性化推荐系统

个性化推荐系统是利用大数据分析用户对所有信息物品的访问记录，在用户与物品之间建立一种二次元关系，利用二者之间的相似性关系来挖掘用户可能感兴趣的物品，从而进行个性化产品推荐。如我们常见的淘宝上面的“猜您喜欢、您的浏览足迹、相似的物品”等相关的推荐标签。用户可以通过点击这样的推荐标签迅速找到自己想要的商品，使得用户的网上购物行为变得既简单又方便，提升了用户的购物体验。所以，个性化推荐系统不仅可以增加商品的销售，还可以帮助用户解决信息困扰问题，改善用户的购物体验，最终增加用户对系统的忠诚度[27]。

因此，将传统的市场调研与大数据相结合，能够对消费者以及市场进行更为深入的分析，有利于企业制定出有针对性的营销策略，提高营销效率，提升企业利润。

4.3.2　金融投资行业的应用

面对海量数据做出分析，是大数据平台的目标。金融行业需要大数据，核心价值在于共享，数据可视化的发展应用扩展了传统商业的视野，应用图形分析可以使用户更直观地了解内容，发现数据特征，进而帮助其他数据分析人员抓住时机，及时操作。

过去银行里的客户经理是被动的，盲目等待客户上门，其模式难以为继。现在银行业大不一样，开始主动发掘用户的不同偏好，有针对性地积极提供各种营销服务，例如中信银行主动采用最新的 Greenplum 系统，实现实时营销，已降低了数千万成本。Greenplum 系统是一种基于 PostgreSQL 的分布式数据库，其采用 Shared-nothing 架构，主机、操作系统、内存、存储都是自我控制的，不存在共享。

在金融投资行业，大数据拥有巨大的商业价值，体现在如下几个方面：

一是快速定位，找到高价值客户群体，挖掘高潜力客户集群，实现对金融产品的准确营销；

二是利用新型的高性能数据挖掘技术，进行反欺诈商业分析，避免企业各种运营风险；

三是满足用户特有需要，银行业历史上产生的数据巨大，采集、存储、管理过程中的数据都需要进行分析，应用大数据工具可以解决金融行业用户的特有需要，控制种种风险。

大数据迫使银行和电信业提升现有业务能力，实现应用目标，利用新的技术，规划需求，建立产品数据体系，并开发相应的战略捕捉服务信息流数据，进行实时分析，提高服务质量。除了技术创新外，善于利用行业经验是金融 IT 企业解决问题的关键。各行各业同步发展共享数据，健全完善国家法律法规，构建合理的商业模式，都同样重要，都会产生无比巨大的社会价值。中国银监会设立金融消费者保护局以保障大数据金融的发展。在国外，消费者金融(Consumer Financial)可以帮助客户，并能提供丰富便利的大数据应用服务，如对客户交易日志实施实时检测，进行债权现状分析，据此实现客户分类，提供系统评分，预测客户未来行为，实现个性精准营销，避免出现坏账。而金融管理部门及时把握交易状态，提供有效监督，做出预测分析[28]。

在信用卡业务中，违约预测的数据挖掘具有预言性、有效性、实用性的优势。在信用卡交易的过程中，数据挖掘的应用类型也比较多，如在信用卡异常行为检测、高端信用客户的维护和信用卡风险控制等方面均有实际应用。如今，随着科技的高速发展，信息量急剧增加，内容变得越来越丰富，信用卡在人们的生活中具有不可忽视的作用。众所周知，信用卡是由银行发放的，银行首先需要对申请人的个人信息进行核实，确认无误后再发放信用卡。Chen 等[29]针对商业银行贷款行为提出了一种关于信用率的模糊算法。信用卡在办理之前，银行首先需要对申请人进行细致调查，根据申请人的实际情况判断是否有能力来偿还所贷金额，刘铭等[30]在传统的神经网络基础上，采用灰狼优化算法计算神经网络的初始权值和阈值，并提出了一种改进的模糊神经网络的算法，通过建立的信用卡客户的违约预测模型，与目前其他的预测方法进行比较，得到较好的预测结果，进一步验证了模糊神经网络在信用卡客户的违约预测上具有较好的鲁棒性、准确性和高效性。采用有效的数据挖掘技术，针对信用卡客户属性和消费行为的海量数据进行分析，可以更好地维护优质客户，消除违约客户的风险行为，有效提升信用卡等金融业务的价值[31]。

4.3.3 教育领域的应用[32]

过去学校通过考试或者表格调查对学生数据进行周期性、阶段性采集，依靠数据对学生的生理、心理健康、学习状态以及对学校的满意度来进行评估。这种信息采集具有事后性、阶段性而非实时性，并且会对被采集者(学生)造成压迫性[33]。与之相应的，大数据采集是过程性的，它关注每一个学生在上课、作业、教学互动过程的每个微观表现，采集是在学生不自知的情形下进行的，不影响学生的正常学习和自尊心。这些数据的获取、整理、采编、统计、分析需要经过专门的程序和专业人员高效率完成。

美国的一些企业已经成功地在教育中实现了大数据处理的商业化运作。如全球最大的 IT 厂商 IBM 公司与亚拉巴马州的莫白儿县公共学区进行合作，通过对学生数据探测和行为干预，改善学生的学习成绩。在 IBM 的技术支持下，公司建立了跨校学习数据库，收集了 100 多万名学生的相关记录和 700 多万个课程记录。软件分析的结果不仅能够显示出学生的成绩、出勤率、辍学率、入学率的情况，还能够让用户探知导致学生辍学和学习成绩下滑的警告性信号；允许用户发现那些导致无谓消耗的特定课程，揭示何种资源和干预是最成功的；通过监控学生阅读电子材料情况、网络交流情况、电子版作业提交情况、在线测试情况，可以让老师及时诊断每个学生的问题所在，及时提出改进建议。

利益相关者(Stakeholder)是一个实体(人、组织等)，与教育数据挖掘存在着一定的利益关系。利益相关者可以认为是教育数据挖掘过程中的受益者，也可以认为是教育数据挖掘的实施主体、面向用户等[34]。教育数据挖掘的利益相关者如表 4.1 所示。

表 4.1　教育数据挖掘的利益相关者

用户/行动者	应用数据挖掘的目的
学生	提高学习资源利用率来提高学生学习的质量；根据学习任务设置学习活动；提高学生学习兴趣；记录学习资源浏览行为；总结建议；推荐课程；关联讨论
教育人员	反馈教学目标；分析学生学习行为；支持学生需求；预测学业成绩；分组学习；发现常规和非常规学习模式；发现常见错误；选择高效率活动；提高课程适应性和用户体验度
课程开发人员/教育研究人员	评价和更新课件；提高学生学习效果；评估课程结构和学习效率；构建学生模型和智能导学模型；应用教育数据挖掘技术，开发教育数据挖掘工具
教学机构	增强数据挖掘在院校决策中的应用；提高决策效率；定制学生课程；设置特殊课程；提高学生记忆力和学习成绩；确定毕业生应具备的素质；构建优秀大学生推荐辅助系统
组织者	管理和利用资源；满足教育项目需求；提高远程学习效率；评价教师和课程；设置网络课程参数

1. 个性化学习服务

个性化学习服务可以为学生提供最合适的学习资源，如推荐课程、个性化干预、开发预警系统等。目前在教育数据挖掘领域主要存在以下两种关于个性化学习服务的研究。

1) 基于推荐系统的个性化学习服务

当前研究者提出的基于推荐系统的个性化学习服务主要包括基于内容的推荐算法、协同过滤以及混合推荐算法，如 Wu 等人[35]提出了一种基于模糊树匹配的推荐方法，为学习者推荐合适的学习活动。Bokde 等人[36]则开发了一个多标准协同过滤与降维技术相结合的推荐系统，为学生推荐适合他们的大学。朱天宇等人[37]提出了一种面向学生的协同过滤试题推荐方法，该方法可根据学生知识点掌握程度推荐难度合适了的试题。

2) 基于数据挖掘的个性化学习服务

用于个性化学习服务的数据挖掘方法主要有分类算法、聚类算法以及关联规则等。如 Dora[38]等人提出了一种基于最小二乘法的自动推荐方法，可根据学生学习风格自动推荐学习内容。Natek 等人[39]使用决策树算法对学生进行分类，得到了各类学习者的个人信息特征和教学环节特征，为高校提供决策建议。Aher[40]使用 Apriori 算法和 K-means 聚类算法，对各类学生的课程学习记录进行关联规则分析，为学生推荐合适的课程。此外，一些研究者也在个性化学习服务中使用了其他技术，如 Cheon 等人[41]设计了一种以教师为中心的干预措施，即教师根据小组讨论、调查问卷的结果调整教学激励方式，为学生内在动力的培养提供环境。Lai 等人[42]开发了一个自适应的学习系统来支持翻转课堂学习活动。该系统由课外学习系统、自律监控系统、教师管理系统和数据库组成，可以监控学生学习过程并提供学习策略。

2. 学生学习效果研究

数据挖掘可以用于预测学生的学习效果。研究者通常使用学生个人信息、各门课程历史数据以及学习行为等数据通过分类和回归等算法建立模型来预测学生未来的学习表现。Asif 等人[43]使用决策树、朴素贝叶斯、随机森林等 10 种分类算法基于 210 名学生的大学预科成绩来预测学生大四时的成绩。蒋卓轩等人[44]基于北京大学在 Coursera 上开设的 6 门慕课(Massive Open Online Courses，MOOC)共 8 万多人次的学习行为数据，使用判别分析、Logistics 回归和线性核支持向量机建立 3 种分类模型来预测学生是否能获得证书。Okubo 等人[45]使用了基于长短期记忆(Long Short-Term Memory，LSTM)的循环神经网络来预测学生期末成绩。Jishan 等人[46]利用朴素贝叶斯、决策树以及人工神经网络 3 种分类模型和经过不同预处理的 4 组数据寻找最优组合来预测学生成绩。Fernandes 等人[47]使用梯度提升机分类方法分析影响学生成绩的因素。除了学生学习表现，也有研究者十分关心如何提升教师教学效果。如 Agaoglu[48]通过一份学生对课程的评价问卷得到实验数据集，采用决策树、支持向量机、人工神经网络和判别分析 4 种分类技术预测教师教学效果。Corcoran 等人[49]使用逻辑回归来寻找影响教师教学效果的因素。Stupans 等人[50]使用文本分析软件(Leximancer)对学生的反馈意见进行文本挖掘，其结果有利于教师提高教学质量。

3. 学习行为研究

研究者通过社交网络分析、聚类、分类等方法对学习者的海量行为数据进行探索与分析，可深入了解学习者的学习习惯和学习特征，教学者可根据学生学习行为特点，制定相应的教学计划或将学生分为学习风格互补的学习小组来提高学习效率。Rabbany 等人[51]使用社交网络分析算法对学生在课程管理系统中论坛的参与情况进行评估，如追踪学生回复的主题、发布的帖子数量等，从而能使教师迅速了解到学生讨论的热点内容。姜强等人[52]首先根据 Felder-Silverman 学习风格理论模型筛选出了最能影响学习者学习风格的几种网络学习行为模式，然后采用贝叶斯方法来推测学习者学习风格。Morris 等人[53]以评价阅读整体流畅性的指标作为预测变量，选择判别分析来预测小学一年级学生的阅读流畅度。Ruipérez-Valiente 等人[54]使用两步聚类对学生在游戏化学习场景中的徽章系统的表现进行分析，将学生分为学习特别努力、中等努力以及基本不努力三类。Kizilcec 等人[55]采用逻辑回归模型研究慕课平台上学习者的自主学习能力和实现个人课程目标的联系。Luna[56]等人提出了一种优化的进化算法用于挖掘 Moodle 平台上学生学习行为的关联性，并将该算法与其他 5 种关联规则算法进行了比较。Geigle 等人[57]在单层隐马尔科夫模型(Hidden Markov Model，HMM)的基础上添加了一层 HMM，形成了 TL-HMM。通过 TL-HMM 可对大量学生行为观察序列进行无监督学习，从而发现潜在的学生行为模式。

4.3.4 税务行业的应用[58-70]

过去 20 年，我国税收征管信息化走完了从零星分散到集中统一的进程。税收管理与服务过程完全实现了数据化，税务数据、第三方涉税数据、互联网涉税数据高速积累、集中。税务系统的数据利用方式正由传统的查询与汇总走向信息综合应用阶段，利用数据优化纳税服务、提高征管质效、防范税源流失、促进经济发展、提升政府决策已成为业内共识。数据挖掘、数据仓库等技术在税务征管中的相关应用研究已经有所开展，分类、聚类等算法以及数据仓库在税源预测、纳税服务、纳税评估、税务稽查、信用评定等方面正逐步付诸实践。随着国地税数据的归并、自然人涉税信息库的建立，上述应用将成为该行业的重要支撑。

随着全球税务信息化研究的不断加深，学者们开始认识到，通过信息技术或大数据技术不仅可以减轻税务工作人员的负担，而且也可以更加有效地存储信息，随时保存和检索原始数据，使税务数据的综合管理成为税务信息研究领域的重要课题。

近几年来，我国对大数据与税源专业化的关系及其应用研究予以重视。例如：彭骥鸣、曹永旭和韩晓琴(2013 年)认为在大数据背景下，税源专业化管理既有机遇又有挑战。对税收数据进行挖掘和分析，可以提高税源专业化管理效率。对涉税数据进行数据分析，是强化税源管理的重要举措[58]。李苹和刘柯群(2016 年)分析了大数据时代税源专业化管理需要面对的客观问题，并建议利用大数据技术推动税源专业化管理[59]。王一民(2014 年)分析了目前情况下，税源专业化管理中的数据分析的作用和功能，并提出了应用中存在的问题，为完善数据分析系统在税源专业化管理应用上提出了有效建议[60]。宋瑜(2016 年)梳理了大数据和税源管理的基本原理与特点，研究了它们的内在关系，同时根据大数据在税源管理中应用时可能存在的问题，提出要从理念入手，并建立数据规范，创新数据挖掘分析，提高税源管理效率[61]。刘磊和钟山(2015 年)重点关注了税收工作在大数据时代受到的影响，并详细阐述了全球各个政府税务部门如何利用大数据技术，对公共管理和服务进行创新的成功经验[62]。王晓东、钟小新和赵建东(2015 年)提出要创建大数据采集、存储和转换机制，完善涉税相关大数据的挖掘、分析、加工机制和大数据应用机制，对税源管理方式进行创新，最大限度减少税收征管成本，防止税收流失[63]。欧舸和金晓茜(2017 年)将大数据技术运用到金税三期中，给税收、纳税人和经济三者的全面协调发展带来了机遇[64]。刘尚希和孙静(2016 年)认为税收的管理方式随着大数据时代的到来将发生实质性的改变，大数据必定成为税源专业化管理与税收征管的基础设施[65]。

关于税务系统中数据挖掘的应用研究，我国学者也做了许多工作，包括数据挖掘的各种方法应用于税务工作的各个方面。彭坷(2008 年)探讨了如何在金税工程中引入数据挖掘技术，他对金税工程和数据挖掘分别进行了阐述，并对具体分析和结合方案提供了建议[66]。程辉(2013 年)从数据挖掘的价值出发，提出把大数据“升值”成为有价值的资源。数据挖掘是重要手段，也是提高税收征管水平的有力武器。他提出需要研究开发对涉税数据能够进行分析、处理和加工等功能的数据挖掘系统，从而实现自动读取、测算、评估等数据智能化处理，并利用相关数据的智能化挖掘技术，提高税务工作的科学性和严谨性[67]。于众(2016 年)认为大数据已经上升成了国家发展战略，涉税数据的深度分析工作需要各个部门的努力，在税务部门内树立“数据为王”的思维，充分培养数据挖掘人才，综合利用数据挖掘技术，才能实现税收数据深度分析，并将全面提高信息管税水平[68]。时待吾(2016 年)利用数据挖掘技术对某省地税局数据进行实证分析，证明了决策树(Decision Tree)、随机森林(Random Forest)分类算法能够较好地预测企业欠税[69]。

综上所述，随着信息科技和网络的发展，大数据时代不可避免地到来了。全球各国政府对大数据资源都高度重视，我国众多学者的研究为数据挖掘的利用打下了良好基础，数据挖掘技术在实际税务工作中的推广，也有助于信息管税的进程。同时，作为数据挖掘中的一种算法，聚类分析在处理大数据中有其独特的优势。专家学者的实证分析和应用分析可以表明其在税务部门各项日常工作中具有充分的适用性[70]。

4.3.5　多媒体数据挖掘的应用

大数据时代下，视频、音频、图像等都属于多媒体的范畴。随着时代的发展，海量的数据结构变得日益复杂化和动态化，如果只是使用传统数学方法去处理现实生活中的问题，取得的效果通常不能满足人们的预期。无人机和无人驾驶的流行、公安天网工程的实际应用、智慧医疗项目的全面发展都会要求对多媒体数据进行快速处理。想要得到更理想的效果，需要开发和设计数据挖掘的新智能算法。

无论怎样，数据挖掘的发展需要紧跟社会的需要。发展是永恒的，首先数据挖掘必须满足信息时代用户的急需，相关的软件产品必须尽快开发问世；其次我们只有从数据挖掘中提取出有效的信息，再从这些有效的信息中发现知识，为人们做决策提供服务，数据挖掘的前景才是美好的[71,72]。

参考文献

[1] 华璐璐. 人工智能促进教学变革研究[D]. 徐州：江苏师范大学，2018.

[2] 黄兴之. 大数据与认识论问题[D]. 北京：中国青年政治学院，2017.

[3] 黄睿杰. 大数据技术在商业银行零售业务中的运用探讨[D]. 昆明：云南财经大学，2018.

[4] 韩婷婷. 大数据时代大学生隐私保护问题研究[D]. 杭州：浙江理工大学，2019.

[5] 维克托·迈尔·舍恩伯格，肯尼斯·库克耶. 大数据时代[M]. 杭州：浙江人民出版社，2012.

[6] 张云涛，龚玲. 数据挖掘原理与技术[M]. 北京：电子工业出版社，2004.

[7] 石睿. 基于大数据分析的风电机组运行状态监测方法研究[D]. 长春：长春工业大学，2018.

[8] PETERSON D M. Microsoft's.NET Framework：new platform for software develop-ment; NET apps should work across platforms and be more secure，while also enabling Web services.(Ecommerce Networks)[J]. Business Communications Review，2002(11)：57.

[9] ZAHARIA M，XIN R S，WENDELL P. Apache Spark：a unified engine for big data processing[J]. Communications of the Acm，2016，59(11)：56-65.

[10] 崔妍，包志强. 关联规则挖掘综述[J]. 计算机应用研究，2016，33(2)：330-334.

[11] HORNIK K，FEINERER I，KOBER M. Spherical k-Means Clustering[J].Journal of Statistical Software，2017，50(10)：1-22.

[12] 陈水利，李敬功，王向公. 模糊集理论及其应用[M]. 北京：科学出版社，2005.

[13] 康良玉. 数据挖掘技术在物流管理系统上的应用研究[D]. 大连：大连交通大学，2008.

[14] 邹杰. 基于数据挖掘的数据清洗及其评估模型的研究[D]. 北京：北京邮电大学，2017.

[15] BUCZAK A，GUVEN E. A Survey of Data Mining and Machine Learning Methods for Cyber Security Intrusion Detection[J]. IEEE Communications Surveys & Tutorials，2015，18(2)：1-1.

[16] 穆瑞辉，付欢. 浅析数据挖掘概念与技术[J]. 管理学刊，2008，21(3)：105-106.

[17] 吉根林，帅克，孙志挥. 数据挖掘技术及其应用[J]. 南京师大学报(自然科学版)，2000(02)：25-27.

[18] 辛宇. 基于Spark的数据挖掘技术在ERP系统上的研究与应用[D]. 杭州：浙江农林大学，2019.

[19] BAKER R S J D，YACEF K. The State of Educational Data Mining in 2009：A Review and Future Visions. Journal of Educational Data Mining，2009，1(1)，3-17.

[20] 李星. 基于云计算的数据挖掘算法并行化研究与实现[D]. 南京：南京邮电大学，2018.

[21] 吴辉. 数据挖掘技术的研究与应用[D]. 武汉：武汉理工大学，2009.

[22] 梁循. 数据挖掘算法与应用[M]. 北京：北京大学出版社，2006.

[23] 李涛，曾春秋，周武柏，等. 大数据时代的数据挖掘：从应用的角度看大数据挖掘[J]. 大数据，2015，1(04)：57-80.

[24] 谭旭峰. 大数据时代的“纸牌屋”[J]. 新商务周刊，2013(6)，108-109.

[25] https://baike.baidu.com/item/RTB-Real%20Time%20Bidding/9456998.

[26] 陈慧敏. 浅谈客户关系管理对市场营销的影响[J]. 时代经贸，2012(10)，118-119.

[27] 林庆鹏. 基于大数据挖掘的精准营销策略研究[D]. 兰州：兰州理工大学，2016.

[28] 张兰廷. 大数据的社会价值与战略选择[D]. 北京：中共中央党校，2014.

[29] CHEN L H，CHIOU T W. A fuzzy credit- rating approach forcommercial loans：A Taiwan case[J]. Omega，1999，27(4)：407-419.

[30] LIU M，ZHANG S Q，HE Y D. Credit card custom-er default prediction based on improved fuzzy neural network[J]. Fuzzy Systems and Mathematics，2017(1)：143-148.

[31] 刘铭，吕丹，安永灿. 大数据时代下数据挖掘技术的应用[J]. 科技导报，2018，36(09)：73-83.

[32] 李宇帆，张会福，刘上力，等. 教育数据挖掘研究进展[J]. 计算机工程与应用，2019，55(14)：15-23.

[33] 张韫. 大数据改变教育[J]. 内蒙古教育，2013(9)：26-30.

[34] 陈雯雯，夏一超. 教育数据挖掘：大数据时代的教育变革[J]. 中国教育信息化，2017，000(007)：37-44.

[35] WU D，LU J，ZHANG G. A Fuzzy Tree Matching-based Personalized Learning Recommender System[J]. IEEE Transactions on Fuzzy Systems，2015，23(6)：2412-2426.

[36] BOKDE D K，GIRASE S，MUKHOPADHYAY D. An Approach to a University Recommendation by Multi-criteria Collaborative Filtering and Dimensionality Reduction Techniques [C]. IEEE International Symposium on Nano-electronic and Information Systems，Indore，India，2015：231-236.

[37] 朱天宇，黄振亚，陈恩红，等. 基于认知诊断的个性化试题推荐方法[J]. 计算机学报，2017(01)：178-193

[38] DORA F A，ARAÚJO R D，CARVALHO V C D，et al. An Automatic and Dynamic Approach for Personalized Recommendation of Learning Objects Considering Students Learning Styles：An Experimental Analysis[J]. Informatics in Education，2016，5(1)：

45-62.

[39] NATEK S，ZWILLING M. Student data mining solution-knowledge management system related to higher education institutions[J]. Expert Systems with Applications，2014，41(14)：6400-6407.

[40] AHER S B，LOBO L M R J. Combination of machine learning algorithms for recommendation of courses in E-Learning System based on historical data[J]. Knowledge-Based Systems，2013，51：1-14..

[41] CHEON S H，REEVE J. A classroom-based intervention to help teachers decrease students' amotivation[J]. Contemporary Educational Psychology，2015 (40)：99-111.

[42] LAI C L，HWANG G J. A self-regulated flipped classroom approach to improving students' learning performance in a mathematics course[J]. Computers & Education，2016(100)，126-140.

[43] ASIF R，MERCERON A，ALI S A，et al. Analyzing undergraduate students' performance using educational data mining [J]. Computers & education，2017 (113)：177 -194.

[44] 蒋卓轩，张岩，李晓明. 基于MOOC数据的学习行为分析与预测[J]. 计算机研究与发展，2015，52(3)：614-628.

[45] OKUBO F，YAMASHITA T，SHIMADA A，et al. A neural n-etwork approach for students' performance prediction[C]. ACM Proceedings of the Seventh International Learning Analytics & Knowledge Conference，2017：598-599.

[46] JISHAN S，RASHU R，HAQUE N，et al. Improving accuracy of students' final grade prediction model using optimal equal width binning and synthetic minority over-sampling technique[J]. Decision Analytics，2015，2(1)：1.25.

[47] FERNANDES E，HOLANDA M，VICTORINO M，et al. Educational data mining：Predictive analysis of academic performance of public school students in the capital of Brazil [J]. Journal of Business Research，2019(94)：335-343.

[48] AGAOGLU M. Predicting Instructor Performance Using Data Mining Techniques in Higher Education[J]. IEEE Access，2016(4)：2379-2387.

[49] CORCORAN R P，FLAHERTY O J. Factors that predict preservice teachers' teaching performance[J]. Journal of Education for Teaching，2018，44(2)：175-193.

[50] STUPANS I，MCGUREN T，BABEY A M. Student Evaluation of Teaching：A Study Exploring Student Rating Instrument Freeform Text Comments[J]. Innovative Higher Education，2016，41(1)：33-42.

[51] RABBANY R，ELATIA S，TAKAFFOLI M，et al. Collaborative Learning of Students in Online Discussion Forums：A Social Network Analysis Perspective[M]. Springer International Publishing，2014：441-466.

[52] 姜强，赵蔚，王朋娇. 基于网络学习行为模式挖掘的用户学习风格模型建构研究[J]. 电化教育研究，2012，33(11)：55-61.

[53] MORRIS D，PENNELL A M，PERNEY J，et al. Using subjectiveand objective measures to predict level of reading fluency at the end of first grade[J]. Reading Psychology，2018，

39 (3)：253-270.

[54] RUIPÉREZ-VALIENTE J A，MUÑOZ-MERINO P J，DELGADO C. Detecting and Clustering Students by their Gamificaion Behavior with Badges：A Case Study in Engineering Education[J]. International Journal of Engineering Education，2017，33(2-B)，816-830.

[55] KIZILCEC R F，PÉREZ-SANAGUSTÍN M，MALDONADO J J. Self-regulated learning strategies predict learner behavior and goal attainment in Massive Open Online Courses[J]. Computers & Education，2017(104)：18-33.

[56] LUNA J M，ROMERO C，ROMERO J R，et al. An evolutionary algorithm for the discovery of rare class associateeon rules in learning management systems[J]. Applied Intellignce，2015，42(3)：501-513.

[57] GEIGLE C，ZHAI C X. Modeling MOOC Student Behavior With TwoLayer Hidden Markov Models[C]. Fourth Acm Conference on Learning，2017.

[58] 田溯宁. 云计算：大数据时代的系统工程[M]. 北京：电子工业出版社，2013.

[59] 李苹，刘柯群. 关于“互联网+”背景下创新税源管理的研究[J]. 商场现代化，2016(25)：195-196.

[60] 王一民. 税源专业化管理模式下数据分析系统的应用研究[J]. 税务经济研究，2014(3)：32-37.

[61] 宋瑜. 运用税收大数据加强税源管理的研究[D]. 吉林：吉林财经大学，2016.

[62] 刘磊，钟山. 试析大数据时代的税收管理[J]. 税务研究，2015(1)：89-92.

[63] 王晓东，钟小新，赵建东. 浅议大数据管税[J]. 中国税务，2015(12)：68.

[64] 欧舸，金晓茜. 浅谈税收大数据时代的金税三期工程[J]. 中国管理信息化，2017，20(01)：136-137.

[65] 刘尚希，孙静. 大数据治税的理念、模式及应用[J]. 经济研究参考，2016(9)：34-37.

[66] 彭坷. 浅谈数据挖掘技术在税务信息化中的应用[J]. 科技创新导报，2008(10)：64-65.

[67] 程辉. 从挖掘数据价值入手增强税收征管能力[N]. 中国税务报，2013.

[68] 于众. 大数据环境下税收数据深度利用探索[J]. 经济研究导刊，2016(13)：78-79.

[69] 时待吾. 基于数据挖掘的企业欠税预测研究[D]. 重庆：重庆大学，2016.

[70] 廖玉芳. 基于聚类的数据挖掘技术在税源专业化管理中的应用[D]. 厦门：集美大学 2017.

[71] 钟晓，马少平，张钹，俞瑞钊. 数据挖掘综述[J]. 模式识别与人工智能，2001，14 (01)：48-55.

[72] 贺清碧，胡久永. 数据挖掘技术综述[J]. 西南民族大学学报(自然科学版)，2003 (03)：328-330.

第五章　智能控制理论与技术及其应用

5.1　自动控制的起源与发展概述

自动控制技术起源于欧洲的工业革命时期，已经有几百年的历史，对人类生产力和生活水平的提高与科技进步产生了巨大的作用和深远的影响。自动控制的定义是：在没有人直接参与的条件下，利用控制器使被控对象(如机器、设备或生产管理过程)的某些物理量或工作状态能自动地按照预定的规律变化或运行[1]。自动控制技术主要是指机器设备或生产管理过程通过自动检测、信息处理、分析判断自动地实现，其运行过程无需人为干预，而是由相关设备实现对生产过程与管理的自动控制。该技术的核心原理是用传感器检测指令信息、系统变化的物理信息以及被控对象的状态信息，并将其转换成相应的电信号输入到控制装置；然后由控制装置通过模拟或者数字方式实时计算出被控对象的被控量，并与期望的被控量相减得到其误差信号；误差信号经过放大和处理，送给控制执行机构，通过闭环控制驱动被控对象，最终达到所希望的状态。

英国人瓦特在发明蒸汽机的同时，应用反馈原理，于 1788 年发明了离心式调速器。当负载或蒸汽量供给发生变化时，离心式调速器能够自动调节进气阀的开度，从而控制蒸汽机的转速，由此开始出现自动控制的构想。1932 年，奈奎斯特根据频率稳定性判断，给出了新的自动控制理论，负反馈系统可以直接自动分析频率的大小，从而确定反馈结果。其后利用根轨迹设计实现对于参数的变换处理，从而更好地保证其性能的完好性[2]。

自动控制理论的主要发明人、奠基人是美国数学家诺伯特·维纳。他的控制论被公认为是世界信息化的奠基理论[3]，同时也奠定了自动控制学科的基础。20 世纪 20 年代～40 年代成熟的经典控制理论主要研究单输入-单输出、线性定常数系统的分析和设计。其主要理论是利用传递函数、根轨迹等方法，使控制系统实现自动稳定，完成生产和管理任务。20 世纪 50、60 年代发展起来的现代控制理论是为了解决被控系统多输入、多输出、非线性特性的控制问题，其利用了大量的微积分、线性代数和矩阵论等高等数学中的理论知识[4]。

自动控制目前发展到第三代，即智能控制。智能控制是具有智能信息处理、智能信息反馈和智能控制决策的控制方式，是控制理论发展的高级阶段，主要用来解决那些用传统方法难以解决的复杂系统的控制问题。智能控制研究对象的主要特点是具有不确定性的数学模型、高度的非线性和复杂的任务要求。智能控制的思想出现于 20 世纪 60 年代。当时对学习控制的研究十分活跃，并获得较好的应用。如自学习和自适应控制方法相继被发明出来，用于解决控制系统的随机特性问题和模型未知问题[5]。

智能控制与传统控制的主要区别在于传统控制(包括经典控制和现代控制)必须依赖于被控制对象的数学模型，而智能控制可以解决非模型化系统的控制问题。智能控制理论不同于经典控制理论和现代控制理论的处理方法，它研究的主要目标不再是被控对象而是控制器本身。控制器不再是单一的数学模型解析，而是数学模型和知识系统相结合的广义模型。与传统控制相比，智能控制具有以下基本特点[6]：

(1) 智能控制的本质特征体现在能对复杂系统(如非线性、快时变、复杂多变量、环境扰动等)进行有效的全局控制，实现广义问题求解，并具有较强的容错能力。

(2) 智能控制的基本目的是从系统的功能和整体优化的角度来分析与综合，以实现预定的控制目标。智能控制系统具有变结构特点，能总体自寻优，具有自适应、自组织、自学习和自协调能力。

(3) 智能控制系统有补偿及自修复能力和判断决策能力。

智能控制以控制理论、计算机科学、人工智能、运筹学等学科为基础，扩展了相关的理论和技术，其中应用较多的有模糊逻辑、神经网络、专家系统、遗传算法等理论与算法，以及自适应控制、自组织控制和自学习控制等技术。智能控制目前已经应用于工农业生产、军事和科学研究等各个行业的各个领域，但还有很多理论和技术问题还有待解决，特别是对于非线性、多变量、时变特性的复杂系统的控制，现有的控制方法还很不完善，还需要进行深入的研究。

随着我国社会经济的快速发展和科学技术水平的不断提高，我国智能控制技术也得到了长足发展，其应用也日益广泛，包括工业生产、农业生产、军事科研、社会生活等领域，因此，了解智能控制的一些基本概念和应用，对人们的工作和生活大有裨益。

5.2 经典控制的基本理论与技术

5.2.1 前馈控制系统

经典控制的基本原理可通过前馈控制和反馈控制两个方法来实现。前馈控制是在苏联学者所倡导的不变性原理的基础上发展起来的。20 世纪 50 年代以后，在工程上，前馈控制系统逐渐得到了广泛的应用。前馈控制系统是根据扰动或给定值的变化按补偿原理来工作的控制系统，其特点是当扰动产生后，被控变量还未变化以前，根据扰动作用的大小进行控制，以补偿扰动作用对被控变量的影响。前馈控制系统运用得当，可以使被控变量的扰动消灭在萌芽之中，被控变量不会因扰动作用或给定值变化而产生偏差。它较之反馈控制能更加及时地进行控制，并且不受系统滞后的影响[7]。采用前馈控制系统的条件是：

(1) 扰动可测但是不可控。

(2) 扰动变化频繁且变化幅度大。

(3) 扰动对被控变量的影响显著，反馈控制难以及时克服。

5.2.2 反馈控制系统

反馈控制是按偏差进行控制的，其特点是不论什么原因使被控量偏离期望值而产生偏差，必定会产生一个相应的控制作用去降低或消除偏差，使被控量与期望值趋于一致。在反馈控制系统中，由输入到输出的前向信号通路和输出到输入的反馈信号通路组成一个闭环控制系统。反馈控制是自动控制的主要形式，但是无论是前馈控制还是反馈控制，目的都是一致的，都是为了被控量按照任务要求稳定输出。

反馈控制系统的基本组成如图 5.1 所示，该系统主要包括五个部分：被控对象、测量元件、比较元件、放大元件及执行元件，图中的“○”表示比较元件。此外，为了改善系统的自动控制静态与动态的能力，通常还会加入自动校正装置(见图 5.1)。在自动控制系统中，信号的传递都有一个闭合的回路。被控对象经过反馈环节作用到系统的输入端，并与输入信号作减法运算，然后利用所得到的误差信号对系统状态进行有效控制[8]。

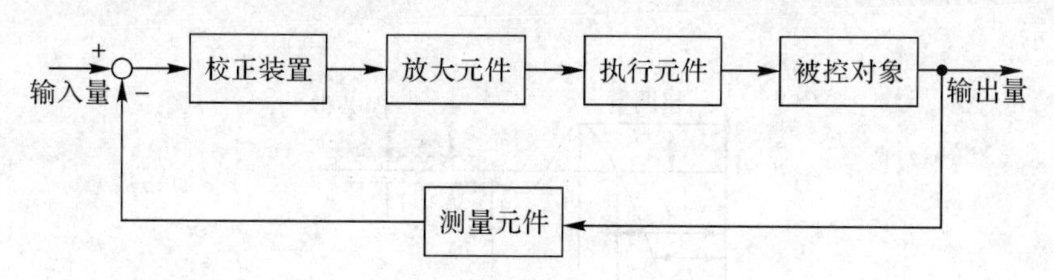

图 5.1　反馈控制系统的基本组成

5.2.3　开环控制系统

自动控制系统中还有一种开环控制方式，其原理图如图 5.2 所示。

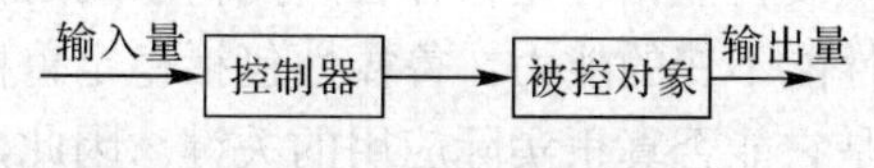

图 5.2　开环控制原理图

开环控制是指控制装置(控制器)与被控对象之间只有顺向作用而没有反向反馈的控制过程，这种控制系统称为开环控制系统，其特点是系统的输出量不会对系统的控制作用产生影响。开环控制系统可以按给定量控制方式组成，也可以按扰动控制方式组成。按给定量控制的开环控制系统，其控制作用直接由系统的输入量产生。一个给定输入量就有一个输出量与之相对应，其控制精度完全取决于所用的元件及校准的精度[9]。

5.2.4　自动控制系统的性能要求

在各种实际控制系统中，为达到控制目标，控制系统必须满足一定的性能指标。对于一个闭环控制系统而言，当输入量和扰动量均不变、系统自身的结构和参数也不变化时，系统输出量也是恒定不变的，这种状态称为平衡态或称为稳态。当输入量或扰动量发生变化时，反馈量将与输入量产生偏差，通过控制器的作用，使输出量最终稳定，即达到一个新的平衡状态。但由于系统中各环节总存在惯性，系统从一个平衡态到另一个平衡态不能瞬间达到，需要一个过渡过程，该过程称为控制的暂态过程。

对闭环控制系统而言，根据系统稳态输出和暂态过程的特性，有三个主要性能指标要求，即稳定性、准确性、快速性。① 稳定性是指系统处于平衡状态时受到外界扰动后系统偏离了原来的平衡状态，如果扰动消失，系统能够回到受扰以前的平衡状态。② 准确性用稳态误差来衡量。所谓稳态误差，是指系统达到稳态时被控量的实际值和希望值之间的偏差。偏差越小，表示控制系统的准确性越高。③ 快速性是指控制系统的暂态性能的好坏，一般用 t_d、t_r、t_p 三个时间和最大超调量 σ_p 来刻画。

延迟时间 t_d：系统响应从零上升到稳态值的 50%所需的时间。

上升时间 t_r：对于欠阻尼系统，是指系统响应从零上升到稳态值所需的时间；对于过阻尼系统，则指响应从稳态值的 10%上升到 90%所需的时间。

峰值时间 t_p：指欠阻尼系统响应到达第一个峰值所需的时间。

最大超调量 σ_p(简称超调量)：指系统在暂态过程中输出响应超过稳态值的最大偏离[10]，如图 5.3 所示。

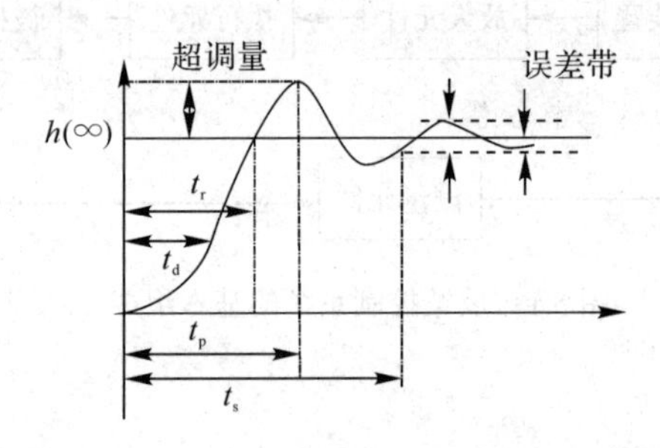

图 5.3　控制系统稳态与暂态过程图

自动控制系统的另一个重要性能指标是鲁棒性。控制系统的鲁棒性是指系统在不确定性的扰动下，具有保持某种性能不变的能力。鲁棒性包括稳定鲁棒性和品质鲁棒性。一个控制系统是否具有鲁棒性，是它能否真正实际应用的关键。因此，现代控制系统的设计已将鲁棒性作为一种最重要的设计指标。为了解决控制系统的鲁棒性问题，近年来出现了两个主要的研究方向：一个是主动式(Active)适应技术，即通常称的自适应控制系统设计技术。它应用辨识方法不断了解系统的不确定性，并在此基础上调整控制器的结构与参数，从而使系统满足性能指标要求。另一个是被动式(Passive)适应技术，即一般称的鲁棒控制设计技术。对具有不确定性的系统设计一个控制器，使系统在不确定性范围内工作时，满足系统的设计性能指标要求[11]。

5.3　自动控制的应用领域

自动化控制系统的应用领域相当广泛，几乎包括人类所有的生产活动、日常生活和科学研究领域。目前，自动控制技术已被广泛用于工农业生产、军事、科学研究、航空航天、机器人制造、交通运输、商业、医疗、服务和家庭等方面。采用自动控制不仅可以把人们从繁重的体力劳动、部分脑力劳动以及恶劣、危险的工作环境中解放出来，而且还能扩展人的能力，极大地提高劳动生产率，增强人类认识世界和改造世界的能力。作为一个综合性较强的学科，自动控制技术与很多学科相互关联，尤其是与计算机科学和信息技术密切相关。

在工业方面，自动控制对于冶金、化工、机械制造等生产过程中的各种物理量，包括温度、流量、压力、厚度、张力、速度、位置、频率、相位等，都有相应的成熟控制系统。随着计算机科学与技术的迅速发展，科技工作者设计了控制性能更好和自动化程度更高的数字控制系统，以及具有控制与管理双重功能的过程控制系统。

在农业方面，自动控制在精准农业方面有广泛的应用。精准农业就是在传统农业的基础上，运用高新技术对农业进行管理与控制，提高农业劳动生产率。例如农用无人机的自动定位、自动施肥和喷药，滴灌自动控制，温度、湿度与采光的自动控制、水位自动控制、农业机械的自动操作等。

在军事技术方面，自动控制应用于各种类型的伺服系统、火力控制系统、制导与控制系统等。在航天、航海和航空方面，除了各种形式的控制系统外，应用的领域还包括导航系统、遥控系统和各种仿真系统。例如雷达能够发现远在千里之外的目标并发出预警，给部队提供充足的时间完成防御或攻击准备。导弹发射后能够在指挥系统的引导下自动调整飞行姿态、自动识别并击中目标。

卫星发射进入太空中能够自动调整姿态，进入预定轨道完成军事和科研任务。月球探测器在降落过程中能够自动寻找理想的区域，控制降落姿态并安全着陆，为科研人员传回大量珍贵的月球表面照片和科研数据；飞机-自动驾驶仪系统用于稳定飞行的姿态、高度和航向。

此外，在办公自动化、图书管理、交通自动管理等方面也有重要的应用。

自动控制技术也与人们的日常生活密切相关。例如，每当夜幕降临时，城市道路两边的路灯会由于周围光线变暗而自动开启，为人们照亮回家的路。当我们回家乘坐电梯时，只需按下数字按键就能把我们安全带回家；当我们把家里的空调提前设置好温度时，空调的自动控制系统就会始终将室内温度维持在设置好的温度上，为我们提供一个舒适的环境；当我们用电饭煲蒸米饭时，只需把适量的水和米放入，饭煮熟后电饭煲会自动关电，过一段时间我们就能吃上香喷喷的米饭；当我们想看电影或出去旅行时，在网络上就能购票，免去了选座排队的苦恼；商场、小区停车场的自动停车系统，可以实时显示车位的使用情况，方便人们停车；银行、医院、餐饮的自动叫号系统，免去了人们排长队的辛苦，也防止有人插队的现象。此外，自动控制技术还大量应用于机场航班信号指挥系统、110 报警指挥系统、城市交通信号系统、铁路的自动调度系统、电力系统等，类似的应用在我们身边不胜枚举。总之，随着科学技术的不断进步，自动控制技术也将向更深、更广的领域迈进，在人类现代生活中也将扮演越来越重要的角色，必将为人类社会进步做出更大的贡献[12]。

5.4　现代控制的基本理论与技术

由于经典控制理论受单输入-单输出系统的限制，无法在现实应用中处理大量工程都带有的动态耦合的多输入-多输出系统的控制问题，而且其只适应于线性时不变系统，其设计方法也极度依赖设计人员的经验，故而无法满足实际控制系统越来越复杂的需求，因此现代控制理论与技术在 20 世纪 50、60 年代才逐渐发展起来。

现代控制理论是建立在状态空间模型基础之上的控制系统分析和设计理论，其本质是基于状态空间模型在时域中对系统进行分析和设计。状态是指在系统中可决定系统状态最小数目变量的有序集合，而所谓状态空间则是指该系统全部可能状态的集合。状态空间模型可以表示出系统内部状态与其他物理量之间的关系，可由控制系统的传递函数导出状态空间模型，也可由相关物理定律建立被控系统的状态空间模型，还可以利用 Matlab 软件对状态空间模型进行分析。现代控制理论还包括对系统的能控性和观测性的分析、基于李雅普诺夫的稳定性(Lyapunov Stability)理论的被控系统稳定性分析、动态系统的最优控制方法应用等。1892 年李雅普诺夫(Lyapunov)提出了李雅普诺夫稳定性可用来描述一个动力系统的稳定性[13]。20 世纪 70 年代，美国新墨西哥大学计算机学系教授 Cleve Moler 用 Fortan 编写了最早的 Matlab 软件。

现代控制理论研究的问题主要是最优控制规律的寻求。如何根据给定的目标函数和约束条件，寻求最优控制规律的问题，即最优控制问题。在解决最优控制问题的方法中，庞特里亚金的“最大值原理”和贝尔曼的“动态规划法”得到了较为广泛的应用。从不同的思维角度出发，现代控制理论包括以下几个主要分支：最优控制、自适应控制、鲁棒控制、神经网络控制、模糊识别、预测控制等。随着控制系统复杂性的增加，人们对控制系统的三大基本标准便有了更高的要求，控制系统向着开放化、广义模型化、多目标优化、混合式控制方向发展[14]。表 5.1 给出了现代控制理论与经典控制理论的差异。

表 5.1　现代控制理论与经典控制理论的差异

	经典控制理论	现代控制理论
研究对象	单输入-单输出系统 高阶微分方程	多输入-多输出系统 一阶微分方程组
研究方法	传递函数法	状态空间法
研究工具	拉普拉斯变换	线性代数理论
分析方法	频域(复域)、频率响应和根轨迹法	复域、实域，可控性和可观测性
设计方法	PID 控制和校正网络	状态反馈和输出反馈
其他	频率法的物理意义直观、实用，难于实现最优控制	易于实现实时控制和最优控制

5.4.1　线性系统理论

自然界和社会系统一般是非线性系统，但在一定的条件下，可将非线性系统近似为线性系统。线性系统科学技术是一门应用性很强的学科，面对着各种各样错综复杂的系统，控制对象可能是确定性的，也可能是随机性的；控制方法可能是常规控制，也可能是最优化控制。控制理论和社会生产及科学技术的发展密切相关，且近代得到极为迅速的发展。线性系统理论是现代控制理论中最基础、最成熟的基本理论之一。线性系统理论内容丰富、思想深刻、方法多样，不仅提供了对线性控制系统进行建模、分析、综合一整套完整的理论，而且其中蕴涵着许多处理复杂问题的方法。这些方法使系统的建模、分析、综合得以简化，为系统控制理论的其他分支乃至其他学科提供了可借鉴的思路，它们是解决复杂问题的一条有效途径[15]。

线性系统理论的主要内容包括：

(1) 与系统结构有关的各种问题，例如系统结构的能控与能观性、结构分解问题和解耦问题等。

(2) 关于控制系统中反馈作用的各种问题，包括输出反馈和状态反馈对控制系统性能的影响及反馈控制系统的综合设计等问题，主要研究课题是极点配置。

(3) 状态观测器问题，研究用来重构系统状态的状态观测器的原理和设计问题。

(4) 实现问题，研究如何构造具有给定外部特性线性系统的问题，主要研究课题是最小实现问题。

(5) 几何理论，用几何观点研究线性系统的全局性问题。

(6) 代数理论，用抽象代数方法研究线性系统，把线性系统理论抽象化和符号化。

(7) 多变量频域方法，是在状态空间法基础上发展起来的频域方法，可以用来处理多变量线性系统的许多分析和综合问题，也称为现代频域方法。

(8) 时变线性系统理论，研究时变线性系统的分析、综合和各种特性。

对于大规模线性系统的工程问题，数值方法和近似方法的研究占有重要地位[15]。

5.4.2　系统辨识

在现代控制系统中，一些控制系统的数学模型难以用理论方法来建立，而是需要通过实验数据确定其数学模型和估计参数，这种控制场合都要利用辨识技术。辨识技术已经推广到工程和非工程上的许多领域，如化学化工过程、核反应堆、电力系统、航空航天飞行器、生物医学系统、环境系统、生态系统等。具体讲，辨识是根据系统的输入、输出时间函数来确定描述系统行为的数学模型。通过辨识建立数学模型的目的是估计表征系统行为的重要参数，建立一个能模仿真实系统行为的模型，用当前可测量的系统的输入和输出预测系统输出的未来演变，以及设计控制器。对系统进行分析的主要问题是根据输入时间函数和系统的特性来确定输出信号[16]。系统辨识包括两个方面：结构辨识和参数估计。在实际的辨识过程中，虽然使用的方法不同，但结构辨识和参数估计这两个方面并不是截然分开的，而是交织在一起进行的。

5.4.3　最优控制

最优控制就是在给定限制条件和性能指标下，寻找使系统性能在一定意义下为最优的控制规律。这里所说的“限制条件”是指物理上对系统所施加的一些限制，而“性能指标”是为评价系统的优劣而人为规定的标准。它是以系统在整个工作期间的性能作为一个整体而出现的，寻找控制律也就是综合出所需的控制器。在解决最优控制问题中，庞特里亚金的极大值原理和贝尔曼动态规划法是两种最重要的方法，它们以不同的形式给出了最优控制所必须满足的条件，并推出了许多定性的性质[17]。

5.4.4 自适应控制

自适应控制就是在系统的模型不确定的情况下，求解控制规律，使给定的性能指标达到且保持最优。根据这一定义可知，自适应控制就是一种特殊的最优控制。这里所谓的“模型不确定性”，是指描述被控对象及其环境的数学模型不是完全确定的，其中包含一些未知因素和随机干扰。

自适应控制系统的设计思想大体可分成两个不同的类型：一类是改变可调系统的参数，使闭环系统的零、极点分布始终合乎规定的要求，称为零、极点补偿法(或零、极点分布法)；另一类是改变可调系统的参数，使参考模型和可调系统输出之间的误差最小，这种自适应控制系统称为参考模型自适应控制系统。前一类设计方法基本上是使用了设计一般线性反馈控制系统的传统方法，后一类设计方法以 MIT 设计方法为代表。由前一类设计方法得出的自适应控制系统，需要对系统参数进行单独辨识，而在参考模型自适应控制系统中，由于自适应机构的作用原理使得模型和系统间输出误差最小，从而不需要对系统的参数做另外的辨识，这是这一类自适应控制系统的主要特征。

一个实际系统的不确定性有时主要存在于系统内部，有时又主要存在于系统外部。从系统内部来讲，被控系统的数学模型的结构和参数，对于设计者来说，事先并不一定能准确知道，而系统外部总会存在很多扰动，这些扰动通常是不可预测的。换句话说，自适应控制系统所依据的关于模型和扰动的先验知识比较少，需要在系统的运行过程中不断提取有关模型的信息和外部扰动信息，使模型逐步完善。此外，还有一些测量时产生的不确定因素也会进入系统。面对这些客观存在的多种多样的不确定性，如何设计适当的控制器，使得某种设定的性能指标达到并保持最优或者近似最优，是自适应控制所要研究解决的关键问题。

自适应控制可以依据对象的输入输出数据，不断地辨识模型参数，这个过程称为系统的在线辨识。随着控制过程的不断进行，通过在线辨识，模型会变得越来越准确，越来越接近于实际情况。因此控制系统具有一定的适应能力。

常规的反馈控制系统对于系统内部特性的变化和外部扰动的影响都具有一定的抑制能力，但是由于控制器参数是固定的，当系统内部特性变化或者外部扰动的变化幅度很大时，系统的性能常常会大幅度下降，甚至不稳定。所以对那些对象特性或扰动特性变化范围很大，同时又要求经常保持高性能指标的系统，采取自适应控制是合适的。但是同时也应当指出，自适应控制比常规反馈控制要复杂得多，成本也高得多，因此只有在用常规反馈控制达不到所期望的性能时，才会考虑采用自适应控制[18]。参考模型自适应控制的原理方框图如图 5.4 所示。

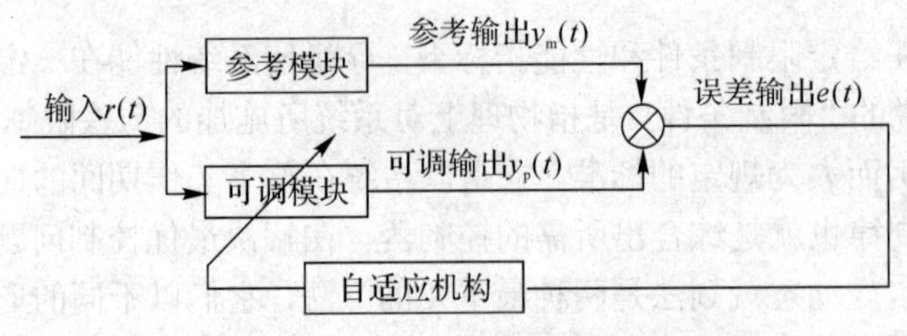

图 5.4　参考模型自适应控制的原理方框图

5.5　智能控制的基本理论与技术

5.5.1　智能控制的发展历史简介

智能控制系统是当今国内外自动化学科中一个十分活跃和具有挑战性的研究领域，是一门新兴的交叉学科。智能控制系统与人工智能、自动控制、运筹学、计算机科学、模糊数学、进化论、模式识别、信息论、仿生学和认知心理学等学科有着密切的关系，是相关学科相互结合与渗透的产物，具有广阔的应用前景，目前已广泛用于各种工业自动化领域。在现代控制系统中许多智能技术已得到了充分的运用，合理有效的智能控制方法能够确保系统的安全与稳定[19]。

1965 年，傅京孙(K.S.Fu)教授首先把人工智能的启发式推理规则用于学习控制系统；1966 年，美国门德尔(J.M.Mendel)首先主张将 AI 用于飞船控制系统的设计；1967 年，美国莱昂德斯(C.T.Leondes)等人首次正式使用“智能控制”一词。他们成为国际公认的智能控制的先行者和奠基人。傅京孙指出在低层次控制中可用常规的控制器，而在高层次的系统问题求解和决策方面，控制器应具有拟人化功能[20]。

20 世纪 70 年代关于智能控制的研究是对 20 世纪 60 年代智能控制雏形的进一步深化。1971 年，傅京孙发表了重要论文，提出了智能控制就是人工智能与自动控制的交叉的“二元论”思想，列举了三种智能控制系统：人作为控制器、人机结合作为控制器、自主机器人作为控制器。1974 年，英国的 Mamdani 教授首次成功地将模糊逻辑用于蒸汽机控制，开创了模糊控制的新方向。1977 年，Saridis 的专著出版，并于 1979 年发表了综述文章，全面地论述了从反馈控制到最优控制、随机控制及自适应控制、自组织控制、学习控制，最终向智能控制发展的过程，并提出了智能控制是人工智能、运筹学、自动控制相交叉的“三元论”思想及分级递阶的智能控制系统框架[21]。

智能控制理论发展进入 20 世纪 80 年代后，人工智能系统已经初步进入到了控制系统框架中，实现了智能控制的初步应用。1984 年，Astrom 在其论文中首次将人工智能专家系统技术纳入控制系统中，并且提出了专家控制人工智能系统的基本概念和框架内涵。1984 年，Hopfield 提出了 Hopfield 网络，Rumelhart 提出了 BP 算法，随后人工神经网络的理论与方法均应用到自动控制系统中，实现了基于人工神经网络的系统辨识和控制参数的在线整定。1989 年，在蔡自兴教授的论著中，实现了智能控制“四元论”的发展，即在三元论的基础上添加了信息技术理论。近年来，随着控制理论的进一步发展，学术界逐渐将控制理论同模糊逻辑、神经网络、遗传算法等方法与控制相结合，使得智能控制学科迈上了新台阶[22]。

单一智能控制往往无法满足一些复杂、未知或动态系统的控制要求。20 世纪 90 年代以来，特别是进入 21 世纪以来，各种智能控制方法互相融合，“取长补短”构成了众多的“复合”智能控制系统，开发综合的智能控制方法以满足现实系统提出的控制要求是一个重要的发展方向。所谓“智能复合控制”，指的是智能控制方法与其他控制方法(经典控制和现代控制)的融合、集成，也包括不同智能控制技术的集成。仅就不同智能控制技术组成的智能复合控制而言，就有模糊神经控制、神经专家控制、进化神经控制、神经学习控制、专家递阶控制和免疫神经控制等。以模糊控制为例，它能够与其他智能控制组成模糊神经控制、模糊专家控制、模糊进化控制、模糊学习控制、模糊免疫控制及模糊 PID 控制等智能复合控制[23]。控制理论的发展历程如图 5.5 所示。

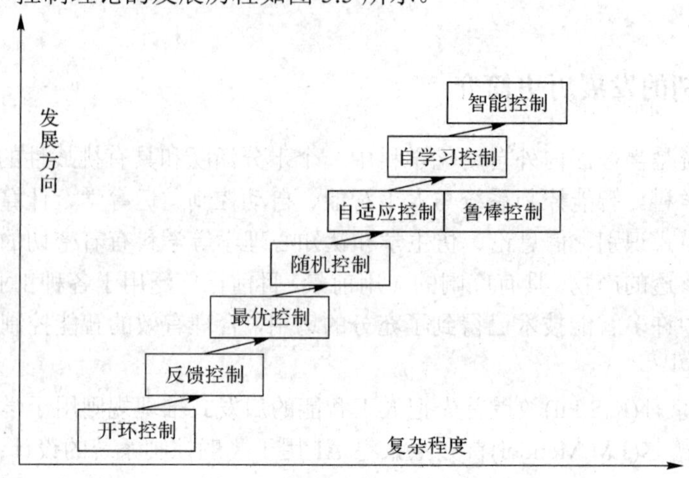

图 5.5　控制理论的发展历程

5.5.2　智能控制的基本内容

1. 专家控制

专家控制是智能控制的一个重要分支，又称为专家智能控制。专家控制的粗略定义是：将专家系统的理论和技术同控制理论的方法与技术相结合，在未知环境下，仿效专家的智能，实现对系统的控制。专家控制器建立之前，从特定领域的控制专家那里获取足够的控制知识，以及操作工人的经验知识，并对这些知识进行处理，变换成机器能够接收的语言。这些经过处理的知识送入知识库中存储，再送入推理机，推理机调用知识库中的知识(或规则)进行推理，经过推理的知识一方面存入知识库，另一方面输出到控制规则集，与控制规则集中的控制规则相匹配，进而对控制对象进行控制。控制对象的输出反馈到信息获取与处理单元，成为反馈信息，与设定值相比较后作为新信息重复以上步骤，不断检测，不断获得新信息，不断进行控制输出，实现实时性调整。一般情况下，专家控制器由信息获取与处理、知识库、推理机构和控制规则集四部分组成[24]。

专家控制系统简称专家系统，是在控制系统中引入人工智能专家系统技术，同时结合逻辑控制，将常规的 PID 控制、自适应控制、最小方差控制等不同方法结合起来，采用不同控制策略针对不同情况的控制系统。其实质是以智能方式利用控制对象和控制规律，结合控制理论技术来完成过程任务的控制。专家控制系统的基本组成如图 5.6 所示。专家控制系统的特点是：

(1) 具有透明性和灵活性，可以模拟人的思维活动规律，进行自动推理和应付各种变化。

(2) 随时监督生产过程，实现优化控制。

(3) 比传统控制增加了故障诊断和容错控制、复杂系统的高质量控制、参数和算法的自动修改及不同算法的组合等许多功能。

(4) 专家经验的不足可以通过深层知识的引入来弥补，实现自然消除决策冲突。将神经网络和专家系统技术结合起来用于控制，即获得神经网络专家控制系统[25]。

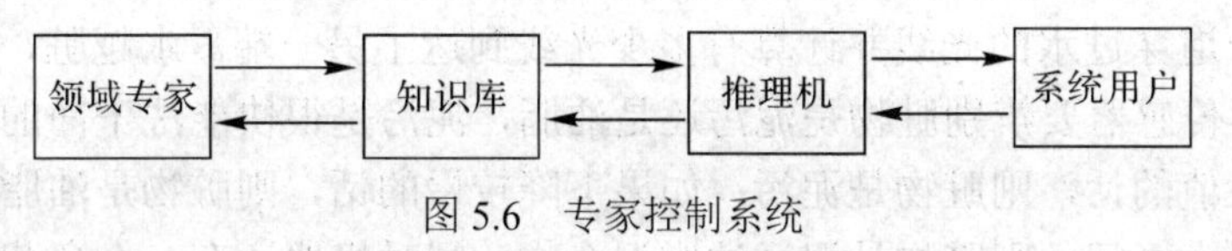

图 5.6　专家控制系统

2. 模糊控制

1) 模糊控制的理论研究

模糊控制理论全称为模糊逻辑控制理论，其目的就是利用语言分析的数学模式把各种自然语言转化成计算机控制系统能够识别的算法语言，从而起到控制被控目标的作用。模糊控制是将人们思维中许多模糊的概念用计算机模拟后通过实际算法表达出来，实现人的控制思路和经验。这样不仅使人们对可以感知但又无法具体数据化的许多操作更加清晰、准确，而且为智能控制的发展打下坚实的理论基础，积累了丰富的实际经验。模糊控制系统包含知识库、模糊推理、输入量模糊化和输出量精确化四个主要部分。模糊控制的控制流程通俗来说可理解为：知识库通过定义语言变量和建立模糊控制规则，将模糊化的输入信号通过模糊推理，确定所对应的控制逻辑方式后转化为精确值输出，从而达到控制效果[26]。

模糊控制(Fuzzy Control)是以模糊集理论、模糊语言变量和模糊逻辑推理为基础的一种智能控制方法，它从行为上模仿人的模糊推理和决策过程。该方法首先将操作人员或专家经验编成模糊规则，然后将来自传感器的实时信号模糊化，将模糊化后的信号作为模糊规则的输入，完成模糊推理，将推理后得到的输出量经解模糊化后加到执行器上。

模糊控制的基本原理如图 5.7 所示。它的核心部分为模糊控制器，如图 5.7 中虚线框中部分所示，模糊控制器的控制规律由计算机的程序实现。实现模糊控制算法的过程描述如下：微机经中断采样获取被控制量的精确值，然后将此量与给定值比较得到误差信号 e，一般选误差信号 e 作为模糊控制器的一个输入量。把误差信号 e 的精确量进行模糊化变成模糊量。误差 e 的模糊量可用相应的模糊语言表示，得到误差 e 的模糊语言集合的一个子集 E(E 是一个模糊向量)，再由子集 E 和模糊关系 R 根据推理的合成规则进行模糊决策，得到模糊控制量 u[27]。

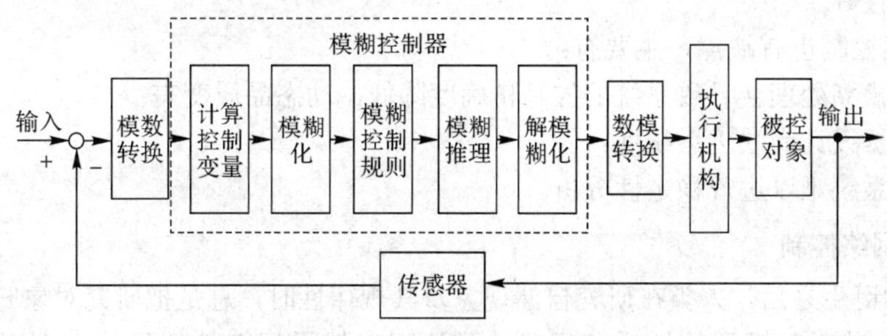

图 5.7　模糊控制的基本原理

2) 模糊控制的典型应用[28]

模糊洗衣机是第一个应用模糊控制系统的消费产品，它是由日本松下电子工业公司于1990 年前后生产的。该洗衣机根据污物的种类、数量及机器负载量，运用模糊控制系统来自动设定正确的洗衣周期。具体地讲，它所用的模糊控制系统是一个三维输入、一维输出的模糊控制系统，系统的三个输入变量是衣物脏度、脏物的类型和负载量，输出变量是正确的洗衣周期。该洗衣机通过传感器将三个输入变量输入到模糊控制系统中。首先，光学传感器会射出一道穿过水的光线并计算有多少光线到达了另一端。水越脏，到达的光线越少。然后，光学传感器要辨别脏物是泥污还是油脂，泥污是很快能洗干净的。如果光的读数快速到达最小值的话，则脏物是泥污；如果下降较慢的话，则脏物是油脂；如果曲线斜率介于上述两斜率之间，则脏物是泥污油脂混合物。同时机器还有一个负载传感器，它能感知衣物的重量。很明显，衣物量越大，所需的洗衣时间也就越长。

任何使用过便携式摄像机的人都知道，人很难在拿着摄像机时手不发生轻微晃动。消除这种图像晃动，将会诞生极具流行商业价值的新一代摄像机。松下开发了一种叫作数字图像稳定器(Digital Image Stabilizer)的产品，它以模糊控制系统为基础，当手晃动时会让画面保持稳定。

一辆汽车是许多系统的集合体，如发动机、传动杆、刹车、离合器、方向盘等，而模糊控制系统则几乎可以被应用到所有这些系统中去。例如，尼桑(Nissan)曾经根据如下的观察发明了一个模糊自动化传动杆，它可以节约12%～17%的燃料。一般的传动杆只要汽车超过了某一速度就要换挡，所以它换挡频繁且每次换挡都要耗费汽油。而司机不仅要考虑不能频繁换挡，而且还要考虑一些非速度因素。例如在加速爬坡时，他们可能会延迟换挡。尼桑的模糊自动化传动杆装置把这些启发式规则总结到模糊 IF-THEN 规则库中，并用它构造了一个能够指导换挡的模糊控制系统。

3) 模糊控制的优缺点

对于一个熟练的操作人员，可以凭丰富的实践经验对系统进行控制，但这往往不是最科学、最合理的控制方式。科学工作者提出的模糊控制理论和传统控制理论相比，具有以下五个方面的优点：

(1) 不需要知道被控对象的数学模型；

(2) 模糊控制是一种反映人类智慧的智能控制；

(3) 容易被人们所接受；

(4) 构造容易；

(5) 鲁棒性好。

当然模糊控制也有缺点，主要有：

(1) 信息模糊处理会导致系统的控制精确度降低，动态品质变差；

(2) 控制器设计尚缺乏系统性；

(3) 被控系统难以进行稳定性分析。

3. 神经网络控制

近代科学诞生之后，人类在研究自然现象及其规律性时，总是把研究对象归结为一个数学模型，通过研究模型的性质和规律达到认识自然界规律性的目的。人工神经网络(Artificial Neural Networks，ANN)模型就是一种基于生理学的智能仿生模型，它体现了当代几种著名科学理论，诸如计算神经理论、耗散结构理论及分形、混沌理论的基本精神。它的突出特点是超高维和强非线性，具有自组织、自适应和自学习能力，以及非局域性、非定常性和非凸性(指系统的能量函数有多个极值，即系统有多个稳定的平衡态)等特点。人工神经网络模型的出现及其理论的发展，开创了一个全新的科学模型化的新范例，对计算机科学与技术及其他相关科学的发展产生了持久而深远的影响。为了便于读者理解人工神经网络控制的基本原理，先简要介绍单个神经元的基本结构和功能[29]。

1943 年，生理学家 W.S.McCulloch 和数学家 W.Pitts 以简化的生物神经元为基础，提出了第一个人工神经元模型(简称为 M-P 模型)，如图 5.8 所示。

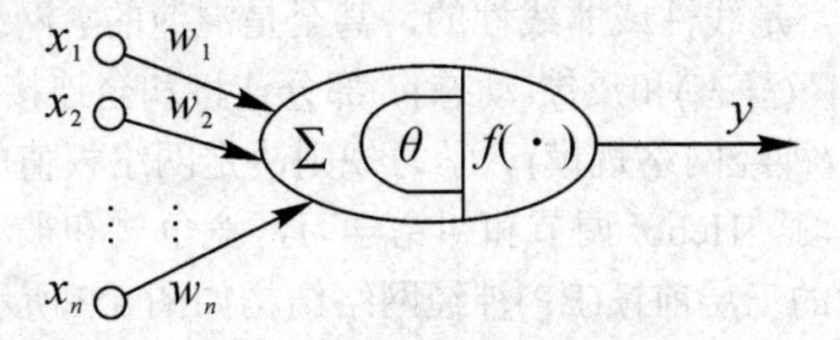

图 5.8　单个神经元模型结构

图 5.8 中，$x_i(i=1, 2, \cdots, n)$为神经元的输入信号；w_i为相应的连接权系数，它是表示输入 x_i 的传递强度的一个比例系数；$\sum$表示对所有输入信号加权求和；θ 表示神经元的阈值；$f(\bullet)$表示神经元的激活函数。该模型的数学表达式为

$$s=\sum_{i=1}^{n} w_i x_i-\theta_i \tag{5.1}$$

$$y=f(s) \tag{5.2}$$

神经网络的激活函数是一个重要的概念。不同的激活函数，就会形成不同的网络，从而具有不同的性能。常用的激活函数有：

(1) 阈值函数：

$$f(s)=\begin{cases}1, s \geqslant 0\\ 0, s<0\end{cases} \tag{5.3}$$

(2) 线性函数：

$$f(s)=s \tag{5.4}$$

(3) 非线性函数，常用的非线性函数有 Sigmoid 函数、径向基函数、双曲函数和小波函数。

① Sigmoid 函数(S 型函数)：

$$f(s)=\frac{1}{1+\mathrm{e}^{-s}} \tag{5.5}$$

② 径向基函数(RBF)，最常用的径向基函数是高斯函数：

$$f(s)=\mathrm{e}^{-s}\,\frac{2}{2\beta^2} \tag{5.6}$$

总体而言，M-P 神经元模型是对生物神经元进行相当程度的简化而得出的。当模型的响应函数取阶跃函数时，输入输出取值为 0 或 1。1 代表神经元的兴奋状态，0 代表神经元的抑制状态。即便如此，M-P 模型仍具有计算能力。选择适当的权值 w_i 和阈值 θ_i 可以进行基本的逻辑 AND、OR 和 NOT 运算。若考虑到单元的延时性质，M-P 模型可以组合成时序数字电路。

人工神经网络模型是由类似上述简单神经元组成的广泛并行互联网络，能够模拟生物神经系统对真实世界物体所做出的交互式反应。人工神经网络以并行机制处理数据信息，大多具有自适应、自学习、自组织的能力，信息分布存储在各神经元中，具有较强的容错性和鲁棒性。神经网络模型迄今为止已经有大约100余种，大多都是反映人脑的某方面特性。一个基本的人工神经网络包括神经元、网络拓扑结构、权值学习规则三部分。神经元相当于一个信息传递函数，是线性或非线性的，甚至是混沌的。网络拓扑结构则主要包括神经元的连接方式，如前馈(静态)和反馈(动态)、部分连接和全连接、单层和多层，以及各连接方式下神经元的数目(神经网络规模)。学习规则决定网络权值的修正和进化方式，包括监督、无监督和激励学习，Hebb 调节和纠错学习，竞争式和被动式学习，确定式和随机式学习等[29]。一个典型的三层前馈(BP)神经网络结构如图5.9所示。

BP 网络的学习由四个过程组成：第一个过程是输入模式由输入层经中间层向输出层顺序传播。当模式传到每个隐层的节点上时，首先经过激活函数(如 Sigmoid 函数)变换后，再作为输出信号传到下一层，最后传播到输出节点。第二个过程是网络的期望输出与网络的实际输出之差的误差信号由输出层经中间层向输入层逐层修正连接权的“误差逆传播”过程。第三个过程是模式顺传播与误差逆传播的过程反复交替进行的网络“记忆训练过程”。第四个过程是网络趋向收敛，即网络的全局误差趋向极小值的学习收敛过程。

通过调整 BP 神经网络的规模(输入节点数 n、输出节点数 m、隐层层数和隐层节点数)及网络中的连接权值，就可以实现非线性分类等问题，并且可以以任意精度逼近任何非线性函数。这种前馈 BP 神经网络的权值学习算法一般采用误差反向传播算法(EBP)。

多层前馈网络的误差反向传播算法(EBP)最早由 Werbos 在 1974 年提出，1986 年 Rumelhart 和 McClelland 发展了多层网络的“递推”(或称“反传”)学习算法。该算法主要分为两个基本过程，即模式从输入层通过隐层逐层向输出层传播，误差从输出层经隐层逐层向后传播。网络通过多层误差修正梯度下降法离线学习，按离散时间方式进行，这一过程是通过使代价函数最小化过程来完成的。通常代价函数定义为所有的输入模式对应的期望输出与实际输出的误差平方和。当然，代价函数也可取其他形式。下面结合图5.9介绍误差反向传播学习算法。

如图5.9所示的三层 BP 网络，设输入模式向量 $\boldsymbol{X}_k=(x_1^k,x_2^k,\cdots,x_i^k,\cdots,x_n^k)$，期望输出向量 $\boldsymbol{D}_k=(d_1^k,d_2^k,\cdots,d_t^k,\cdots,d_p^k)$；中间隐层单元的输入向量 $\boldsymbol{S}_k=(S_1^k,S_2^k,\cdots,S_i^k,\cdots,S_p^k)$，输出向量 $\boldsymbol{B}_k=(b_1^k,b_2^k,\cdots,b_t^k,\cdots,b_p^k)$；输出层单元的输入向量 $\boldsymbol{C}_k=(c_1^k,c_2^k,\cdots,c_t^k,\cdots,c_q^k)$；输出向量 $\boldsymbol{Y}_k=(y_1^k,y_2^k,\cdots,y_t^k,\cdots,y_q^k)$。输入层至隐层的连接权为 $\{w_{ij}\}$，$i=1, 2, \cdots, n$；$j=1, 2, \cdots, p$。隐层至输出层的连接权为 $\{v_{jt}\}$，$j=1, 2, \cdots, p$；$t=1,2,\cdots,q$。中间各层单元阈值为 $\{\theta_j\}$，$j=1, 2, \cdots, p$。输出层各单元阈值为 $\{r_t\}$，$t=1, 2, \cdots, q$。输入模式向量有 m 个，即 $k=1, 2, \cdots, m$，设 E_k 为给网络提供模式对($\boldsymbol{X}_k$, $\boldsymbol{D}_k$)时输出层上的代价函数，因而整个模式训练集上的全局代价函数为

$$E=\sum_{k=1}^{m}E_k \tag{5.7}$$

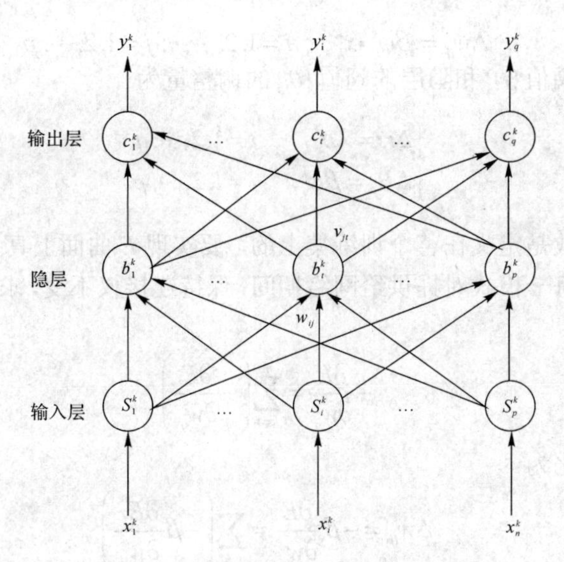

图 5.9　三层前馈 BP 神经网络结构图

对于第 k 个输入模式，E_k 定义为

$$E_k = \sum_{t=1}^{q} \frac{(d_t^k - y_t^k)^2}{2} \tag{5.8}$$

寻求代价函数的极小值有两种基本方法，即逐个处理和成批处理。对于逐个处理，随机输入一个样本，每输入一个样本都进行连接权的调整；对于成批处理，当所有的样本输入后计算其总误差，然后用式(5.7)进行连接权的调整。下面讨论逐个处理方法。在 EBP 算法中，神经元的激活函数 $f(x)$应为可微函数，一般取 S 型函数，这种函数的特点是其导数可用 S 型函数的自身来表示，如式(5.9)和式(5.10)所示。

$$f(x) = \frac{1}{1+\mathrm{e}^{-x}} \tag{5.9}$$

$$f'(x) = f(x)[1 - f(x)] \tag{5.10}$$

利用高等数学中有关求偏导数的知识，E_k 随连接权的修正按梯度下降法进行修正。通过一系列理论推导，得到图 5.9 所示前馈 BP 神经网络的权值和阈值的学习公式分别如式(5.11)～式(5.14)所示。详见参考文献[29]。

$$\Delta v_{jt} = -\lambda[\frac{\partial E_k}{\partial v_{jt}}] = \lambda \delta_t^k y_t^k (1 - y_t^k) b_j^k = \lambda \rho_t^k b_j^k \qquad t=1, 2, \cdots, q;\ j=1, 2, \cdots, p \tag{5.11}$$

式中，ρ_t^k 表示误差函数。同理，对于输入层到隐层连接权$\{w_{ij}\}$的修改，仍按梯度下降法进行，从而可得

$$\Delta w_{ij} = -\beta \frac{\partial E_k}{\partial w_{ij}} = \beta \left[\sum_{t=1}^{q} \rho_t^k v_{jt} \right] \cdot b_j^k (1 - b_j^k) \cdot x_i^k$$

令 $\varphi_j^k = \left[\sum_{t=1}^{q} \rho_t^k v_{jt} \right] \cdot b_j^k (1 - b_j^k)$ 得

$$\Delta w_{ij} = \beta\varphi_i^k \cdot x_i^k, \quad i = 1,2,\cdots,n; j = 1,2,\cdots,p \tag{5.12}$$

同理，输出层的阈值$\{r_t\}$和隐层的阈值$\{\theta_j\}$的调整量为

$$\begin{cases} \Delta r_t = \lambda\rho_t^k, & t = 1,2,\cdots,q \\ \Delta\theta_j = \beta\varphi_j^k, & j = 1,2,\cdots,p \end{cases} \tag{5.13}$$

由于全局代价函数是定义在整个训练集上的，要实现 E 曲面上真正的梯度下降，需要在整个模式训练集中每一模式对提供给网络期间，保持连接权不变，求出 E 对连接权$\{w_{ij}\}$、$\{v_{jt}\}$的负梯度，即

$$-\frac{\partial E}{\partial w_{ij}} = \sum_{k=1}^{m}\left(-\frac{\partial E}{\partial w_{ij}}\right)$$

此时，连接权变化为

$$\Delta w_{ij} = -\beta\frac{\partial E}{\partial w_{ij}} = \sum_{k=1}^{m}\left(-\beta\frac{\partial E_k}{\partial w_{ij}}\right)$$

和

$$\Delta v_{jt} = -\lambda\frac{\partial E}{\partial v_{jt}} = \sum_{k=1}^{m}\left(-\lambda\frac{\partial E_k}{\partial v_{jt}}\right) \tag{5.14}$$

上述权值调整方法属于批处理方法，也称为累积误差逆传播算法。而按式(5.11)和式(5.12)的权值调整法称为标准误差传播算法。从实际训练的结果看，当学习模式集合不太大时，累积误差逆传播算法比标准误差传播算法收敛速度要快一些，但累积误差逆传播算法的收敛速度波动大，而且当学习参数 λ、β 取较小值时，标准误差传播算法能较好地收敛，当学习参数 λ、β 取较大值时，累积误差逆传播算法能较好地收敛。然而，实际上往往是每给网络提供一个模式对，都需要计算权值和单元阈值的调整量，并对权值和阈值进行相应的调整。虽然这种算法的梯度下降偏离了 E 上真正的梯度下降，但当学习参数 λ、β 足够小时，这种偏离是可以忽略的。

人工神经网络由于其独特的仿生结构模型和固有的非线性映射能力，以及高度的自适应、容错特性和并行处理等突出特征，在智能控制领域中获得了广泛的应用。例如利用神经网络技术，可以实现机器人的摄像机控制、火控装置等武器系统的控制、飞机的智能控制、机器人控制等。神经网络监督控制、神经网络直接自适应控制和神经网络模型参考自适应控制(MRAC)原理分别如图 5.10～图 5.12 所示[29]。

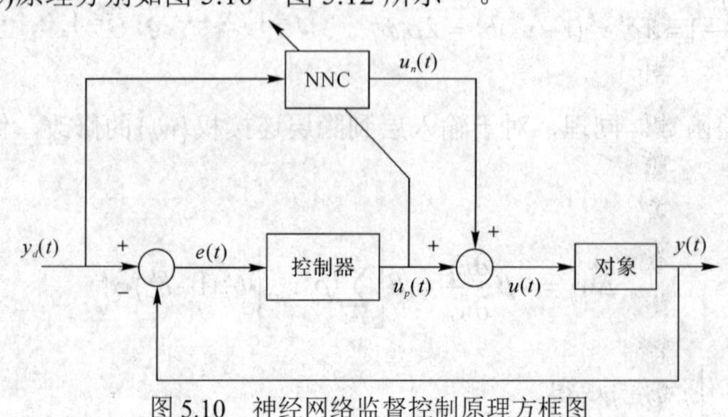

图 5.10　神经网络监督控制原理方框图

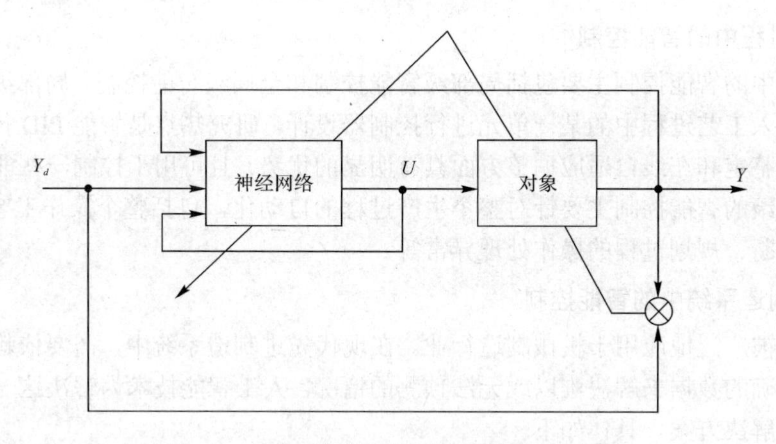

图 5.11　神经网络直接自适应控制原理方框图

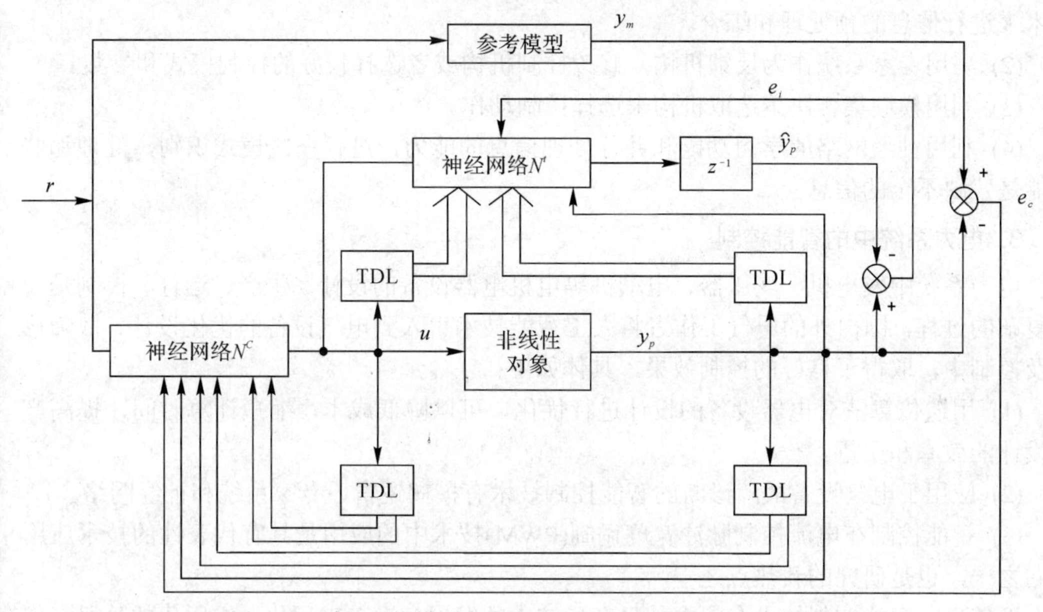

图 5.12　神经网络模型参考自适应控制(MRAC)原理方框图

4. 集成智能控制

各种智能方法都具有自身明显的优势和特点，但同时也存在一定的局限性。近年来，人们普遍认为：基于知识和经验的专家系统、基于模糊逻辑推理的模糊控制、基于人工神经网络的神经网络控制方法的交叉与融合，相互取长补短、优势互补，有机结合是当今智能控制的研究热点之一。近年来，集成智能控制方法及其在控制中的应用的研究非常活跃，取得了令人振奋的成果，并形成了模糊神经网络控制、专家模糊控制等多个方向。目前集成智能控制还处于初级研究阶段，由于各种智能控制方法本身的理论还不完善，客观上制约了集成智能控制理论的发展[30]。

5.5.3　智能控制的主要应用领域

智能控制的具体应用主要表现在以下几个方面[31]：

1. 生产过程中的智能控制

生产过程中的智能控制主要包括局部级智能控制和全局级智能控制。局部级智能控制是指将智能引入工艺过程中的某一单元进行控制器设计。研究热点是智能 PID 控制器，因为其在参数的整定和在线自适应调整方面具有明显的优势，且可用于控制一些非线性的复杂对象。全局级的智能控制主要针对整个生产过程的自动化，包括整个操作工艺的控制、过程的故障诊断、规划过程的操作处理异常等。

2. 先进制造系统中的智能控制

智能控制被广泛地应用于机械制造行业。在现代先进制造系统中，需要依赖那些不够完备和不够精确的数据来解决难以或无法预测的情况，人工智能技术为解决这一难题提供了一些有效的解决方案。具体如下：

(1) 利用模糊数学、神经网络的方法对制造过程进行动态环境建模，利用传感器融合技术来进行信息的预处理和综合。

(2) 采用专家系统作为反馈机构，修改控制机构或者选择较好的控制模式和参数。

(3) 利用模糊集合决策选取机构来选择控制动作。

(4) 利用神经网络的学习功能和并行处理信息的能力，进行在线模式识别，处理那些可能是残缺不全的信息。

3. 电力系统中的智能控制

电力系统中发电机、变压器、电动机等电机电器设备的设计、生产、运行、控制是一个复杂的过程，国内外的电气工作者将人工智能技术引入到电气设备的优化设计、故障诊断及控制中，取得了良好的控制效果。具体如下：

(1) 用遗传算法对电器设备的设计进行优化，可以降低成本，缩短计算时间，提高产品设计的效率和质量。

(2) 应用于电气设备故障诊断的智能控制技术有模糊逻辑、专家系统和神经网络。

(3) 智能控制在电流控制脉冲宽度调制(PWM)技术中的应用是具有代表性的技术应用方向之一，也是研究的新热点之一。

近年来，智能控制技术在国内外已有了较大的发展，进入工程化、实用化的阶段。作为一门新兴的理论技术，它还处在一个发展时期。随着人工智能技术、计算机技术的迅速发展，智能控制必将迎来它的发展新时期。

5.6 智能控制的典型应用

5.6.1 无人驾驶

1. 无人驾驶车辆控制技术简介

汽车在提高人们生活水平的同时，也带来了能源、环境、安全、拥堵等日益严重的社会问题。2018 年全国发生交通事故 244937 起，死亡人数为 63194 人；造成直接财产损失为 138455.9 万元。同年，世界汽车保有量第三的日本交通事故死亡人数为 3532 人，我国交通事故死亡人数是日本的17.9倍。2019年中国车用燃油消耗达到7000万吨，相当于全年石油消费量的1/3，原油对外依存度为46%。

根据中国交通部发布的数据显示，静态交通问题带来的经济损失已占城市人口可支配收入的20%，相当于GDP损失5%～8%，达到千亿人民币。15座大城市市民每天上班比欧洲发达国家多消耗28.8亿分钟，“时走时停”的交通导致原油消耗占中国总消耗量的20%以上。由停车引发的交通事故、社会安全损失更是难以计数。为此，各国政府与汽车厂商在交通领域相继提出了“零排放(低碳)”“零死亡”与“零拥堵”等全新概念与终极目标。

随着人工智能、互联网技术、通信技术、计算机技术的飞速发展，以电动化、智能化及网联化为基础的智能汽车成为解决上述问题的有效途径。有数据显示：2025年，全球智能汽车潜在经济影响为0.2万亿美元～1.9万亿美元。《国家中长期科技发展规划纲要(2006—2020年)》中明确提出将包括汽车智能技术在内的综合交通运输信息平台列为我国中长期科技发展的国家战略，这也是我国新一届政府“互联网+”行动计划的重要组成部分。汽车信息化和智能化技术关联性广，商业化应用除车辆本身外，覆盖道路和交通管理、相关交通参与者、通信和信息服务、互联网产业等，是复杂的系统工程[32]。

无人驾驶汽车即自动驾驶智能汽车，就是在没有人类参与的情况下，依靠车内的计算机系统，通过智能驾驶仪来实现无人驾驶功能的。无人驾驶汽车是利用智能软硬件和车载传感器来感知车辆周围环境，并根据感知所获得的道路、车辆位置和障碍物信息，随即作出判断，控制车辆的转向和速度，从而使车辆能够安全、可靠地在道路上行驶。无人驾驶汽车技术以全新的驾驶方式改变了传统的驾驶体验，不仅大大提升交通系统的效率和安全性能，还将使人们告别长途的无聊驾驶，进而保障了人身安全[33]。

2014年，美国国际汽车工程师学会(Society of Automotive Engineers，SAE)制订了一套自动驾驶汽车分级标准。2016年9月，美国正式颁布自动驾驶汽车联邦政策，其中确立采用美国汽车工程师学会的定义作为评定汽车自动驾驶水平的标准，从最低到最高为L0到L5六个层级。以下为自动驾驶水平的专业分级定义[34]：

· 0级：人工驾驶，即无自动驾驶。由人类驾驶员全权操控汽车，可以得到警告或干预系统的辅助。

· 1级：辅助驾驶，通过驾驶环境对方向盘和加减速中的一项操作提供驾驶支持，其他的驾驶动作都由人类驾驶员进行操作。

· 2级：半自动驾驶，通过驾驶环境对方向盘和加减速中的多项操作提供驾驶支持，其他的驾驶动作都由人类驾驶员进行操作。

· 3级：高度自动驾驶，或者称有条件自动驾驶，由自动驾驶系统完成所有的驾驶操作。根据系统要求，人类驾驶者需要在适当的时候提供应答。

· 4级：超高度自动驾驶，由自动驾驶系统完成所有的驾驶操作。根据系统要求，人类驾驶者不一定需要对所有的系统请求做出应答，包括限定道路和环境条件等。

· 5级：全自动驾驶，在所有人类驾驶者可以应付的道路和环境条件下，均可以由自动驾驶系统自主完成所有的驾驶操作。

智能驾驶技术体系从架构上可分为线控车辆平台、硬件开发平台、软件开发平台以及云端服务平台四个模块。线控车辆平台是实现智能驾驶的底层支撑技术，可实现线控转向、线控油门和线控制动等线控功能。硬件开发平台主要包括车载计算单元、GPS、人机交互硬件以及包括摄像头、激光雷达、毫米波雷达、超声波雷达在内的各类车规级传感器。其中，传感器是智能驾驶技术所需的核心感知器件，主要包括定位传感器、雷达传感器、听觉传感器、视觉传感器以及姿态传感器五类。不同传感器收集各类道路交通信息，经过后续算法提取、处理与融合，形成完整的周边环境图，为系统决策提供基础依据。软件开发平台主要包括实时操作系统、开发框架、高精度定位、感知、决策等关键环节。实时操作系统是汽车电子软件的重要组成部分，可以实现分层化、平台化和模块化，提高开发效率的同时降低开发成本。

此外，计算机视觉、多传感器的信息感知融合、决策规划(包括路径规划，运动障碍物预测，车辆转向、油门、刹车等操作的控制)需要深度学习的深度参与，TensorFlow、Caffe等深度学习框架也为智能驾驶提供了落地机会。云服务平台主要包括高精地图、数据平台、仿真平台等环节。高精地图是实现无人驾驶汽车高精度定位、路径导航、路径规划的基础。仿真平台通过海量实际路况及自动驾驶场景数据，促进自动驾驶系统的快速迭代。数据平台包括传感器数据、车辆行驶数据等。基于云平台的智能驾驶技术与基于机器学习的智能驾驶技术， GPS 定位、高精地图等技术有机融合，使车辆与云平台进行信息交互，便于人们掌握全局交通信息，可以使道路交通的效率和安全性大幅度提高[35]。自动驾驶技术示意图如图 5.13 所示。

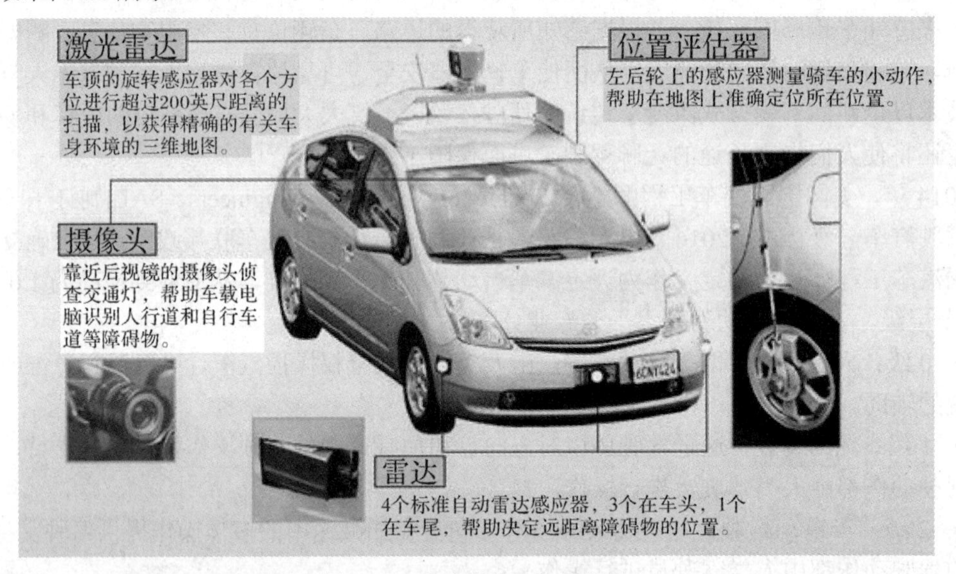

图 5.13　自动驾驶技术示意图

2. 无人驾驶汽车的发展历史与现状

20 世纪 70 年代初，许多发达国家(如美国、英国、德国等)开始研究无人驾驶汽车。经过长时间的发展，无人驾驶汽车在可行性和实用化方面都取得了突破性的进展。1995 年，美国卡纳基梅隆大学研制的无人驾驶汽车 Navllab-V，完成了横穿美国东西部的无人驾驶实验。2005 年，在美国国防部组织的“大挑战”比赛中，由美国斯坦福大学改造的无人驾驶汽车，经过沙漠、隧道、泥泞的河床以及崎岖陡峭的山道最终获得成功。近年来由于谷歌、特斯拉、奔驰、宝马等纷纷加入无人驾驶汽车的研究，无人驾驶汽车技术有了突飞猛进的发展。作为当前无人驾驶汽车的领跑者，谷歌的终极(Google X)实验室从 2007 年初就开始筹备无人驾驶汽车的各项研究工作，并于 2010 年正式宣布相关工作的进展。2012 年 5 月，美国内华达州的机动车驾驶管理处为谷歌的无人驾驶汽车颁发了美国首例无人驾驶汽车的路测许可。2015 年 6 月，两辆谷歌无人驾驶原型车开始上路测试，如图 5.14 所示。为了完成对车子在 X，Y，Z 这三个方向上的数据测量(加速度等)，谷歌公司在汽车底部安装了一个动力系统，利用 GPS 技术对过往的其他车辆位置进行确认，最后利用智能算法对车辆下一步的行动进行预测。截至 2016 年 8 月，谷歌共有 58 辆无人驾驶汽车，这些车在加州、内华达州、德州、山景城、菲尼克斯和奥斯汀等允许自动驾驶汽车路测的地区进行实际路测。据 Google 发布的自动驾驶项目月报显示，截至 2016 年 8 月 30 日，累计行驶距离已经超过约 2.9×10^6 km，平均每周 1.5×10^4 mi～1.7×10^4 mi(1 mi = 1.6093 km)[36]。

图 5.14　谷歌无人驾驶汽车

我国在自动驾驶领域的研究起步于 20 世纪 80 年代。1980 年遥控驾驶的防核化侦察车由国家立项，1989 年我国首辆智能小车在国防科技大学研制成功，1992 年国防科技大学、北京理工大学等高校研制成功我国第一辆真正意义上能够自主行驶的测试样车(ATB-1)。进入 21 世纪，国家“863 计划”开始对自动驾驶技术研究给予更多支持。2000 年国防科技大学宣布其第 4 代自动驾驶汽车试验成功。2003 年国防科技大学和一汽共同合作研发成功了一辆自动驾驶汽车——红旗 CA7460，该汽车能够根据车辆前方路况自动变道，2006 年研制成功新一代红旗 HQ3 自动驾驶轿车。2005 年我国首辆城市自动驾驶汽车由上海交通大学研制成功。2011 年国防科技大学和一汽研制的 HQ3 首次完成了从长沙到武汉的高速全程无人驾驶试验，自动驾驶的平均速度达到 87 km · h^{-1}，全程距离为 286 km。2012 年 11 月军事交通学院研制的无人驾驶汽车完成了高速公路测试，是第一辆得到了我国官方认证的无人驾驶汽车，并获得中国智能车未来挑战赛 2015 年度和 2016 年度冠军。

2015 年 12 月 IT 企业百度的无人驾驶汽车完成北京开放高速路的自动驾驶测试，意味着无人驾驶技术从科研开始落地到产品。2016 年 9 月百度宣布获得美国加州政府颁发的全球第 15 张无人驾驶汽车上路测试牌照，2017 年 4 月 17 日百度展示了与博世合作开发的高速公路辅助功能增强版演示车。2017 年我国把基于无人驾驶技术的智能网联汽车列入“汽车产业中长期发展规划”，成为我国汽车产业转型发展又一个战略目标。2018 年，我国无人驾驶技术的总体水平与国外先进水平还存在一定的差距，主要关键技术(感知融合、路径规划、控制与决策技术等)仍处于完善阶段，关键技术发展的局限性制约了无人驾驶系统在不同环境下的自主驾驶能力，导致无人驾驶系统的行为表现有时存在较大的反差[37]。

据中商产业研究院发布的《2020—2025 年中国无人驾驶汽车行业市场前景调查及投融资战略研究报告》显示，2016 年全球无人驾驶汽车规模约达 40 亿美元，市场发展空间还很大；到 2021 年，预计全球无人驾驶汽车市场规模将达 70.3 亿美元。据预测，无人驾驶汽车的全球市场份额需要花 15 年～20 年时间达到 25%，带有公路和交通堵塞自动驾驶功能的汽车将率先上路应用；到 2022 年，带有城市自动驾驶模式汽车上路；2025 年之后，完全无人驾驶汽车才会大量出现。预测数据显示，到 2035 年全球无人驾驶汽车销量将达 2100 万辆。庞大的汽车销量和消费者对科技的需求，使中国有望成为最大的无人驾驶汽车市场。

智能驾驶发展分阶段规划，市场占有率对应提高。2016 年中国汽车工程协会正式对外发布了无人驾驶领域技术标准——《节能与新能源汽车技术路线图》。路线图中制定了我国无人驾驶汽车未来发展的三个五年阶段需要达成的目标，2020 年是起步期也是关键期，汽车产业规模需达 3000 万辆，驾驶辅助或部分自动驾驶车辆市场占有率将达到 50%；2025 年高度无人驾驶车辆市场占有率需达到约 15%；到 2030 年，中国将力争实现拥有完全无人驾驶车辆规模 3800 万辆，市场占有率接近 10%。

根据波士顿咨询公司(Boston Consulting Group，BCG)预测，到 2025 年或 2030 年全球部分自动驾驶系统渗透率将达到 12.4%或 15.0%，全自动驾驶系统渗透率将达到 0.5%或 9.8%。

3. 无人驾驶面临的问题和挑战

智能汽车的无人驾驶将会引发交通管理制度的改变。也许只有无人驾驶汽车，才能打破现有制度，建立更加智慧的交通管理制度。但就现阶段来讲，智能汽车的无人驾驶技术的研发还只是冰山一角，存在重大挑战[38]，主要表现在下面几个方面：

① 对车辆制造商及软件提供商的责任界定；

② 将现有车辆从非自动化转为自动化所需的时间；

③ 个人对汽车失去控制的抵抗力；

④ 用于无人驾驶汽车的法律框架的实施与政府规章的制定；

⑤ 缺乏经验的司机碰到需要手动驾驶的复杂情况；

⑥ 失去驾驶相关的工作；

⑦ 来自预感会失业的职业司机和相关组织的抵抗；

⑧ 通过 V2V (车车)与 V2I(车辆到基础设施)协议间的共享信息带来的隐私问题；

⑨ 无人驾驶汽车可能装载炸药并用作炸弹的安全性问题；

⑩ 无人驾驶车辆在不可避免碰撞过程中如何选择所面临的伦理问题；

⑪ 目前的警察和其他行人手势及非语言提示不适应自动驾驶；

⑫ 软件可靠性；

⑬ 行车电脑可能会受到损害，汽车之间的通信系统也可能遭受损害，如通过破坏摄像机传感器、GPS 干扰器等手段来实现；

⑭ 汽车导航系统对不同类型天气的敏感度；

⑮ 无人驾驶汽车可能需要非常高质量的专用地图才能合理地运行，在这些地图尚未

更新时，无人驾驶汽车需要恢复到合理的行为；

⑯ 为汽车通信所需的无线电频谱的竞争；

⑰ 道路基础设施与无人驾驶汽车功能的相互优化等。

无人驾驶无疑是科技创新与发展的结果，它必将给我们的生活带来无限便利，能够有效避免长时间疲惫驾驶，人们再也不用为考取驾驶资格证而担忧。在未来老龄化的世界里，无人驾驶系统能够成为一种便利的公共设施服务系统。但是，无人驾驶会失去很多驾驶乐趣。另外，由无思想的计算机所做出的智能决定并非完全可信，它只是对获取的环境信息的计算，以保护车内驾驶者安全为首要任务。在紧急情况下由计算机做出的决定在有主观意识的人看来，并非合理。无人驾驶技术的发展将对多个领域造成冲击，无人驾驶即将成为“科技改变世界”的“钥匙”。如果无人驾驶汽车拥有移动通信功能，可以像移动联网的大型计算机一样随时接收和发送数据，那么配合全球导航卫星系统(Global Navigation Satellite System，GNSS)实现即时通信和收发信息，将会对大数据时代重新定义，也将对现在的计算机水平提出更高的要求，甚至金融业、通信业、能源、电力、交通事业，乃至构成社会制度的社会规范及产业结构也都会受到重大的影响[39]。

目前智能驾驶领域相关技术不断取得突破，与之相关的国家政策法规也在向支持行业发展的方向持续推进。单车智能化和智能网联是实现无人驾驶的两条路径。单车智能化，即车辆本身通过感知、传递、分析、决策与控制来对环境进行反应，完成自主驾驶。以谷歌无人车和特斯拉为代表，目前正在多地开展测试。虽然积累了大量的测试里程，但仍然会出现各种事故，安全性难以保证，系统可靠性较差，智能化程度距离商业化落地仍然有很长的路程。智能网联，即通过智能和互联技术提供车辆周围及前方路况信息而保持车和车之间、车和环境之间、车和人之间的互联互通，从而实现车辆的无人驾驶。目前我国智能网联汽车产业仍处于萌芽期，需要国家设计顶层发展战略，并按智能网联汽车发展的轻重缓急程度，分阶段推出相关法规政策。行业内主流汽车企业、互联网企业、信息企业、科研院所及其他机构也正在共同参与技术推进的协同与创新，软硬件设施在逐步完善，但测试与评价体系仍然处于研究阶段，行业内尚未有统一的标准来遵循。综上所述，不管是单车智能的路线，还是智能网联的路线，目前智能驾驶行业面临的最大痛点就是针对智能驾驶的测试方法与评价方法[40]。

4. 人工智能在无人驾驶中的应用

在机器学习、大数据和人工智能技术大规模崛起之前，自动驾驶系统和其他的机器人系统类似，整体解决方案基本依赖于传统的优化技术。随着人工智能和机器学习在计算机视觉、自然语言处理以及智能决策领域获得重大突破，学术和工业界也逐步开始在无人驾驶汽车系统的各个模块中进行基于人工智能和机器学习的探索，目前已取得部分成果。而无人驾驶系统作为代替人类驾驶的解决方案，其设计思路和解决方法背后都蕴含了很多对人类驾驶习惯和行为的理解。现在，无人驾驶已经成为人工智能最具前景的应用之一[41]。

人工智能的深度学习被应用于无人驾驶中。深度学习是一种机器学习的算法，它模拟人类的神经网络来对数据进行处理。常见的深度学习网络有深度信念网络(Deep Belief Network，DBN)、卷积神经网络(Convolution Neural Network，CNN)、递归神经网络(Recurrent Neural Network，RNN)等，这些网络与相应算法在自动驾驶系统中起着非常重要的作用，可用来对周围环境的视觉、听觉信息进行识别和处理。这些人工智能算法应用后，可以使无人驾驶系统对行驶时发生的各种状况作出及时反应，并且能适用于各种路况，从而做到轻松、安全出行[42]。基于人工智能的无人驾驶车辆示意图如图 5.15 所示。

图 5.15　基于人工智能的无人驾驶车辆示意图

5.6.2　无人机集群

1. 无人机集群控制的起源与发展

集群化是无人机发展的趋势[43]。无人机集群技术源于军事需求，美军基于网络中心战思想提出无人机集群作战，旨在借鉴自然界的自组织机制，使具备有限自主能力的多架无人机在没有集中指挥控制的情况下，通过相互间信息通信产生整体效应，实现协同任务分配、协同搜索、侦察与攻击，能有效提高无人机的生存能力和整体作战效能[44, 45]。

无人机集群概念是建立在仿生学基础上的，如蚁群、蜂群，鸽群、鱼群、狼群等在群体运动过程能够避免相互碰撞，协同地完成觅食、迁徙、攻击防御等。严格意义上的无人机集群与编队在内涵上是有明显区别的。集群是分布式控制的，个体能够适应当前环境下的工作状态，并且具有较强的鲁棒性，不会由于某一个或几个个体出现故障而影响群体任务的有序进行，群体中个体的能力或遵循的行为规则非常简单，群体表现出来的复杂行为是通过简单个体的交互过程突现出的智能，体现为群体的自组织性与涌现性；而无人机编队只强调飞行路径的统一规划，编队可以是集中式控制，也可以是分布式控制，多无人机之间也不存在涌现行为。当前，学术界与工业界存在混用编队与集群的现象，无人机集群自主化、智能化还有待提升，无人机编队的研究具有“低自主性”集群的特性，故此处对集群与编队不做严格区分。

2. 无人机集群的研究与应用发展

无人机集群军事应用广泛。2015 年 4 月，美国海军公布了“蝗虫(Locust)”项目，该项目研究可从舰艇、飞机等发射平台上利用发射管发射具有自主能力的无人机集群，通过集群对敌方火力进行压制和攻击；2016 年 4 月成功完成 30 架“郊狼(Coyote Drone)”无人机的连续发射及编队飞行试验。图 5.16 显示了“郊狼”无人机发射和无人机发射后机翼的展开过程。

2015 年 5 月美国五角大楼展示了一款为未来战争准备的“蝉(Cicada)”微型无人机，该机型为隐藏自主式一次性飞行器，不安装引擎，大小类似长了翅膀的手机，全身只有 10 个通用零部件，兼具坚固耐用、尺寸小、成本低、结构简单、噪声小等特点，可配备多种轻型传感器，执行多种任务。美国海军希望未来可实现 30 min 内在 17.5 km 处投放千架“蝉”微型无人机，覆盖近 5000 km^2 的区域，进行对敌探测和电磁干扰[46]。图 5.17 展示了“蝉”微型无人机投放过程的构想。

图 5.16 “郊狼”无人机发射过程

图 5.17 “蝉”微型无人机投放过程的构想

2015 年 9 月美国国防高级研究计划局(DARPA)发布了“小精灵(Gremlins)”项目公告，该项目设想通过发射大量微型无人机对敌防御系统进行饱和攻击。如通过 C-130 运输机在防区外发射携带侦察与电子战装备的无人机蜂群执行离岸电子攻击、侦察等任务，在执行完任务后，对幸存的无人机进行回收，其概念图如图 5.18 所示。该项目于 2016 年 3 月正式启动，目前主要探索无人机集群空中发射和回收等关键技术的可行性并进行验证[47]。

2016 年 5 月，美国空军正式提出《2016—2036 年小型无人机系统飞行规划》，希望构建横跨航空、太空、网空三大作战疆域的小型无人机系统，并在 2036 年实现无人机系统集群作战。图 5.19 为该规划中无人机“蜂群”的作战构想图。

图 5.18 “小精灵”无人机集群发射概念图

图 5.19　无人机“蜂群”的作战构想图

无人机集群在非军事应用中的优势同样适合于遥感遥测、地质勘探、应急救援、气象探测、空中分层网络、精确农业和商业娱乐等方面。在应急救援方面，当自然灾害发生时，首要的任务就是建立临时通信网、查看灾情，然后再出动直升机运输物资和人员，除了昂贵的卫星通信手段，无人机集群成本低、可消耗、部署简便、使用灵活，为应急救援的通信保障提供了一种灵活的解决方案。图 5.20 给出了无人机集群组建应急通信网络的构想图。在精确农业方面，业界的目光已经从单纯的无人机农药喷洒逐渐扩展到无人机农业信息采集、农业光谱数据分析等领域。图 5.21 是无人机集群农田作业示意图。它由多架无人机互相配合，协同监测一块农田区域，并通过机载机器视觉设备，精确找到作物中的杂草并绘制杂草地图，无人机集群将帮助农民绘制农田中的杂草地图。

图 5.20　无人机集群组建应急通信网络的构想图

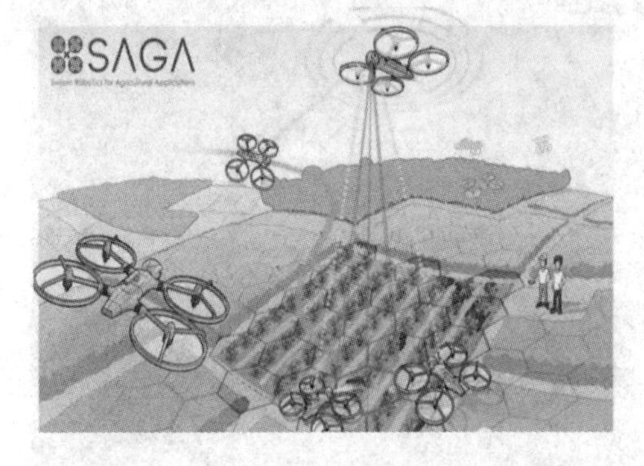

图 5.21　无人机集群农田作业示意图

在商业娱乐方面，国内外的许多大小企业如英特尔、亿航、零度智控、道通科技等竞相上演了成百上千架无人机的编队灯光秀，展示了无人机集群技术在商业领域的应用前景[48]。图 5.22 展示了无人机集群灯光秀表演。此外，无人机集群协作还可以被设想用于建筑领域。图 5.23 展示了无人机团队采用多架无人机自主协同建造由 1500 块泡沫砖块组成的高达 6m 的塔式建筑的场景。

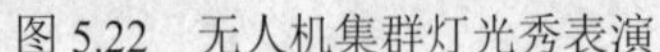

图 5.22　无人机集群灯光秀表演

图 5.23　无人机集群建造塔式建筑

2016 年 10 月美军在加州的“中国湖靶场”上空进行了无人机抛洒实验，三架海军 F/A-18F“超级大黄蜂”战斗机成功抛洒出 103 架“灰山鹑(Perdix)”微型无人机。无人机在脱离发射箱后的短时间内能相互发现队友并组成集群队形，显示了美军的集群自组网技术达到了实用性阶段。中国在无人机集群自主控制研究方面也取得了突破性进展。2016 年 11 月在珠海航展上，中国电子科技集团公司公布了 67 架规模的无人机集群编队飞行原理验证测试，标志着中国无人机集群控制技术进入世界先进行列[46]。

3. 无人机集群控制关键技术

目前对无人机集群控制关键技术研究主要集中在多无人机协同任务与目标分配优化、集群飞行控制、航迹规划等方面。下面分别从无人机集群协同任务规划技术、飞行航迹规划技术、多无人机协同编队控制方法及无人机集群通信保障技术四方面进行简介。

1) 无人机集群协同任务规划技术

无人机集群具有“功能分布化”的特性[49]，由大量低成本、功能单一的无人机组成，通过大量异构、异型的个体来实现复杂的系统功能。集群协同作业离不开合理高效的协同控制手段，必须对多机系统进行合理的协同任务规划。在实际任务的执行中，受无人机(Unmanned Aerial Vehicle，UAV)、任务要求和环境因素等的影响与制约，对多UAV进行协同控制是一个极其复杂、极具挑战性的问题。

多无人机协同任务规划属于运筹学上一类复杂的组合优化问题[50]，旨在实现机群内各个成员的任务指派与资源分配、任务冲突消解与重分配等功能。对该优化问题进行建模与求解的方法有很多种，大致可以分为集中式和分布式两类。

集中式控制方法的特点是在系统中存在着一个中心节点，由这个中心节点完成整个系统的任务指派和调度、协调等工作，无人机仅充当任务执行者的角色。此时，多UAV协同任务规划问题抽象成组合优化问题的形式，首先借助图论对问题建模，将参与者包括无人机和任务对象(如地面目标)等抽象成图的节点，而一个UAV以某种状态对一个对象执行任务的过程则抽象成图的边，再引入二元决策变量。把这个复杂的规划问题刻画成一个有向图的形式，然后使用某种合适的搜索算法对这个有向图搜索以确定最优解[51]。

现在已经存在多种集中式任务规划建模方法，包括多旅行商问题、车辆路由问题、网络流模型、混合整数线性规划等[51]。前两种模型一般用于处理单一任务的多UAV协同，如协同搜索任务等，在建模过程中可以考虑问题的时间相关约束，如时间窗约束等[52]。后两种模型在处理多任务时更适用，如需要多次访问目标位置的“确认—攻击—毁伤”评估一体化任务[53]。

集中式控制方法经过多年的发展已经较为成熟，其全局特性较好，在处理复杂耦合问题时，可以通观全局，获得较好的可行解，具有较大的优势。但实时性、鲁棒性和容错性等方面的不足导致了它在动态、不确定性和实时性要求较高的应用中效果不佳。

分布式任务规划方法很多是基于市场机制的合同网协议[54]，该方法的基本思想是将任务分配过程视为一个市场交易过程，通过“拍卖—竞标—中标(Auction-Bid-Award)”这个市场竞拍机制实现分布式系统内部工作任务的指派和调整。当一个系统成员产生新任务时，如发现新目标，可以向系统中的其他成员发布市场拍卖合约，其他成员则对该合约进行评估。如果可行则向拍卖者回复自己执行该合约的代价，合约拍卖者收到竞标者的价码后，进行评估，选择合适的执行者，进行任务指派。分布式方法在近些年的发展中，越来越受到关注，已经有大量的方法被提出和应用，如协商一致理论、对策论、信息素、多智能体系统等。这类方法由于其对动态不确定性问题的适用性而发展迅速。

2) 飞行航迹规划技术

飞行航迹规划的目的是引导UAV在飞行过程中躲避威胁、障碍，最终到达指定任务区域或目标上空，并在满足相关约束的同时优化某种性能指标。航迹规划问题通常建模为复杂的、约束多的、耦合强的多目标优化与决策问题，已有的研究包括描述复杂的战场环境、平台自身物理特性约束、航线的战术可行性、隐蔽性要求的单航迹规划，还包括适应多 UAV 在时间上约束的多平台协同航迹规划。多飞行器协同规划就每一个子系统飞行器而言，所生成的飞行轨迹不一定是最优的，但对于整体的作战效能来说是全局最优或次优的[55]。

(1) 单平台航迹规划。UAV 航线规划问题与机器人路径规划问题具有一定的相似性，因而很多 UAV 航线规划方法也源于机器人领域，但又有所发展，以适应任务的战术需求以及对大范围、动态环境中规划算法实时性的要求。为了对复杂战场空间进行建模，通常基于几何学原理，按照一定规则将空域进行分解或寻找关键航路点，建立复杂战场环境的拓扑结构，从而降低问题复杂性。比较有代表性的方法包括单元分解法、路标图法和人工势场法等。单元分解法一般采用正四边形或正六边形栅格对规划环境进行划分，从而实现连续空间的离散化。路标图法通过对规划环境的采样，有效缩减搜索空间，提高求解效率，并且便于处理对 UAV 飞行中的各种约束，因而成为最常用的建模方法。该类建模方法主要包括可视图、Voronoi 图、概率路标图以及快速扩展随机树算法等。

当战场态势发生变化时，规划出能够适应新环境的航迹，是应对战场环境动态性的主要手段，这对在线规划算法的实时性提出了很高要求。由于 UAV 航线规划问题自身的复杂性，难以在短时间内得出高质量的解，因而往往采用一些简化手段，主要包括限定规划时所涉及的战场范围[56]。例如，在基于路标图的规划方法中，为适应环境的动态变化，可在线对网络图进行局部或全局重构然后再搜索新航线，还有一些其他动态规划的思路，即先规划一段航线，在 UAV 沿该航线飞行的同时，再进行后续规划。

(2) 多平台协调控制。多 UAV 系统中的各平台之间通常需要满足在空间、时间以及飞行状态上的相对关系，如同时到达指定位置、避免相互碰撞等，以充分发挥协同优势、避免冲突。为满足多 UAV 在时间上的相对关系，可采用速度调节、航线长度调节，以及增加机动动作等手段，对已有的基本航线进行调整。

3) *多无人机协同编队控制方法*

近几十年来，学者们在飞行器协同编队飞行控制方面做了大量研究，主要研究内容总结为队形生成、队形保持、队形切换和编队避障。队形生成研究多无人机如何生成指定的队形的问题，队形切换包括队形按程序变换及应对突发情况的队形重构问题，编队避障研究集群飞行中如何改变编队规划避开障碍的问题。其实，还有一种涉及较少的自适应问题的研究，即多无人机在未知环境下如何自适应地改变编队或保持队形以便适应环境的问题。

编队飞行的控制策略主要由两个方面组成，即无人机之间的信息交互及队形控制算法[57]。在信息交互的控制策略中主要有集中式控制、分布式控制和分散式控制三种方式，每种方式有其独特的定义和优缺点。

(1) 集中式控制。编队中的无人机两两进行信息交互，交互的信息包括各自的位置、速度、姿态和运动目标等信息。在集中式控制策略中，由于每架无人机都知道整个编队的信息，因此控制效果好，但是交互的信息量特别大，容易造成信息的冲突，所以对机载计算机的性能要求高，整个编队控制系统的计算量很大。

(2) 分布式控制。编队中的每架无人机只需要与相邻的无人机进行信息交互。在此控制方案中，由于每架无人机只需要知道和它相邻的无人机的信息，因此相比集中式控制策略，分布式控制策略控制效果相对较差，但是交互的信息较少，计算量小，也容易避免信息冲突，且整个编队控制系统的实现相对简单。从工程的实现角度看，分布式控制策略易于实现和维护，且具有较好的扩充性与容错性，如在执行任务的过程中变更任务需要加入无人机或者替换有故障的无人机等。由于这样的突变在分布式控制方案中可以将影响限制在局部范围中，因此分布式编队控制方案已经逐渐取代集中式控制成为编队信息交互研究的热点。

(3) 分散式控制。各架无人机之间不会进行信息交互，编队中的每架无人机只需要保持其与编队中约定点的相对关系。虽然此种策略计算量更少，结构最简单，但编队控制效果最差且不能保证编队形成及飞行中无人机之间不发生碰撞事故。对于无人机编队队形控制算法的研究相对成熟且通用的方法有：跟随领航者(Leader-follower)法、基于行为法、虚拟结构法等[58]。

跟随领航者法，即长机-僚机策略，集群需要指定队形中部分无人机作为领航者，其他无人机作为跟随者并跟随领航者运动。它将队形控制问题转化为跟随长机的朝向和位置跟踪问题。此编队方式是时下最流行的，也是最古老的一种编队控制方式。跟随领航者法的优点在于无人机机群的行为可以由单架或几架领航者决定，缺点在于编队的鲁棒性依赖于长机的鲁棒性，无人机飞行误差会随着僚机的跟随逐级放大，僚机一般不影响长机的运动，这种编队控制系统易受到外界干扰的影响。

基于行为法需要先设计无人机的一系列行为(如避碰、障碍回避、目标获取和队形保持)，然后各架无人机利用其行为的加权平均来决定各自的控制输入，其控制输入可以是自身的信息，也可以是相邻的无人机输出的信息。基于行为法大都采用局部信息交互进行协同，实质上是一种分布式协同控制方法。这种方法灵活性好、并行性和实时性较佳，鲁棒性强，设计的系统也具有可靠性，但目前缺乏有效的稳定性分析工具。

虚拟结构法，其基本思想是将无人机编队系统的队形看作是一个刚体的虚拟结构，每架无人机被认为是虚拟结构上位置固定的点，当无人机队形发生移动时，无人机跟踪刚体上对应的固定点即可实现固定的编队飞行。虚拟结构法的实现分为三步：首先，定义虚拟结构期望的动力特性；其次，将虚拟结构的运动转化为编队中个体的期望运动；最后，得出编队个体的轨迹跟踪控制方法。虚拟结构法可以整体描述机群的行为，由于采用编队反馈设计控制律，使得编队飞行具有较高的控制精度，但正是由于其必须刚性运动，限制了该方法仅适合于小规模机群的编队[58]。

4) *无人机集群通信保障技术*

为提高无人机编队控制系统的鲁棒性和安全性，除了考虑无人机参数及其外部扰动的不确定因素之外，还必须考虑无人机编队飞行时通信中存在的不确定性因素，如通信延迟、机间通信丢包，甚至部分通信链路产生故障等，均需要设计地面站与无人机、无人机与无人机之间的冗余信息交互机制。同时，在集群作业过程中，无人机存在受伤、击落、增援等多个状态，其动态加入和退出也使得通信链路必须支持无人机数量的变化，完成集群的重构，而且在无人机与地面站失去联系时，无人机集群应具有通信链路的自组织能力。

在理论研究方面，目前国外已经在无人机编队飞行的通信故障管理及其算法设计方面进行了深入的研究，并且取得了卓有成效的研究成果。大致思路分为两种，一种是设计解决自动化系统出现通信故障时的通信协议[59]，另一种是基于故障容错的方法通过重构次优的无人机编队进行故障容错，有效消除或控制通信故障[60]。国内对于无人机编队通信故障管理技术研究只是处于探索阶段，研究集群通信故障管理的工作较少。在无人机故障管理方面，大多集中在飞控系统执行器故障容错方法的研究，依旧局限在单架无人机系统内环故障管理策略的设计。文献[61]对无人机编队进行永久性和间歇性故障分类研究，并设计了容错算法，但是并没有细化到编队通信故障管理的研究。

参考文献

[1] 胡寿松. 自动控制原理简明教程[M]. 2 版. 北京：科学出版社，2008.

[2] 王传军. 浅谈自动控制理论的发展[J]. 数字技术与应用，2018，36(03)：5+7.

[3] 诺伯特·维纳. 控制论[M]. 北京：科学出版社，1962.

[4] 谢克明. 现代控制理论基础[M]. 北京：北京工业大学出版社，2011.

[5] 王茂森，戴劲松，祁艳飞. 智能机器人技术[M]. 北京：国防工业出版社，2015.

[6] 王玉洁，等. 物联网与智慧农业[M]. 北京：中国农业出版社，2014.

[7] 刘美，禹柳飞，宁鹏. 仪表及自动控制[M]. 北京：中国石化出版社，2015.

[8] 宋忠江，郭睿. 浅析自动控制系统的理论性及发展现状[J]. 电子测试，2018(08)：119-121.

[9] 胡寿松. 自动控制原理[M]. 6 版. 北京：科学出版社，2013.

[10] 张建民，曹艳. 自动控制原理[M]. 北京：中国电力出版社，2007.

[11] 赵长安，贺风华. 多变量鲁棒控制系统[M]. 哈尔滨：哈尔滨工业大学出版社，2011.

[12] 安建峰. 浅谈自动控制技术及其应用[J]. 科技风，2016(15)：70.

[13] 王金城. 现代控制理论[M]. 北京：化学工业出版社，2007.

[14] 赵明旺，王杰，江卫华. 现代控制理论[M]. 武汉：华中科技大学出版社，2007.

[15] 陈晓平. 线性系统理论[M]. 北京：机械工业出版社，2011.

[16] G.C.哥德温，R.L.潘恩. 动态系统辨识[M]. 张永光、袁震东，译. 北京：科学出版社，1983.

[17] 张嗣瀛，高立群. 现代控制理论[M]. 2 版. 北京：清华大学出版社，2017.

[18] 童宁编. 自适应控制[M]. 北京：北京理工大学出版社，2009.

[19] 刘涛，黄梓瑜. 智能控制系统综述[J]. 信息通信，2014(08)：101-102.

[20] 张晓军，张二为. 智能控制系统发展综述及其应用[J]. 有色冶金设计与研究，2006(01)：8-12.

[21] 白玫. 智能控制理论综述[J]. 华北水利水电学院学报，2002(01)：58-62.

[22] 华珊，宋晓乔，杨小妮. 智能控制综述[J]. 数字通信世界，2019(03)：144+161.

[23] 蔡自兴. 中国智能控制 40 年[J]. 科技导报，2018，36(17)：23-39.

[24] 晏刚，周俊. 水下机器人智能控制技术研究综述[J]. 电子世界，2013(24)：21-22.

[25] 常春阳. 智能控制综述[J]. 科技创新导报，2012(12)：15.
[26] 王诗佳. 浅谈模糊控制的发展[J]. 山东工业技术，2019(02)：148.
[27] 刘金琨. 智能控制[M]. 4 版. 北京：电子工业出版社，2017.
[28] 王立新. 模糊系统与模糊控制教程[M]. 北京：清华大学出版社，2003.
[29] 罗晓曙. 人工神经网络理论 • 模型 • 算法与应用[M]. 2 版. 桂林：广西师范大学出版社，2018.
[30] 李文，欧青立，沈洪远，等. 智能控制及其应用综述[J]. 重庆邮电学院学报(自然科学版)，2006(03)：376-381.
[31] 阎毅，贺鹏飞，李爱华，等. 信息科学技术导论[M]. 西安：西安电子科技大学出版社，2014.
[32] 胡云峰，曲婷，刘俊，等. 智能汽车人机协同控制的研究现状与展望[J]. 自动化学报，2019，45(07)：1261-1280.
[33] 冯学强，张良旭，刘志宗. 无人驾驶汽车的发展综述[J]. 山东工业技术，2015(05)：51.
[34] 井泉. 浅谈人工智能在自动驾驶汽车中的应用[J]. 轻型汽车技术，2018(Z1)：51-54.
[35] 冯晓辉，王哲，李雅琪. 智能驾驶领域发展态势与展望[J]. 人工智能，2018(06)：26-36.
[36] 王科俊，赵彦东，邢向磊. 深度学习在无人驾驶汽车领域应用的研究进展[J]. 智能系统学报，2018，13(01)：55-69.
[37] 晏欣炜，朱政泽，周奎，等. 人工智能在汽车自动驾驶系统中的应用分析[J]. 湖北汽车工业学院学报，2018，32(01)：40-46.
[38] 来飞，黄超群，胡博. 智能汽车自动驾驶技术的发展与挑战[J]. 西南大学学报(自然科学版)，2019，41(08)：124-133.
[39] 王芳，陈超，黄见曦. 无人驾驶汽车研究综述[J]. 中国水运(下半月)，2016，16(12)：126-128.
[40] 周锐，李力. 智能驾驶测试面临的挑战[J]. 人工智能，2018(06)：59-70.
[41] 吴琦，于海靖，谢勇，等. 人工智能在自动驾驶领域的应用及启示[J]. 无人系统技术，2019，2(01)：23-28.
[42] 赵铭炎. 浅析人工智能在自动驾驶中的应用[J]. 中国新通信，2019，21(05)：107-108.
[43] 殷铭燕，等. 2005—2030 年美军无人机系统发展路线图. 2006.
[44] SHEN LC，NIU YF，ZHU HY. Theories and methods of autonomous cooperative control for multiple UAVs[M]. 北京：国防工业出版社，2013.
[45] ZHOU SL，KANG YH，WAN B，et al. Research status and development prospect of multi UAV cooperative formation control[J]. Aerodynamic Missile Journal，2016(1)：78-83.
[46] 罗德林，徐扬，张金鹏. 无人机集群对抗技术新进展[J].科技导报，2017(07)：28-33.
[47] 宋怡然，北京海鹰科技情报研究所，等. 美国分布式低成本无人机集群研究进展[J]. 飞航导弹，2016.
[48] http：//www.sohu.com/a/125201477_465915.
[49] 贾高伟，侯中喜. 美军无人机集群项目发展[J]. 国防科技，2017，38(4)：53-56.
[50] Cook W J，Cunningham W H，Pulleyblank W R，et al.Combinatorial Optimization- [M]//

Combinatorial optimization /.1998.
[51] 邓启波. 多无人机协同任务规划技术研究[D]. 北京理工大学，2014.
[52] SHIMA T，RASMUSSEN S，GROSS D. Assigning Micro UAVs to Task Tours in an Urban Terrain[J]. IEEE Transactions on Control Systems Technology，2007，15(4)：601-612.
[53] ALIGHANBARI M，KUWATA Y，HOW J P. Coordination and Control of Multiple UAVs with Timing Constraints and Loitering[C]. American Control Conference，2003.
[54] GERKEY B，MATARIC M. Sold：auction methods for multirobot coordination[J]. IEEE Transactions on Robotics and Automation，2002，18(5)：758-768.
[55] 马培蓓，纪军，范作娥. 考虑战场环境约束的多导弹协同任务规划[J]. 电光与控制，2010，17(8)：5-10.
[56] 李远. 多 UAV 协同任务资源分配与编队轨迹优化方法研究[D]. 国防科学技术大学，2011.
[57] 朱旭. 基于信息一致性的多无人机编队控制方法研究[D]. 西北工业大学，2014.
[58] 李乐宝. 四旋翼无人机编队飞行控制方法的研究[D]. 浙江大学，2017.
[59] GODBOLE D N，LYGEROS J，SINGH E，et al. Communication Protocols for a Faulttolerant Automated Highway System[J]. Control Systems Technology IEEE Transactions on，2000，8(5)：787-800.
[60] GIULIETTI F，POLLINI L，INNOCENTI M. Autonomous Formation Flight[J]. Control Systems IEEE，2000，20(6)：34-44.
[61] 徐清. 无人机容错编队控制方法研究及其数字仿真平台研制[D]. 南京航空航天大学，2014.

第六章　智能机器人技术与应用

智能机器人是一种具有高度灵活性的自动化机器，具备了与人或其他生物一些相似的智能能力，如感知能力、规划能力、动作能力和协同能力[1]。随着人工智能与互联网、物联网、大数据及云平台等的深度融合，在超强计算能力的支撑下，智能机器人正逐步获得更多的感知、决策与认知能力，变得更加灵活、灵巧与通用，开始具有更强的环境适应能力和自主能力，以便适用于更加复杂多变的应用场景。与此同时，智能机器人的应用范围从制造业不断扩展到外星探测、空天、陆地、水面、海洋、极地、核化、微纳操作等特种与极限领域，并开始渗透到人们的日常生活[2]。智能机器人如图 6.1 所示。

图 6.1　智能机器人[3]

本章首先阐述智能机器人的发展历程，然后介绍智能机器人的分类与功能，之后概述其相关技术，最后介绍几类典型智能机器人的应用场景。

6.1　智能机器人的发展历程

机器人的应用越来越广泛，作用越来越突出，甚至有研究发现“机器人对于劳动生产力的增长贡献与蒸汽机出现时对于劳动生产力的影响是同一个级数”。与此同时，机器人技术也在快速进步，在相关学科技术进步的推动下，机器人领域在酝酿着技术突破[4]。

本节首先对智能机器人的定义进行介绍，其次对智能机器人的诞生和发展历程进行阐述，最后介绍智能机器人的发展现状与发展趋势。

6.1.1　智能机器人的定义

1946 年，世界上第一台计算机“埃尼阿克”诞生于美国宾夕法尼亚大学。十年之后的

1956 年，McCarthy，Minsky，Shannon 和 Rochester 等在美国达特茅斯学院发起召开的夏季研讨会上，创立了"人工智能"的概念，并将人工智能界定为"研究与设计智能体(Agent)"。智能体被定义为："能够感知环境，并采取行动使成功机会最大化的系统"。因此，理想的智能体应该就是一台能够以类似人类智能行为的方式进行反应、具有环境适应性的自主机器，或称之为智能机器人。根据这些设想，智能体或智能机器人一直沿着以下三个方向发展：一是感知智能，即对感知(Perception)或直觉行为的模拟，如视听觉、触觉、嗅觉、运动觉等；二是认知智能，即对认知(Cognition)或人类深思熟虑(Deliberative)行为的模拟，包括记忆、常识、经验、理解、推理、规划、决策、知识学习、思维、意图和意识等高级智能行为；三是对行动(Action)的模拟，如灵活移动与灵巧操作功能的实现等。

经过数十年的发展，从感知智能的研究中衍生出模式识别、统计机器学习、深度学习等 20 世纪 90 年代之后蓬勃发展的前沿研究领域；从认知智能的研究中发展出逻辑推理、专家系统与决策支持系统等，这是 20 世纪 60 年代到 80 年代的主流研究方向；而从行动的模拟中，则产生了工业机械臂与移动机器人等，直接催生了机器人学与机器人产业的发展[2]。我国科研人员对智能机器人定义是：一种具备一些与人类有着相似的感知能力、动作能力、协同能力和规划能力的高度灵活的自动化机器系统，其主要特征为：能够感知多种信息，并将多种感知的数据信息进行融合，快速适应环境变化，具有自适应自学习和自治能力[5]。

6.1.2 智能机器人的诞生与发展历程

"机器人"一词最早出现于 1920 年捷克作家卡雷尔·恰佩克发表的科幻剧本《罗萨姆的万能机器人》中，该剧讲述了罗萨姆公司将机器人推向市场，让它充当劳动力代替人类劳动的故事。作者根据捷克文 Robota(意为"劳役、苦工")和波兰文 Robotnik(意为"工人")，创造了"机器人"这个词[6]。之后，人类在机器人领域开始了卓有成效的探索，机器人从想象进入实践，功能和种类不断丰富，智能化程度越来越高。按照技术演进过程，智能机器人的发展大致可以按电气时代、数字时代、智能时代三个阶段来划分[7]。

1. 第一代机器人

第一代机器人，称之为电气时代机器人或机器人 1.0，发展于 20 世纪 40 年代至 70 年代。正如"机器人"一词的起源，它只是为了代替人类劳动。严格讲第一代机器人并不具有"智能"，工作模式为可编程示教，再现型机器人，它是根据事先设定好的程序进行重复操作。以传统工业机器人和无人机为代表的机电一体化设备，关注的是操作与移动/飞行功能的实现，使用了一些简单的感知设备，如工业机械臂的关节编码器，自动导引车(Automated Guided Vehicle，AGV)的磁条/磁标传感器等，智能程度较低。其研发重点是机构设计，以及驱动、运动控制与状态感知等。代表性产品是六自由度多关节机械臂、并联机器人、应用于装配作业的机器人手臂(Selective Compliance Assembly Robot Arm，SCARA)、平面关节式机器人和磁条导引式自动增益控制(Automatic Gain Control，AGC)或 AGV。非制造领域的成功案例为各种循线跟踪式的无人机。这类机器人通过编程示教或循线跟踪，仅能在工厂或沿固定路线等结构化环境中，替换某些工位或特定工种设定的简单及重复性作业任务。"机器换人"的替代率只有 5%[2]。世界上第一台工业机器人 Unimate 如图 6.2 所示。

图 6.2　世界上第一台工业机器人 Unimate

2. 第二代智能机器人

第二代智能机器人，称之为数字时代机器人或机器人 2.0[8]，发展于 20 世纪 80 年代至 21 世纪初期，其特点是具有部分环境感知、自主决策、自主规划与自主导航能力，特别是具有类人的视觉、语音、文本、触觉、力觉等模式识别能力，因而具有较强的环境适应性和一定的自主性，这一代机器人具有一定的类似人的智能。在结构设计方面，则进一步发展了安全、灵巧、灵活、通用、低耗以及具有自然交互能力的仿生机械臂与机械腿(足)等。随着感知能力的提升，第二代智能机器人在制造业领域得到更广泛的应用，已有瑞士 ABB YuMi 双臂协作机器人，美国 Rethink 机器人公司的 Baxer 和 Sawyer 机械臂以及丹麦 Universal 公司的 UR10 等。非制造领域的成功案例是 L3、L4 自动驾驶汽车(具有部分环境感知能力与一定的自主决策能力)，达芬奇微创外科手术机器人，波士顿动力公司的大狗、猎豹、阿特拉斯、Handle(轮腿式)等系列仿生机器人，以及日本本田公司著名的 ASIMO 人形机器人(见图 6.3)等。利用具有环境适应能力的第二代智能机器人，“机器换人”的可替换工序高达 60%以上。生产线形成全机器人闭环后，甚至可实现 100%无人的全自动化智能生产车间。随着以深度学习为主要标志的弱人工智能的迅猛发展，特别是开放环境中接近于人类水平的视觉与语音识别技术的应用落地及其实用化，面向特定制造业应用场景的大规模“机器换人”，或将在未来 5 年之内出现，其对制造业的经济贡献将是传统工业机器人的数十倍[2]。

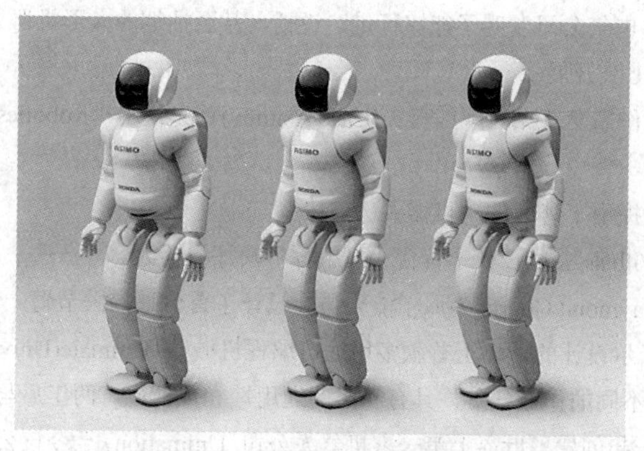

图 6.3　ASIMO 人形机器人

3. 第三代智能机器人

第三代智能机器人，称之为智能时代或机器人 3.0，发展于 2010 年至今[8]。除具有第二代智能机器人的全部功能外，还具有更强的环境感知、认知与情感交互功能，以及自学习、自繁殖乃至自进化能力。其关键核心技术是开始逐步具有认知智能的能力。目前这方面一些初期的典型产品，如 2014 年日本软银集团公司发布的第一款消费类智能人形机器人 Pepper，已具有基于人工智能的语音交互、人脸追踪与识别以及初步的情感交互能力。2017 年，汉森机器人公司(Hanson Robotics)制造的机器人索菲亚(Sophia)获得沙特阿拉伯公民身份，成为第一个获得国家公民身份的机器人，可识别和复制各种各样的人类面部表情[2]。除此之外，2017 年还有很多让人惊讶的智能机器人出现，如全球首款社交机器人 Jibo 和堪称世界上最先进军事机器人之一的 Atlas 机器人(见图 6.4)。2019 年，麻省理工学院新推出的猎豹(Cheetah)机器人，弹性十足，脚部轻盈，可与体操运动员媲美。第三代智能机器人主要特征是：它们更加重视理解判决与情感交互等认知功能的模拟和探索[9]。

图 6.4　Atlas 机器人

机器人发展历程中的里程碑事件[2]：

1920 年，“Robot”术语首先出现在捷克著名剧作家卡雷尔 ·恰佩克(Karel Capek)的科幻剧本《罗萨姆的万能机器人》中。

1939 年，美国西屋电气公司发明了能够行走、说话，甚至抽烟的人形机器人“Elektro”，并首次在该年的纽约世博会上公开展示。

1941 年，美国科幻作家艾萨克 · 阿西莫夫(Isaac Asimov)首先使用“Robotics”一词来描述、研究和应用机器人技术。

1942 年，阿西莫夫提出了著名的“机器人三定律”。

1942 年，美国 DeVilbiss 公司设计了首台“可编程”喷漆机器人。

1951 年，法国人 Raymond Goertz 为原子能委员会设计了首台遥控关节臂。

1954 年，乔治 ·德沃尔设计的世界上首款多用途可编程机械臂“Unimate(Universal Automation)”，能够根据示教在线执行不同的作业任务，具有一定的通用性和灵活性。两年后与约瑟夫 · 恩格尔伯格(Joseph Engelberger)一起创建了世界上第一家机器人公司 Unimation，至今该公司仍在生产和销售该机械臂产品。恩格尔伯格因而被称为“机器人之父”。

1956 年，在达特茅斯会议上，McCarthy 等提出了人工智能的概念，智能体或智能机器人被界定和深入讨论。

1962 年，美国 AMF 公司研制出物料搬运机械臂“Verstran”，与 Unimation 公司生产的“Unimate”机械臂一起，成为世界上最早商用的工业机器人。

1968 年，首台由计算机控制的行走机器人在美国南加州大学问世。

1968 年，由 R.Mosher 研制的第一台手动控制的四足车“Walking Truck”，步行速度高达每小时 4 英里。

1968 年，美国斯坦福研究所(SRI)研制出世界上首台安装有视觉系统并由计算机控制的移动机器人“Shakey”。该款智能机器人能够根据人的指令发现并抓取积木，但使用的计算机达一个房间之大。

1969 年，日本早稻田大学加藤一郎教授研制出全球首台具有空气气囊和人工肌肉的双足机器人“WAP-1”，之后设计的“WAP-3”甚至可以上下楼梯或斜坡。

1973 年，世界上首台全尺寸人形机器人“WABOT-1”由加藤一郎教授发明。

1973 年，美国 Cincinnati Milacron 公司诞生了首台微机控制的工业机器人“T3”。

1975 年，美国 Unimation 公司推出世界首台“可编程通用机械操作臂(Puma)”，标志着工业机器人技术开始走向成熟，这是一个里程碑事件。

1979 年，“斯坦福小车”问世，能够在摆满椅子的房间里进行基于摄像机视觉分析的避障自主行驶，这被视为是自动驾驶汽车的最早雏形。

1979 年，日本山梨大学的牧野洋发明了世界上首台装配机器人“SCARA”。

1988 年，第一台服务机器人“Helpmate”进入医院，为病人送饭、送药、送邮件。

1984 年，美国 Adept Technology 公司推出首台 SCARA 装配机器人“AdeptOne”。

1992 年，波士顿动力公司正式从美国麻省理工学院分离出来。在二十多年的时间里，相继推出了令世人惊叹的“大狗”“猎豹”“阿特拉斯”“Handle”等一系列仿生机械腿(足)。

1993 年，美国 CMU 的八脚行走机器人“Dante”试图探索南极洲的埃里伯斯火山。

1995 年，美国直觉手术机器人公司(Intuitive Surgical)在美国加州成立，次年推出了第一代达芬奇微创外科手术机器人。2006 年推出第二代，2009 年推出第三代，2014 年发布的第四代达芬奇微创外科手术机器人产品具有更佳的性能，之后还开发了配套的远程诊疗系统。

1996 年，日本本田公司研制出首台能够进行自调节的双足步行人形机器人“P2”，一年后推出具有完全自主功能的人形机器人“P3”。这是该公司最终推出著名人形机器人“ASIMO”的两个重要步骤。

1997 年，美国 NASA 的“PathFinder”轮式移动机器人探测器登陆火星，并向地球成功发回照片和数据。

1997 年，我国 6 000 米无缆水下机器人试验应用成功，标志着我国水下机器人技术已达到世界先进水平。

1998 年，丹麦乐高公司推出“Mindstorms”玩具机器人套件，可以通过搭积木式的任意拼装，“发明”出各种形态的“机器人”。

1999 年，日本索尼公司发布机器狗“爱宝(AIBO)”，成为首台商用娱乐机器人。

1999 年，世界上首台“机器鱼”在日本三菱公司问世。

2001 年，美国 iRobot 公司研制的救援机器人“Packbot”在纽约世贸中心展开搜救行动，其后续版本已成功应用于阿富汗与伊拉克战争。

2002 年，著名的人形机器人“ASIMO”在日本本田公司正式问世。它的身高为 1.3 米，能够以类似于人类的步姿行走和缓慢奔跑，被普遍视为一个里程碑事件。

2002 年，美国 iRobot 公司发布了第一代吸尘器机器人“Roomba”，该款消费类机器人是目前世界上销量最大的家用服务机器人。

2005 年，韩国科学技术院(KIST)研制出号称世界上最智能的移动机器人“HUBO”。

2006 年，微软公司推出“Microsoft Robotics Studio”，机器人模块化、标准化的趋势日益明显。比尔·盖茨曾预言，个人机器人(PR)将如同个人电脑一样，走进千家万户，彻底改变人类的生活方式。

2012 年，美国“发现号”航天飞机将首台人形机器人宇航员“R2”送入国际空间站。

2012 年，美国内华达州机动车辆管理局(NDM)颁发了世界上首张自动驾驶汽车路测牌照。

2013 年，美国 Rethink 机器人公司推出新一代双臂工业机器人“Baxer”，两年后发布了高性能协作机器人“Sawyer”。

2014 年，日本软银公司发布全球首款消费类智能人形机器人“Pepper”。

2014 年，瑞士 ABB 公司推出首款人机协作双臂机器人“YuMi”。

2015 年，美国汉森机器人公司的“机器人索菲亚(Sophia)”诞生，2017 年“索菲亚”被授予沙特阿拉伯公民身份。

2018 年，波士顿动力(Boston Dynamics)公司展示了升级版的 Atlas 人形机器人，该公司也被全球称为世界上最先进军事机器人公司之一。

2019 年，麻省理工学院新推出的猎豹(Cheetah)机器人，弹性十足，脚部轻盈，可与体操运动员媲美。

6.1.3　智能机器人的发展趋势

智能机器人的应用，现在已经不仅限于做简单的重复工作。智能机器人的智能化和群体协作解决问题的能力已成为机器人发展的关键。在工业应用上，很多智能机器人和人是在重叠的空间协同工作的，这就要求机器人有一定的感知、智能控制能力，实现人机融合。智能机器人的应用越来越广泛，不仅在工业领域，甚至在太空、军事、医疗、勘探、服务、农业和交通等领域都有广泛的应用。这对智能机器人的环境适应、自主控制、人机融合等都提出了更高的要求。目前，现代智能机器人还处于简单化意识阶段，对于未来更加智能化的机器人发展趋势，可概括为如下几个方面[10, 11]：

1. 语言交流功能越来越完美——智能人机接口

智能机器人，既然已经被赋予“人”的特殊含义，那就需要有比较完美的语言功能，这样才能与人类进行一定的，甚至完美的语言交流。所以智能机器人语言功能的完善是一个非常重要的课题。未来智能机器人人机交互的需求越来越向简单化、多样化、智能化、人性化方向发展，这是一个必然性趋势，因此需要研究并设计各种智能人机接口如多语种语音、自然语言理解、图像、手写体字识别等，以更好地适应不同用户和不同应用场景，提高人与机器人交互的和谐性。

2. 各种动作的完美化

我们知道人类能做的动作是极其多样的，招手、握手、走、跑、跳等各种动作，都是人类惯用的动作。现代智能机器人虽也能模仿人的部分动作，但是相对是有点僵化的感觉，或者动作是比较缓慢的。未来机器人柔软性是智能机器人发展的关键特性，通过柔体可提高智能机器人末端或本体的可达性和灵活性，使其动作更像人类，模仿人的所有动作，甚至可能做出一些普通人很难做出的动作，如平地翻跟斗、倒立等。

3. 外形越来越酷似人类

智能机器人是主要以人类自身形体为参照对象的，自然需要有一个很仿真的人形外表。对于未来机器人，仿真程度很有可能达到即使你近在咫尺细看它的外在，你也真会把它当成人类，很难分辨是真人还是机器人，这种状况就如美国科幻大片《终结者》中的机器人物造型具有极致完美的人类外表一样。

4. 超强的适应环境能力

智能机器人在面对动态变化、复杂和未知的外部环境时，能结合环境感知、动态规划和运动控制等功能，在无人干预的情况下，自主控制自己的动作，确保智能机器人规避危险保护自己，保证完成预定的任务。

5. 体内能量储存越来越大

智能机器人的一切活动都需要体内持续的能量支持。机器人动力源多数使用电能，供应电能就需要大容量的电池。现代蓄电池的蓄电量都是较有限的，满足不了机器人的长久动力需求，而且电池容量越大，充电时间往往也需越长。针对能量储存供应问题，未来应该会有多种解决方式，最理想的能源是可控核聚变能，微不足道的质量就能持续释放非常巨大的能量，机器人若以聚变能为动力，永久性运行将得以实现。另外，还可能制造出一种超级能量储存器，能量储存器基本可永久保持储能效率，且充电快速高效，单位体积储存能量相当于传统大容量蓄电池的百倍以上。也许这将成为智能机器人的理想动力供应源。

6. 具备越来越多样化功能——人机融合

人类制造智能机器人的目的是为人类所服务的，人机融合不是简单的机器人与人工操作的融合，而是机器人与人的融合。通过仿生学、神经学、脑科学及互联网技术等的结合，使人与机器有机结合在一起。人机融合是机器人发展的理想阶段，随着科学技术的不断进步，相信不久的将来一定能实现。

6.2　智能机器人的类别与功能

根据智能机器人的应用环境，国际机器人联盟(International Federation of Robotics，IFR)将机器人分为工业机器人和服务机器人。其中，工业机器人指应用于生产过程与环境的机器人，主要包括人机协作机器人和工业移动机器人；服务机器人则是除工业机器人之外的、用于非制造业并服务于人类的各种先进机器人，主要包括个人/家用服务机器人和公共服务机器人。

现阶段，考虑到我国在应对自然灾害和公共安全事件中，对特种机器人有着相对突出的需求，中国电子学会将智能机器人划分为工业机器人、服务机器人、特种机器人三类。其中，工业机器人指面向工业领域的多关节机械手或多自由度机器人，在工业生产加工过程中通过自动控制来代替人类执行某些单调、频繁和重复的长时间作业，主要包括焊接机器人、搬运机器人、码垛机器人、包装机器人、喷涂机器人、切割机器人和净室机器人。服务机器人指在非结构环境下为人类提供必要服务的多种高技术集成的先进机器人，主要包括家用服务机器人、医疗服务机器人和公共服务机器人，其中，公共服务机器人指在农业、金融、物流、教育等除医学领域外的公共场合为人类提供一般服务的机器人。特种机器人指代替人类从事高危环境和特殊工况的机器人，主要包括军事应用机器人、极限作业机器人和应急救援机器人[12]。根据应用场景的机器人分类如图 6.5 所示。

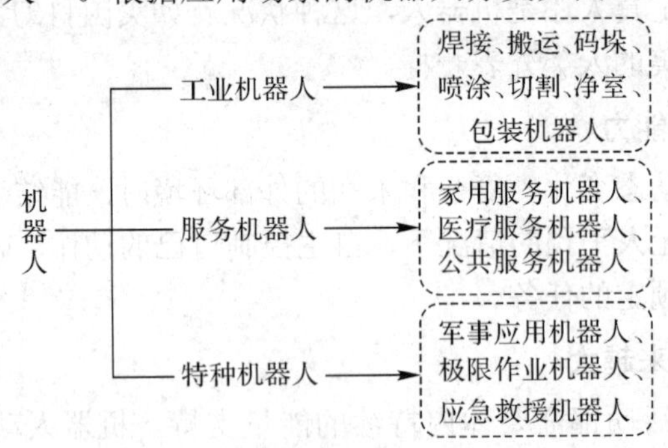

图 6.5　根据应用场景的机器人分类

6.3　智能机器人的基本技术简介

这里所述的智能机器人属于第三代智能机器人，这一阶段的智能机器人自身会带有非常多的传感器，并可以将所获得的信息巧妙融合到一起，同时还能适应各种环境，自身也具备较强的自愈能力与学习能力。第三代智能机器人所涉及的内容与技术是非常丰富的，而技术含量的高低也将直接影响到智能机器人自身的性能。其中所涉及的关键技术主要包括：第一，多传感信息耦合技术。该技术综合了多个传感器的数据之后可以得到更准确、更全面的信息，而经过融合之后的传感器系统也能更精准地反映出检测对象的信息，从而消除不准确信息。第二，机器人视觉技术。这部分包含有图像处理、图像获取、图像分析与识别、图像跟踪、命令输出与显示等。其中，最关键的工作是图像特征提取与图像识别。第三，导航与定位技术。从自主移动机器人导航来看，不管是躲避障碍还是规划路线，都是需要得到准确位置之后才能完成导航、躲避障碍等任务。第四，路径规划技术。最佳的路径规划就是参考某些优化准则来实现的，即在智能机器人的工作空间中寻找到从开始到目标的一条最佳路线。第五，人机接口技术，这主要是分析如何让人类能更顺利地与机器人进行交流[13]。

6.3.1　传感器技术

如今的智能机器人已具有类似人一样的肢体及感官功能，动作过程灵活，在工作时可不依赖人的操纵，这一切都少不了传感器的功劳。传感器是智能机器人感知外界的重要帮手。它们犹如人类的感知器官，机器人的视觉、触觉、听觉等对外部环境的感知能力都是由传感器提供的。同时，传感器还可用来检测智能机器人自身的工作状态，以及智能化探测外部工作环境和对象状态，并将所测得的信息作为反馈信息送至控制器，形成闭环控制[14, 15]。本节将基于视觉、触觉、听觉和环境感知的传感器技术及其在智能机器人上的应用状况进行阐述。

1. 视觉(Vision)

机器视觉是使机器人具有视觉感知功能的系统，其通过视觉传感器获取图像进行分析与识别，让机器人能够代替人眼辨识物体、测量和判断、实现定位等功能。业界人士指出，目前在中国简便的智能视觉传感器占了机器视觉系统市场60%左右的市场份额。视觉传感器的优点是探测范围广、获取信息丰富，实际应用中常使用多个视觉传感器或者与其他传感器配合使用，通过一定的算法可以得到物体的形状、距离、速度等诸多信息[15]。机器人机器视觉引导系统如图 6.6 所示。

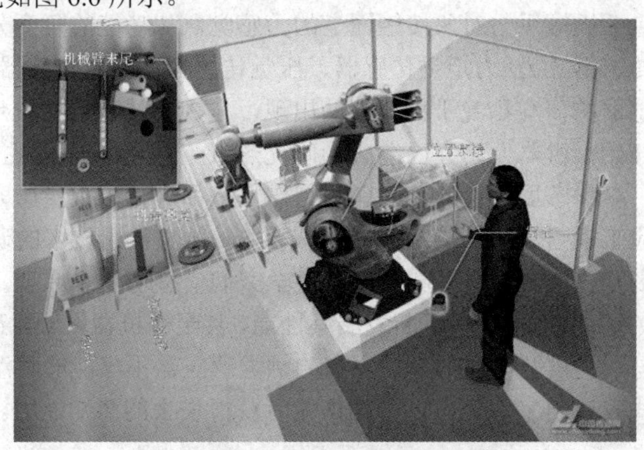

图 6.6 机器人机器视觉引导系统[16]

传统的图像传感器可分为电耦合器件(Charge Coupled Device，CCD)和互补金属氧化物半导体(Complementary Metal Oxide Semiconductor， CMOS)两类。随着集成电路工艺的发展，CMOS 以其体积小、工作电压低、性能稳定等优点逐渐占据 20 世纪 90 年代机械式图像传感器的市场主流。但这种传感器存在如下明显的缺陷，即由于拍摄方式的问题，现有的图像处理需要逐帧处理，造成惊人计算量，而提高帧率则会带来巨大的计算量。这一缺点在拍摄高速运动的物体时尤其明显。而近几年出现的动态视觉传感器(Dynamic Vision Sensors， DVS)则从视网膜的工作原理中得到启发，通过仿视网膜神经系统的列阵结构大幅减少不必要的数据和计算工作量，提高输出速度，保证即使是高速运动的物体也能被清晰拍摄并实时播放。未来，这种动态视觉传感器的应用将能极大改善飞行器机器人的性能，为自主飞行机器人的发展提供新的可能[17]。

2. 触觉(Tactile)

智能机器人在复杂环境下进行工作需要多种传感器相互之间精确的配合才能完成，触觉作为机器人仅次于视觉的一种重要知觉形式已经受到研究人员的极大关注。触觉是人类通过皮肤感知外界环境的一种形式，机器人触觉主要感知机器人与外界环境接触时的温度、湿度、压力和振动等物理量，以及目标物体材质的软硬程度、形状和结构大小等，如图 6.7 所示。以人类触觉为原理的触觉传感器的功能已逐渐得到完善，并且已应用到很多领域，尤其在智能机器人的环境感知领域中显得尤为突出[18]。

图 6.7　多触觉融合的 iCub 机器人

触觉传感器研究有广义和狭义之分。广义的触觉包括触觉、压觉、力觉、滑觉、冷热觉等。狭义的触觉包括机械手与对象接触面上的力感觉。从功能的角度分类，触觉传感器大致可分为接触觉传感器、力-力矩觉传感器、压觉传感器和滑觉传感器等[19]。

机器人触觉传感器的研究稍晚于机器人的出现，与视觉传感器的进步相比尤显不足。从 20 世纪 70 年代开始，机器人研究已经成为研究热点；到 80 年代，这一技术进入研究、发展的快速增长期，对传感器的设计、原理和制作工艺都进行了大量研究，主攻方向也从传感器本身转向适应工业自动化的需求；90 年代至今，触觉传感技术的研究继续保持着快速增长，并开始向多元化发展。进入新世纪，科学家们借鉴仿生学原理，参照人类皮肤对环境的敏锐感知，改进触觉感应器，不断发展其性能，甚至令机器人触觉感应器获得了“电子皮肤”的称号。与人类皮肤不同的是，现在的触觉感应器不仅能够将湿度、温度和力度等感觉用定量的方式表达出来，还可以帮助伤残者获得失去的感知能力。

3. 听觉(Auditory)

机器人的听觉系统是一种自然、方便、有效、智能的机器人与外界系统交互的方式[20]。听觉传感器是一种可以检测、测量并显示声音波形的传感器，广泛地用于日常生活、军事、医疗、工业、领海、航天等领域，中并且成为现代社会发展所不能缺少的部分。对智能机器人来说，其作用相当于一个话筒(麦克风)，用来接收声波、显示声音的振动大小和频率。在某些环境下，机器人需要测知声音的音调和响度，区分左右声源甚至需要判断声源的大致方位。有些条件下，机器人需要与人类进行语音交流。因此，听觉传感器的存在能够使智能机器人更好地完成这些任务[21]。

一般来讲机器人听觉(Robot Audition)包括声源信号的定位与分离、自动语音识别和说话识别等[20]。其中，声源信号的定位与分离是解决声源定位和距离测定等在内的声音测量定位问题，自动语音识别和说话识别则包括语音识别和语义识别，语音识别解决的是智能机器人“听得见”的问题，而语义识别解决的是智能机器人“听得懂”的问题[22]。我国首创的视听机器人海美迪如图 6.8 所示。

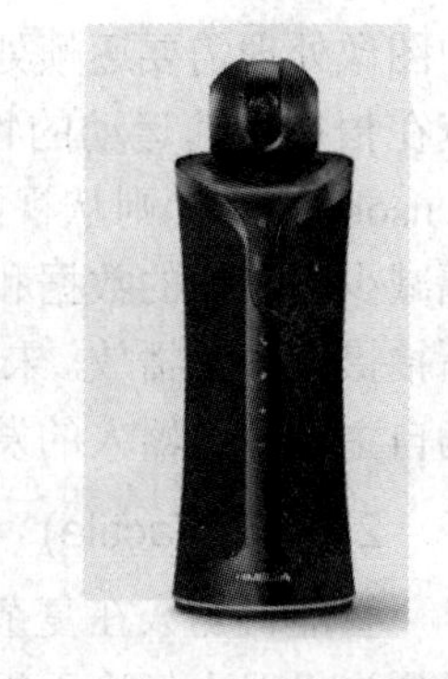

图 6.8　我国首创的视听机器人海美迪

4. 环境感知——激光雷达(Lidar)

环境感知是智能移动机器人研究的关键技术之一。智能机器人周围的环境信息可以用来导航、避障和执行特定的任务。获取这些信息的传感器既需要足够大的视场来覆盖整个工作区，又需要较高的采集速率以保证在运动环境中能够提供实时的信息[23]。

近年来，激光雷达在移动机器人导航中的应用日益增多。这主要是由于基于激光的距离测量技术具有很多优点，特别是其具有较高的精度，通过二维或三维的扫描激光束或光平面，激光雷达能够以较高的频率提供大量、准确的距离信息。与其他距离传感器相比，激光雷达能够同时考虑精度要求和速度要求，这一点特别适用于智能移动机器人领域。此外，激光雷达不仅可以在有环境光的情况下工作，也可以在黑暗中工作，而且在黑暗中测量效果更好[23]。配置激光雷达等多传感器的 Pepper 机器人如图 6.9 所示。

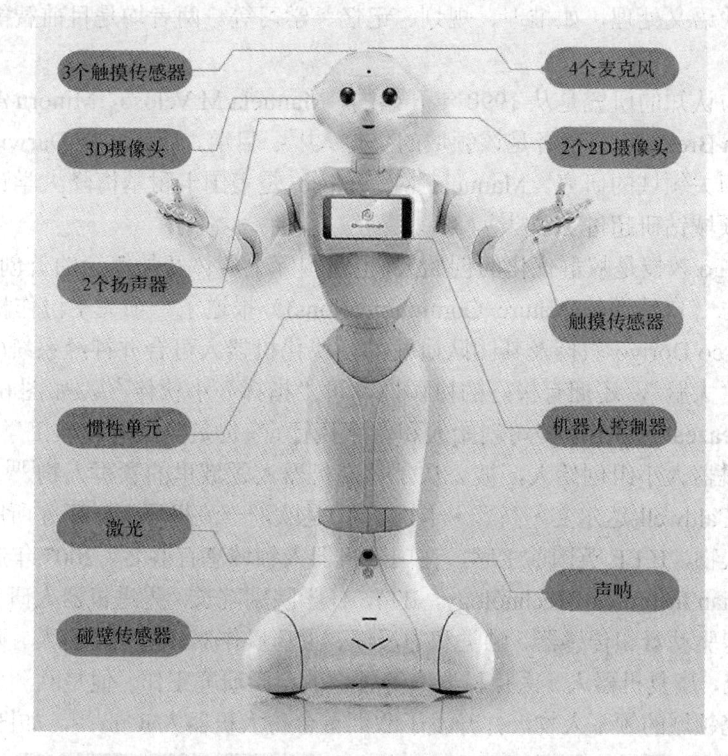

图 6.9　配置激光雷达等多传感器的 Pepper 机器人

扫地机器人是目前激光雷达应用最广泛的领域。激光雷达配合 SLAM(Simultaneous Localization And Mapping)算法，可以让扫地机器人在房间里实现智能清扫，清扫的过程中绘制地图，实时传输到手机 APP，就算用户不在家，也可以通过手机 APP 查看清扫情况，以及安排其他地方清扫[24]。

6.3.2　智能认知与感知

智能认知与感知是智能机器人与人、环境进行交互的基础。目前与服务机器人密切相关的智能认知感知技术包括城市环境下移动机器人对环境的感知与识别以及智能空间等。未来智能认知与感知主要是在传感器技术发展的基础上，进行大量数据有效分类、归纳，并提取可靠有效信息，凝聚成反映人-机-环境交互关系的特征数据网，并结合人工智能的发展及高效能计算能力的实现，为机器人的智能化发展提供基础保障[25]。

智能感知，即视觉、听觉、触觉等感知能力，且能够通过各种智能感知能力与自然界进行交互。智能机器人、自动驾驶汽车等，就是通过激光雷达等感知设备和人工智能算法，实现感知智能的。机器在感知世界方面，比人类还有优势。人类都是被动感知的，但是机器可以主动感知，如激光雷达、微波雷达和红外雷达。不管是大狗(Big Dog)这样的感知机器人，还是自动驾驶汽车，因为都是充分利用了深度神经网络(Deep Neural Networks，DNN)和大数据的成果，所以在感知智能方面已越来越接近于人类。智能认知，通俗讲是“能理解会思考”。人类有语言，才有概念，才有推理，所以概念、意识、观念等都是人类认知智能的表现[26]。智能感知主要是基于视觉、听觉及各种传感器的信息处理。智能认知部分则负责更高层的语义处理，如推理、规划、记忆、学习等。两者均是目前智能机器人研究的方向[27]。

对于感知与认知的研究是从 1990 年开始的，Manuela M.Veloso、Minoru Asada、Marco Dorigo、Cynthia Breazeal 等学者是该领域的奠定人[17]。目前，后起之秀 Darwin G. Caldwell 教授积极投入相关领域的研究。Manuela M. Veloso 是美国卡耐基梅隆大学计算机科学教授，在机器人领域钻研超过 20 年[28]。

Marco Dorigo 教授是蚁群优化的创始人，也是国际上群体智能概念的首创者之一。2017 年著名英国杂志《自然通信(Nature Communications)》报道了一项关于协作机器人的最新突破——由 Marco Dorigo 教授及其团队研发的模块化机器人可合并神经系统(MNS)，它不仅拥有灵敏的“大脑”，还拥有极好的协调性，可“指挥”小伙伴[29]，如图 6.10 所示。

Cynthia Breazeal 是 JIBO 公司创始人和首席执行官，也是美国麻省理工学院(MIT)媒体实验室的个人机器人小组创始人，被公认是社交机器人领域里的领军人物[30]。

Darwin G. Caldwell(达尔文·高登·卡德威尔)是欧洲一流机器人学研究所所长，欧洲服务机器人领军人物，IEEE 英国前主席，在国际机器人领域享有盛名。2007 年起受聘于意大利理工学院(Italian Institute of Technology，IIT)，任学院副院长，先进机器人研究所所长。他一直致力于新型驱动器和传感器、触觉和力反馈、灵巧操作器、仿人机器人、两足与四足机器人、仿生系统、康复机器人、医疗机器人等领域的科学研究工作。他是欧洲仿人机器人和服务机器人研究领域的领军人物，并开发了欧洲首台仿人机器人 iCub[31]，如图 6.11 所示。

图 6.10　Marco Dorigo 研发的可合并神经系统(MNS)的机器人

图 6.11　仿人机器人 iCub

6.3.3　规划与决策

路径规划仅仅是智能机器人学中规划与决策(Planning and Decision)技术之下的一个重要分支。它也是移动机器人技术研发的关键技术之一。机器人的路径规划技术，其实是参照某一个参数的指标(如工作代价值最低、选择路径最短、运算时间消耗最短等)，在任务区域选择出一条可从起点连接到终点的最优或次优的避障路径。其本质是在几个约束条件下得到最优或可行解的问题。路径规划结果的优劣，将直接地对机器人完成任务的实时性及结果优劣造成影响。

机器人路径规划的研究始于20世纪70年代，至今各机器人研发大国仍对其进行研究，而且成果同样显著。根据所研究环境的信息特点，路径规划可分为离散域范围路径规划和连续域范围路径规划。根据路径规划算法发现先后，可分为传统算法路径规划和现代智能算法路径规划。根据移动机器人对其工作区域信息的理解层次，将机器人路径规划分为基于部分区域信息理解的路径规划(又称局部路径规划)和基于完整区域信息理解的路径规划(又称全局路径规划)。局部路径规划是在机器人执行任务过程中根据自身携带传感器采集到的局部环境信息进行的实时动态路径规划，具有较高的灵活性和实时性。但由于依靠的是局部环境特征，其获得的路径可能只是局部最优而非全局最优，甚至是目标不可达路径。全局路径规划首先需要根据已知的全局环境信息，建立抽象的全区域环境地图模型，然后在全区域地图模型上使用寻优搜索算法获取全局最优或较优路径，最终引导移动机器人在真实情况下向目标点安全地移动。机器人路径规划主要涉及两部分内容：一是环境信息理解及地图模型构建，二是全局路径搜索及机器人引导。在移动机器人路径规划中，需要融合兼用全局和局部路径规划，前者旨在寻找全局优化路径，后者旨在实时避障。移动机器人的路径规划中最关键部分就是选取算法，一个优秀的算法对路径规划起到至关重要的作用。下面将分别从全局和局部路径规划两方面介绍一些常用算法[32]。

全局路径规划属于静态规划(又称为离线路径规划)，一般应用于机器人运行环境中已经对障碍信息完全掌握的情况下。目前用于全局路径规划的常用方法主要有遗传算法、快速随机搜索树算法和蜂群算法等。当然，还有很多与此类算法相类似的启发式算法，例如粒子群算法、可视图法、链接图法、拓扑法等。局部路径规划属于动态规划(又称为在线规划)，局部动态路径规划只需要由传感器实时采集环境信息，确定环境地图信息，然后得到当前所在地图的位置及其局部障碍物分布情况，从而可以获取当前节点到某一子目标节点的最优路径。局部路径规划常用算法主要包括：人工势场法、模糊算法、A*算法等。还有人工免疫算法、D*算法、滚动窗口法、事例学习法等[32]。上述算法的详细介绍请参阅文献《移动机器人路径规划算法综述》。

路径规划发展始于1990年，已有大量的学者投入该领域的研究，主要贡献者有Howie Choset(豪伊 · 乔赛特)、Manuela M.Veloso(曼纽尔 · 菲洛索)、Sebastian Thrun(塞巴斯蒂安 · 特龙)等人。其中，Howie Choset是卡内基梅隆大学的机器人技术教授，也是美国先进机器人制造中心(Advanced Robot Manufacturing，ARM)的首席技术官(Chief Technology Officer，CTO)。在有限空间的应用激发下，他创建了一个蛇形机器人的综合程序，至今仍致力于机构设计、路径规划、运动规划和估计等方面的研究，并创造出了标志性的成果[33]。

Sebastian Thrun 是 Google X 实验室的创始人、斯坦福大学终身教授、人工智能领域专家、Google 无人驾驶汽车(见图 6.12)之父，开发了世界首个无人驾驶汽车。他是 Google 街景的领导者，也被认为是 Google Glass 的发明人，亦是 Udacity 的创始人，大型开放式在线课程(Massive Open Online Courses，MOOC)慕课教育的开创者之一[34]。

图 6.12　基于规划与决策的 Google 无人车

6.3.4　动力学与控制

机器人动力(Dynamics)学是对机器人结构的力和运动之间关系与平衡进行研究的学科。机器人动力学是复杂的动力学系统，对物体的动态响应取决于机器人动力学模型和算法，主要研究动力学正问题和动力学逆问题两个方面，需要采用严密的系统方法来分析机器人的动力学特性[35]。机器人控制(Control)技术是指使机器人完成各种任务和动作所执行的各种控制手段，包括机器人的智能、任务描述以及运动控制和伺服控制等技术[36]。

在早期的机器人研究中，与机器人的机械结构相比，其控制用计算机的价格高且运算能力有限，故只能采用极简单的控制方案，难以满足高速、高精度机器人的性能要求。自 20 世纪 70 年代以来，随着电子技术与计算机科学的发展，计算机运算能力大大提高而成本不断下降，这就使得人们越来越重视发展各种机器人动力学模型的计算机实时控制方案。因此，在机器人研究中，控制系统的设计已显得越来越重要，成为提高机器人性能的关键技术之一[37]。

智能化控制系统也为提高机器人的学习能力奠定了基础。2016 年，伯克利大学利用深度学习和强化学习向控制机器人(Berkeley Robot for the Elimination of Tedious Tasks，BRETT)运动的软件提供实时视觉和传感反馈，BRETT 在学习中提升自己在家务劳动中的表现。采用的深度学习策略开启了训练机器人执行越来越复杂的任务的大门。该研究的目的是将从一个任务中所获得的经验推广到另一个任务，能从经验中学习的机器人比传统机器人掌握了更多技能[38]。

6.3.5 人机交互

人机交互(Interaction)是计算机、人类工效学、工程心理学、认知学等多学科交叉的技术，也是智能机器人中的关键技术。人机交互即人与机器人相互作用的研究，其研究目的是开发合适的算法并指导机器人设计，以使人与机器人之间更自然、高效地共处。人机交互首次提出于 1975 年，专业的称呼出现于 1980 年。1983 年卡德、莫兰和内韦尔出版《人机交互心理学》一书，自此交互的概念迅速普及。人机交互国际顶级会议(ACM SIGCHI)定义人机交互是研究交互式计算系统的设计、评价和实现，以便于人类使用的一门学科。Dix 等人定义人机交互是在用户的工作任务和环境下，对交互系统的设计、实现和评价。人机交互研究最初是以机器为中心，心理学家训练选拔员工以适应机器的工作。20 世纪 90 年代后期以来，随着高速处理芯片、多媒体技术及互联网的飞速发展与普及，人机交互向着智能化的方向发展，这一技术关注的重点也由计算机的反馈转向以人为中心。2018 年 ACM SIGCHI 新增一本杂志《Interactions》，其主题是人机交互和交互设计，人机交互技术研究越来越得到重视[39]。

人机交互技术经过基本交互、图形式交互、语音式交互和感应式交互(体感交互)四个阶段。基本交互仍然停留在最原始的状态，人与机器的关系仅仅是人工手动输入与机器输出的交互状态，比如早期的按钮式电话、打字机与键盘。图形交互时期是随着电脑的出现而开始的，以显示屏、鼠标问世为标志，在触屏技术成熟期达到巅峰。语音交互最开始是单向的，即语音识别，如科大讯飞的语音识别系统。后来微软的 Cortana、小冰，苹果的 Siri 以及 Google 公司的 Google Now 突破了单向交互的壁垒，实现了人机双向语音对话。最后，随着当前机器人的发展越来越强调交互形式的智能化，体感交互将成为未来交互发展的新方向。体感交互是直接从人的姿势识别来完成人与机器的互动，主要是通过摄像系统模拟建立三维的世界，同时感应出人与设备之间的距离与物体的大小。目前，索尼发明的触控型投影仪已经实现了体感交互[17]。未来，这种交互方式将成为先前各种技术的结合，包括即时动态捕捉、图像识别、语音识别、VR 等技术，最终衍生出多样化的交互形式，而机器人有望在未来成为体感交互的载体[40]。

6.4 智能机器人的应用

6.4.1 极端环境与军事应用

1. 极端环境

机器人可以代替人类在极端环境中工作，如极寒环境、深海环境、核污染地域、极端天气等。如美国 OceanOne 就是一款类人型深海机器人，被称作美人鱼机器人，如图 6.13 所示。它拥有人类的视力和人造的大脑，还可以借压力传感器等元件提供力量反馈，能够潜入数百英尺深的海底[41]。

在现有的技术条件下，人类要实现长时间载人太空航行，还是一件比较困难的事情。如果用机器人来代替人类，长时间太空旅行并登陆其他星球、进行环境探测，将所得数据传回地球，深入研究各天体的地质特性和所处的空间环境，探索行星系统的形成和演化历史，将会大大方便人类探索宇宙的物质分布和起源[42]。

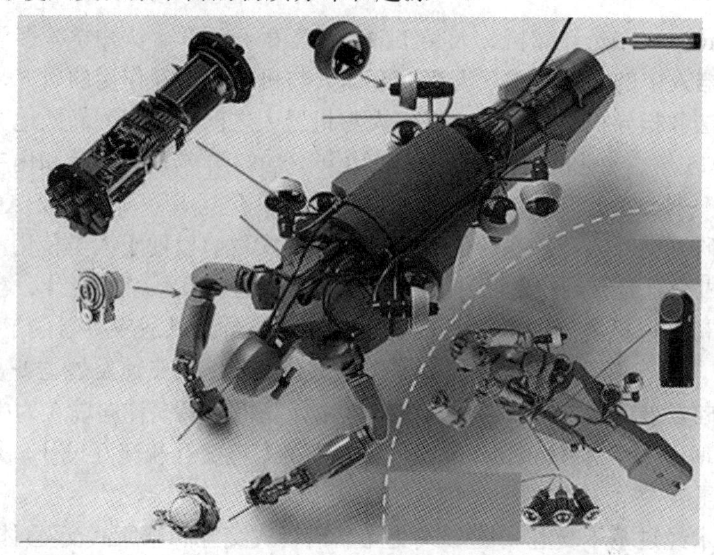

图 6.13　适用于极端环境潜水机器人 OceanOne 的身体结构图

据国外媒体报道，航天局和私人航天公司都正致力于将人类送达更遥远的太空区域。但是近期一系列研究表明，智能机器人可能是未来太空探索的引领者。美国宇航局已经赞成派遣智能机器人探测搜寻宇宙空间，科学家也认为在轨道上的宇航员通过远程监控能够操控机器人系统实现虚拟探索。同时，一些人甚至表示，智能机器人几乎能独立完成太空探测任务[17]。太空机器人如图 6.14 所示。

图 6.14　太空机器人

我国在第 34 次南极科考中，由中国科学院沈阳自动化研究所自主研发的探冰机器人成功执行了“南极埃默里冰架地形勘测”项目地面勘察现场试验任务，这是我国地面机器人首次投入极地考察冰盖探路应用。该探冰机器人(见图 6.15)是安全有效的冰盖未知区域路线探测装备，将在未来建立中山站至埃默里冰架冰上安全运输路线中发挥重要作用[17]。

2017 年，中国攻克了强辐射环境可靠通信、辐射防护加固等核用机器人关键技术，成功自主研发耐核辐射机器人，如图 6.16 所示。中国的耐核辐射机器人可以承受 65℃的高温，它携带的相机等传感器，可在每小时 1 万个西弗(SV)的核辐射环境中工作，特别是其水下高清耐核辐射摄像系统，采用独特辐射屏蔽技术，可在水平方向 360 度旋转，无盲区，即便在水下 100 米工作也仍然稳定可靠[17]。

图 6.15　我国的探冰机器人

图 6.16　我国耐核辐射机器人

2. 军事应用

军用机器人(Military Robot)是一种用于军事领域的具有某种仿生功能的自动机器。从物资运输到搜寻勘探以及实战进攻，军用机器人的使用范围广泛。军用机器人按照使用环境和军事用途来分类，主要有以下四大类：地面军用机器人、空中机器人、水下机器人和空间机器人[43]，下面讲述其中三种。美国波士顿动力军用机器人如图 6.17 所示。

图 6.17　美国波士顿动力军用机器人

(1) 地面军用机器人：主要是指智能或遥控的轮式和履带式车辆及多足机器人，依靠自身的智能自主导航，躲避障碍物，独立完成各种战斗任务，如图 6.18 所示。

(2) 水下机器人：2015 年 9 月，中国科学院沈阳自动化所研发出中国首台 6 000 米水下自主机器人。2016 年 7 月，同为沈阳自动化研究所研发的“海斗号”创造了我国水下机器人最大下潜深度纪录，成为我国首台下潜深度超过万米并完成全海深渊科考应用的水下机器人。这些技术的突破都有望应用于未来的军事领域[43]。水下机器人如图 6.19 所示。

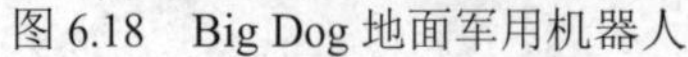

图 6.18　Big Dog 地面军用机器人

图 6.19　水下机器人

(3) 空间机器人：用于代替人类在太空中进行科学试验、出舱操作、空间探测等活动的特种机器人，如图 6.20 所示。空间机器人代替宇航员出舱活动可以大幅度降低风险和成本[43]。

图 6.20　空间机器人

我国空间机器人技术研究始于 20 世纪 90 年代，中国科学院、哈尔滨工业大学、北京邮电大学、北京理工大学、北京航空航天大学、航天五院等科研单位针对空间机器人开展了大量研究，在空间站建造与运营、月球探测、活性探测等工程方面取得了丰硕成果，部分产品已实现了空间应用。2016 年 6 月，中国国家航天局在人工智能、机器人和自动化国际研讨会上宣布，已经根据我国航天发展的需要制订了我国未来的空间机器人发展路线图[43]。

6.4.2　医学领域应用

机器人在医疗领域的应用非常广泛，比如智能假肢、外骨骼和辅助设备等技术帮助修复人类受损身体，医疗保健机器人辅助医护人员工作等。目前，关于智能机器人在医疗界中的应用，主要集中在外科手术机器人、康复机器人、护理机器人和服务机器人等方面。国内医疗智能机器人领域也经历了快速发展，已有大量机器人技术进入了市场应用[44]。

早在 1985 年，研究人员借助 PUMA 560 工业机器人完成了机器人辅助定位的神经外科活检手术，这是首次将机器人技术运用于医疗外科手术中，标志着医疗机器人发展的开端。之后经过 30 多年的快速发展，已在看护机器人、康复机器人、手术机器人、仿生假肢和行为辅助机器人等领域得到了广泛的应用。早在 1972 年就有人提出开发医疗用遥控机器人的设想，但在当时人们普遍认为这是个相对遥远的事情。然而，随着原子能领域、宇宙开发领域的遥控机器人技术的发展以及虚拟现实技术的出现，医疗领域也出现了开发医用机器人的热潮。

在 1994 年就出现了第一台商业化的手术机器人，它是由美国 Computer Motion 公司研究的一台声控腹腔镜自动“扶手”AESOP(伊索机器人)，并于 1997 年 3 月在比利时布鲁塞尔的一家医院完成了第一例腹腔镜手术——胆囊切除。1997 年，我国第一台医用机器人“主刀”手术在海军医院神经外科病房取得成功，由海军总医院与北京航空航天大学机器人研究所共同研制成功的第一台医用机器人，在两名医生和一名计算机专家的共同指令下，首次完成立体定向颅咽管瘤内放射治疗术，从而开启我国医用外科机器人的研究与应用。到 1998 年，Computer Motion 公司推出的宙斯(ZEUS)系统、Intuitive Surgical 公司研发的达芬奇(da Vinci)系统(见图 6.21)、EndoVia 公司研发的 Laprotek 系统三足鼎立，瓜分世界外科手术机器人市场[45]。

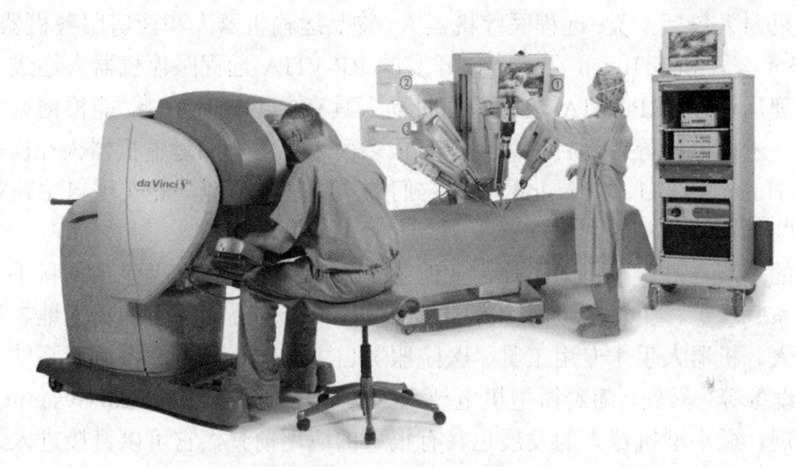

图 6.21　da Vinci 系统机器人

目前手术机器人不仅完成了普外科，还有脑神经外科、心脏修复、胆囊摘除、人工关节置换、泌尿科和整形外科等方面的手术。近些年，心脏手术机器人、腔镜手术支援机器人和机器人手术钳的开发已经到了成熟阶段，它们的应用也颇受人们的关注[45]。

康复机器人作为医疗机器人的一个重要分支，它的研究贯穿了康复医学、生物力学、机械学、机械力学、电子学、材料学、计算机科学以及机器人学等诸多领域，已经成为了国际机器人领域的一个研究热点。康复机器人是工业机器人和医用机器人的结合。20 世纪 80 年代是康复机器人研究的起步阶段，美国、英国和加拿大在康复机器人方面的研究处于世界领先地位。1990 年以前全球的 56 个研究中心分布在 5 个工业区内：北美、英联邦、加拿大、欧洲大陆及日本。1990 年以后康复机器人的研究进入到全面发展时期。目前，康复机器人的研究主要集中在生活辅助类康复机器人和功能治疗类康复机器人两方面[46]。

目前康复机器人已经达到了实用化，如英国 Rehab Robotics 公司开发的 Handy1，荷兰 Exact Dynamic 开发的 iARM 等属于生活辅助类康复机器人；像美国 Myomo 公司开发的 MyoPro 系统和瑞士 Hocoma 公司开发的 Lokomat 系统(见图 6.22)等属于功能治疗类康复机器人[45]。

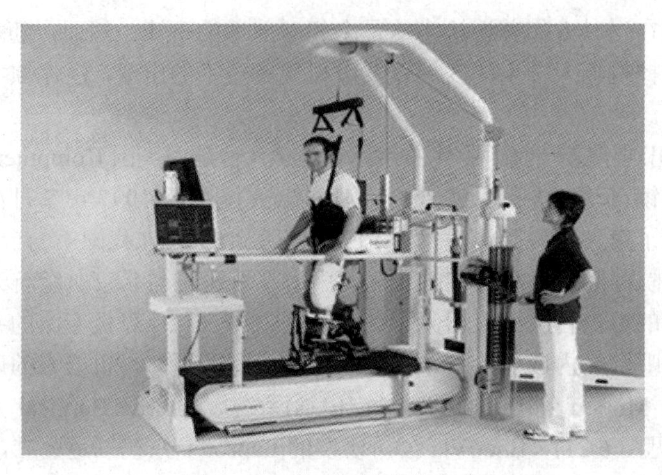

图 6.22　Lokomat 康复机器人

医院服务机器人包括三类:远程医疗机器人、物品运输机器人和药房服务机器人。2013 年美国的 iRobot 公司和 InTouch 公司合作开发的 RP-VITA 远程医疗机器人通过了美国食品药品监督管理局认证。RP-VITA 远程医疗机器人具有自主导航功能，能根据远程指令自主运动、避障、进出电梯等。到目前为止已有很多商用化的物品运输机器人在医院使用，如 Helpmate、Hospi、TUG、Swisslog 等，它们的功能基本类似，能实现自主路径规划、避障、充电、物品运输等功能[46]。

随着技术的发展，机器人将向医疗行业的各个领域渗透，将涵盖包括外科手术、医院服务、助残、家庭看护、康复甚至问诊等的所有层面，开创临床医学的新天地。如各种类型的手术机器人、机器人手术专用工具、医院服务自主车辆系统、虚拟培训系统、智能轮椅、智能康复设备等。另外，随着微型机电技术(Micro-Electro-Mechanical System，MEMS)的不断深入发展，微小型机器人的发展也具有很好的应用前景，它可以直接进入人体器官内部进行手术和其他工作，如完成组织取样、疏通血管、检测、药物放置、细胞捕捉等工作。此外，纳米级的机器人和生物机器人也将成为现实，在生物科技上发挥重要的作用[47]。

6.4.3　物流运输应用

伴随“即时生产”降低库存的发展趋势，低成本、高灵活性的物流系统日益成为供应链管理中的重要组成部分，例如著名的亚马逊 Kiva 仓储机器人系统(见图 6.23)与 FedEx 及 UPS 的自动化配送中心。然而，它们只能在量身定制的固定仓库中使用。若想让机器人发挥更大作用，就必须赋予机器人更高的机动性，能够应对楼梯、电梯、房门、不平坦的地面和杂乱环境等人类生活的常见场景。随着研究的进展，高机动性机器人也正在逐步成为现实，它们将使整个物流系统变得更加快速、灵活、廉价、可控、稳定[48]。

不少公司已经将目光投向物流市场，包括生产酒店运输机器人的 Savyoke，为医院制作运输机器人的 Aethon 和 Vecna，生产超市仓储机器人的 Bossa Nova，着眼于无人机快递的 Amazon Prime Air 和 Google Project Wing，提供最后一公里物流快递的 Starship Technologies 和生产仓储机器人的 Fetch 等。物流机器人市场的指数增长使得该领域成为未来 15 年最大的投资热门行业[48]。

图 6.23　Kiva 仓储机器人

6.4.4　家居服务应用

家居服务机器人是为人类服务的特种机器人，能够代替人完成家庭服务工作。它包括行进装置、感知装置、接收装置、发送装置、控制装置、执行装置、存储装置、交互装置等。感知装置将在家庭居住环境内感知到的信息传送给控制装置，控制装置指令执行装置做出响应，并进行防盗监测、安全检查、清洁卫生、物品搬运、家电控制、家庭娱乐、病况监视、儿童教育、报时催醒及家用统计等工作[49]。

家居服务机器人 ASIMO(见图 6.24)是一款类人程度非常高的人形机器人，由日本本田公司研发。ASIMO 不仅可以和人手拉手走路，还可以进行日常的物品搬运，自主地进行接待、向导及递送等工作。目前，在家居服务机器人中最常用之一是扫地机器人(见图 6.25)，它可以有效减少人们的家务劳动，使人们有时间去从事更有意义的工作和休闲。

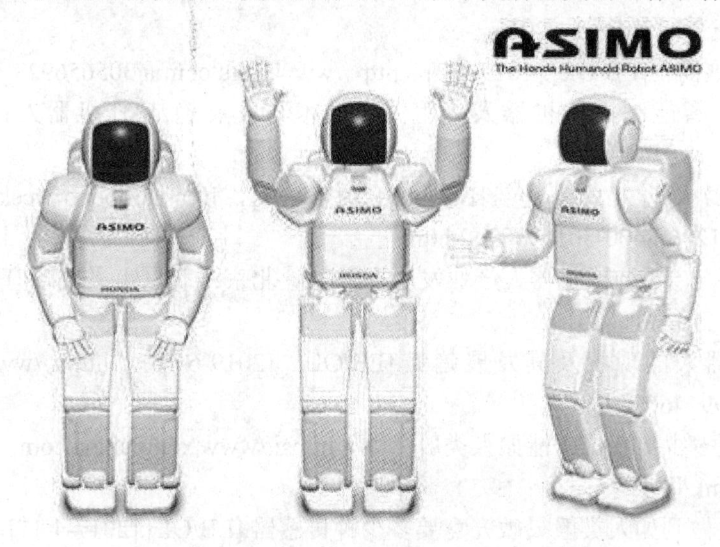

图 6.24　家居服务机器人 ASIMO

图 6.25　扫地机器人——清洁机器人

参 考 文 献

[1] 孟庆春，齐勇，张淑军，等. 智能机器人及其发展[J].中国海洋大学学报(自然科学版)，2004(5)831-838.

[2] 邓志东. 智能机器人发展简史[J]. 人工智能，2018(3)：6-11.

[3] 新兴科技加快重塑机器人产业[EB/OL].[2019-9-12]，http://www.aichinaw.com/news/show.php?itemid=780.

[4] 王天然. 机器人技术的发展[J]. 机器人，2017(4)：385-386.

[5] 金耀青，姜永权，谭炳元. 智能机器人现状及发展趋势[J].电脑与电信，2017 (5)：27-28.

[6] 蔡自兴. 机器人学[M]. 北京：清华大学出版社，2009.

[7] 王哲，冯晓辉，李艺铭，等. 智能机器人产业的现状与未来[J].电子科学技术，2018(3)：12-27.

[8] BRUNO S，OUSSAMA K. Springer Handbook of Robotics[M]. 2nd.Springer International Publishing Switzerland，2016.

[9] 机器人发展简史[EB/OL].[2019-4-3]，http://www.sohu.com/a/305656923_524624.

[10] 谭建荣. 智能制造与机器人应用关键技术与发展趋势[J].机器人技术与应用，2017(3)：18-19.

[11] 未来机器人七大发展趋势[EB/OL].[2017-7-31]，https://robot.ofweek.com/2017-07/ART-8321206-8400-30159183_2.html.

[12] 中国电子学会. 中国机器人产业发展报告[R]. 北京：北京市人民政府、工业和信息化部、中国科协，2019.

[13] 智能机器人的现状及其发展趋势.[EB/OL]. [2019-6-16]，https://www.sohu.com/a/320891699_466950.

[14] 机器人要多少传感器才能如人类般灵敏？https://www.xianjichina.com /news/ details_33109.html.

[15] 机器人要做到如人类般灵敏究竟要多少种传感器.[EB/OL].[2017-4-17]，http:// www.sohu. com/a/134483605_447946.

[16] SICK 机器人视觉引导系统：视觉引导机器人-机器视觉系统的新趋势[EB/OL]. [2018-8-1]，https://www.chuandong.com/tech/detail.aspx?id=33052.

[17] AMiner.org. 智能机器人研究报告(前沿版)[R]. 清华大学计算机系－中国工程科技知识中心\知识智能联合研究中心(K&I)，2019.

[18] 邓刘刘，邓勇，张磊. 智能机器人用触觉传感器应用现状[J]. 现代制造工程，2018(2)：18-23.

[19] 朱宏伟. 触觉传感器的现在与未来[J]. 张江科技评论，2018(4)：40-42.

[20] 李晓飞，刘宏. 机器人听觉声源定位研究综述[J]. 智能系统学报，2012(1)：9-20.

[21] 机器人 AI 技术中的重点传感器技术原理与应用[EB/OL]. [2019-5-8]，https://www.sensorexpert.com.cn/article/1171.html.

[22] 人工智能行业研究报告.[EB/OL].[2019-7-31]，https://www. sohu.com/a/330524037_114819.

[23] 机器人时代来临：激光雷达借势起航.[EB/OL].[2015-1-13]，https://www.jiaheu.com/topic/191551.html.

[24] 关于激光雷达在各领域的应用.[EB/OL].[2016-7-26]，http://www.360doc.com/content/16/0726/09/15189412_578434518.shtml.

[25] 机器人动力学分析.[EB/OL].http://www.doczj.com/doc/10e77609bd64783e09122b-60-2.html.

[26] 人工智能的三个层次：运算智能，感知智能，认知智能[EB/OL].[2018-7-7]，https://blog.csdn.net/qq_36322492/article/details/80954817.

[27] 人工智能的一个终极应用目标之一，机器人更加“聪明”.[EB/OL]. [2019-1-4]，https://baijiahao.baidu.com/s?id=1621674992201260049&wfr=spider&for=pc.

[28] 一个女人对机器人的执着和追求：用足球比赛推动机器人发展.[EB/OL]. [2015-3 -2]，https://www.leiphone.com /news/201503/TgsVuWFda9 VsARKG. html.

[29] 可随时变身的模块化机器人：只有你想不到没有他做不到.[EB/OL]. [2017-9-14]，https:// baijiahao.baidu.com/s?id=1578525892079655275&wfr=spider&for=pc.

[30] Cynthia Breazeal 有关社交机器人的演讲.[EB/OL].[2014-7-22]，https://www. douban.com/ group/topic/56672345/.

[31] 中国高校之窗.[EB/OL].[2011-8-23].http://www.gx211.com/news/2011823/n436968-494_2.html.

[32] 霍凤财，迟金，黄梓健，等. 移动机器人路径规划算法综述[J]. 吉林大学学报(信息科学版)，2018(6)：639-647.

[33] Mechanical Engineering.[EB/OL].[2019]，https://www.meche.engineering.cmu.edu/directory/bios/choset-howard.html.

[34] 他是当代最伟大的发明家之一，他已经改变世界三次.[EB/OL].[2016-11-28]，https://baike.baidu.com/tashuo/browse/content?id=56526503b55062aadefd38ea&lemmaId=20421951&fromLemmaModule=pcBottom.

[35] 机器人动力学.[EB/OL].https://baike.baidu.com/item/机器人动力学.

[36] 机器人控制技术.[EB/OL]. https://baike.baidu.com/item/机器人控制技术/ 332-

0971?fr=aladdin.

[37] 霍伟. 机器人动力学与控制[M]. 北京：高等教育出版社，2005.

[38] 伯克利叠毛巾机器人：深度学习帮助机器人完善技能.[EB/OL].[2016-3-9]，https://www. jiqizhixin.com/articles/2016-03-09.

[39] 赵永惠. 人机交互研究综述[J].信息与电脑，2017(23)：24-25.

[40] [机器人频道丨物联网]百亿“机器人”与产业互联网的新生态！[EB /OL].[2019-6-24]，https: //www.sohu.com/a/322673150_99946933.

[41] 遨游深海的潜水机器人：遍布压力传感器等多种传感器.[EB/OL].[2016-5-4]，http://old.sensorexpert.com.cn/Article /youshenhaideqianshui_1.html.

[42] 丁希仑，徐坤. 星球探测机器人[J]. 航空制造技术，2013(18)，34-39.

[43] 2016 中国服务机器人产业发展白皮书(七)：军用机器人.[EB/OL].[2016-12- 27]，https://robot.ofweek.com/2016-12/ART-8321204-8400-30084955. html.

[44] 人工智能在医疗领域的 5 大应用.[EB/OL].[2019-3-5]，https://www.sohu.com/a/299171239_100119466.

[45] 倪自强，王田苗，刘达. 医疗机器人技术发展综述[J]. 机械工程学报，2015(13)：45-52.

[46] 康复机器人.[EB/OL].https://baike.baidu.com/item/%E5%BA%B7%E5%A4%8D%E6%9C%BA%E5%99%A8%E4%BA%BA/4771225?fr=aladdin.

[47] 杜志江，孙立宁，富历新. 医疗机器人发展概况综述[J]. 机器人，2003(2)，182-187.

[48] 美国服务机器人技术路线图.[EB/OL].[2018-9-21]，http://www.sohu.com/a/2552-26636_468720.

[49] 家庭服务机器人.[EB/OL].https://baike.baidu.com/item/家庭服务机器人/7394013?fr=aladdin.

第七章 脑机接口技术及其应用

7.1 脑机接口技术的基本概念

脑机接口(Brain Computer Interface，BCI)是近年出现的涉及众多学科、知识领域的人机接口方式，20 世纪 90 年代提出了脑机接口的概念。脑机接口是在人的大脑和外部设备之间建立的传递信息的通路，是目前人工智能最前沿的研究领域。它主要研究人(或者动物)的大脑与外部设备建立直接的连接通路以实时翻译意识，最终做到人类与人类之间、人类与机器之间自由传输思想、下载思维。脑机接口通过采集与提取大脑产生的脑电信号来识别人的思维活动，据此生成控制信号来完成人的大脑与外部设备进行信息传递与控制的目的。一个标准的脑机接口系统可以准确、快速地采集、识别出人脑在各种思维活动下的脑电信号。

根据脑机接口的应用种类不同，脑机接口的系统构成有所不同，但总体上一个标准的脑机接口系统一般由以下几个部分组成，即信号采集、信号预处理、特征提取、分类和外部设备等[1]，如图 7.1 所示。

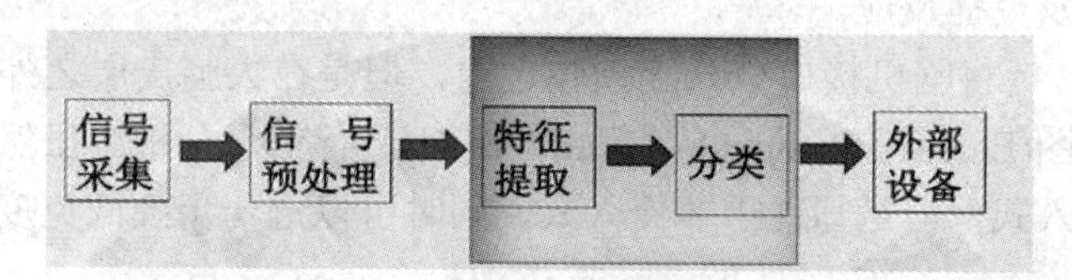

图 7.1 脑机接口系统组成示意图

脑机接口更科学规范的定义是：在人脑或动物脑(或者脑细胞的培养物)与计算机或其他电子设备之间建立的不依赖于常规大脑信息输出通路(外周神经和肌肉组织)的一种全新通信和控制技术。在该定义中，“脑”意指有机生命形式的脑或神经系统，而并非仅仅是“Mind(抽象的心智)”。“机”意指任何处理或计算的设备，其形式可以从简单电路到硅芯片再到外部设备和轮椅。“接口”意为用于信息交换的中介物。“脑机接口”的定义为“脑”+“机”+“接口”，即在人脑或动物脑(或者脑细胞的培养物)与外部设备间创建的用于信息交换的连接通路，使得大脑在不依赖外周神经和肌肉组织的情况下与外界进行交流。其目的一方面是脑控，将大脑活动转换成指令，通过大脑信号的解析操作机器；另一方面是控脑，可以通过对大脑进行刺激从而提供感觉反馈或者对神经和功能进行修复，如刺激大脑帮助患者康复，或者为失明老鼠的大脑“传入视觉”使其能够走出迷宫[2]。

简单来说，脑机接口技术就是实现用意念控制机器的技术。它意味着，人与机器的主要交互方式，除了手工输入以及近几年兴起的人工智能语音交互之外，还可以直接通过大脑向机器发出指令。之前的人机交互都需要外周神经和肌肉组织参加，比如敲键盘需要用手指，语音交互需要用嘴部肌肉，而脑机接口技术则不依赖肌肉组织，它是靠直接提取大脑神经信号来控制外部设备。目前的脑机接口技术可以分为：非侵入式(脑外)、侵入式和半侵入式，非侵入式和侵入式脑电信号获取示意图如图 7.2 所示。

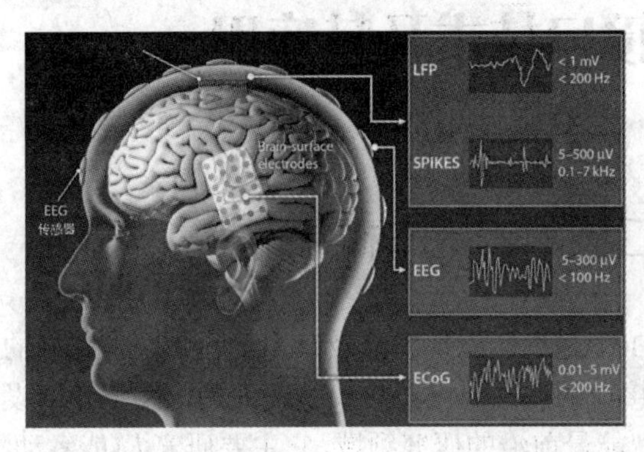

图 7.2　非侵入式和侵入式脑电信号获取示意图

(1) 非侵入式：指无需通过手术侵入大脑，只需通过附着在头皮上的穿戴设备来对大脑信息进行记录和解读。这种技术虽然避免了昂贵和危险的手术，但是由于颅骨对于大脑信号的衰减作用，以及对于神经元发出的电磁波的分散和模糊效应，使得记录到的信号强度和分辨率并不高，很难确定发出信号的脑区或者相关单个神经元的放电。

(2) 侵入式：指通过手术等方式直接将电极植入到大脑皮层，这样可以获得高质量的神经信号，但是却存在着较高的安全风险和高额的手术成本。另外，由于异物侵入，可能会引发免疫反应和愈伤组织(疤痕组织)，导致电极信号质量衰退甚至是消失。另外，伤口也易出现难以愈合及炎症反应。

(3) 半侵入式：指将脑机接口植入到颅腔之内，但是在大脑皮层之外。半侵入式主要基于大脑皮层脑电图(Electro Encephalo Gram，EEG)进行信息分析。虽然其获得的信号强度及分辨率弱于侵入式，但是却优于非侵入式，同时可以进一步降低免疫反应和愈伤组织的恶化概率。

典型的非侵入式脑机接口技术用脑电图(EEG)实现对外部机器的控制，如图 7.3 所示。脑电图是有潜力的非侵入式脑机接口的主要信息分析技术之一，这主要是因为该技术拥有良好的时间分辨率、易用性、便携性和相对低廉的价格。

图 7.3　脑电图设备图

“2018 年世界机器人大赛——BCI 脑控类”赛事所使用的脑机接口技术就属于非侵入式。选手们使用的设备叫作“脑电帽”，这种帽子呈网状结构，帽子上布满采集脑电波信号的电极。比赛之前，选手们会戴好脑电帽，为了保证脑电帽能更好地采集到脑电波信号，工作人员会拿着类似注射器的装置，向脑电电极内注入导电胶。在世界范围内，脑机接口技术正取得引人注目的进展，它实现了大脑与机器之间的初步交互。法国科学院院士、法国国家科学研究院与日本产业技术综合研究所机器人联合实验室主任阿卜杜勒·拉赫曼·切达介绍，通过训练大脑神经的反馈，可以借助脑机接口设备完成诸如让鼠标向左或向右移动的任务。其过程是让人的大脑去想象鼠标往左或往右移动，脑机接口设备在捕捉到大脑信号后，机器会依据指令产生反馈。在经过几个月的训练之后，体验者可以实现用意念来顺畅地控制机器臂递送饮料。阿卜杜勒·拉赫曼说：“在训练的过程中，大脑会产生一些特定的信号模式，机器人会理解这种信号。”脑机接口技术现在正经历从实验室演示到实际应用的转换阶段。比如现在已经可以实现用脑机接口技术开汽车，只不过开得比较慢而已。脑机接口最有前景的应用领域是通过心念操作机器，让机器代替人类身体的一些机能，修复残障人士的生理缺陷。

7.2　脑机接口技术的发展历程

在人们最初研究脑机接口时，很多研究只初步停留在验证“是否存在一个电信号”这一问题上，而这一结果的验证成为了这一领域研究开始的起源。只有在明确了存在电信号之后，人们才敢于将更多精力放在脑电信号处理领域。

起初的研究主要在于捕捉肌肉电信号，因为肌肉电信号的传播复杂程度比脑电信号低很多。随着肌肉电信号的成功获取和相应处理技术的发展，越来越多成熟的技术应用在脑电信号领域。同时，伴随着硬件设备的飞速发展，越来越多的研究团队投入到对脑机接口的研究当中，脑机接口技术越来越受到一些国际机构的重视。

1924 年，德国精神科医生汉斯·贝格尔发现了脑电波。至此，人们发现意识是可以转化成电信号被读取的。在此之后，针对 BCI 技术的研究开始出现。不过，直到 20 世纪 60 年代末、70 年代左右，BCI 技术才真正开始成形。

1969 年，研究员埃伯哈德·费兹(Eberhard Fetz)将猴子大脑中的一个神经元连接到了放在它面前的一个仪表盘上。当神经元被触发的时候，仪表盘的指针会转动。如果猴子可以通过某种思考方式触发该神经元，并让仪表盘的指针转动，它就能得到一颗香蕉味的丸子作为奖励。渐渐地，猴子变得越来越擅长这个游戏，因为它想吃到更多的香蕉丸子。因此，这只猴子学会了控制神经元的触发，并在偶然之下成为了第一个真正的脑机接口被试对象。

1970 年，美国国防高级研究计划局(Defense Advanced Research Projects Agency，DARPA)开始组建团队研究脑机接口技术。1978 年，视觉脑机接口方面的先驱 William Dobelle 在一位男性盲人 Jerry 的视觉皮层下植入了 68 个电极阵列，并成功制造了光幻视(Phosphene)。该脑机接口系统包括一个采集视频的摄像机、信号处理装置和受驱动的皮层刺激电极。植入后病人可以在有限的视野内看到灰度调制的低分辨率、低刷新率点阵图像。

该视觉假体系统是便携式的，且病人可以在不受医师和技师帮助的条件下独立使用。

BCI 技术的另一个发展高潮集中在 20 世纪 90 年代末至 21 世纪初。1998 年，“运动神经假体”的脑机接口方面的专家，埃墨里大学的 Philip Kennedy 和 Roy Bakay 在患有脑干中风导致的锁闭综合症的病人 Johnny Ray 脑中植入了可获取足够高质量的神经信号来模拟运动的侵入性脑机接口，成功帮助 Ray 实现了对于电脑光标的控制。

同样是在 1998 年，在 John Donoghue 教授的带领下，布朗大学的科学家团队开发出可以将电脑芯片和人脑连接的技术，使人脑能对其他设备进行远程控制。这项技术要求进行脑部手术，然后用电线将人脑和大型主机相连。研究人员称这项技术为大脑之门(Brain Gate)。随后，1999 年和 2002 年的两次 BCI 国际会议的召开，也为 BCI 技术的发展指明了方向。

2005 年，Cyberkinetics 公司获得美国食品药品管理局 FDA(Food and Drug Administration)批准，在 9 位病人中进行了第一期的运动皮层脑机接口临床试验。四肢瘫痪的 Matt Nagle 成为了第一位用侵入式脑机接口来控制机械臂的病人，他能够通过运动意图来完成机械臂控制、电脑光标控制等任务。其植入物位于前中回的运动皮层对应手臂和手部的区域。该植入即可称为 BrainGate，包含了 96 个电极阵列。

2009 年，美国南加州大学的 Theodore Berger 小组研制出能够模拟海马体功能的神经芯片。该小组的这种神经芯片植入小鼠脑内，使其成为第一种高级脑功能假体。2014 年巴西世界杯，身着机器战甲的截肢残疾者，凭借脑机接口和机械外骨骼开出了一球，如图 7.4 所示。

图 7.4　脑机接口技术应用于踢球

2014 年，华盛顿大学的研究员通过网络传输脑电信号实现直接“脑对脑”交流。2016 年 8 月，8 名瘫痪多年的脊髓损伤患者，通过不断训练，借用脑机接口控制仿生外骨骼，利用 VR 技术解决触觉的反馈问题，他们的下肢肌肉功能和感知功能得到了部分恢复。

2016 年 9 月，斯坦福大学神经修复植入体实验室的研究者们在两只猴子的大脑内植入了脑机接口，通过训练，其中一只猴子创造了新的大脑控制打字的记录——1 分钟内打出 10 个单词，即莎士比亚的经典台词“To be or not to be.That is the question”，如图 7.5 所示。

2016 年 10 月，世界第一届 Cybathlon 半机械人运动会在瑞士苏黎世正式拉开帷幕，来自21个国家、共50支队伍的残疾人运动员在辅助设备的帮助下参加比赛。赛事共分为5个比赛项目：动力假肢竞赛(上肢和下肢)、外骨骼驱动竞赛、功能性电刺激自行车赛、轮椅竞赛、脑机交互竞赛，如图7.6所示。

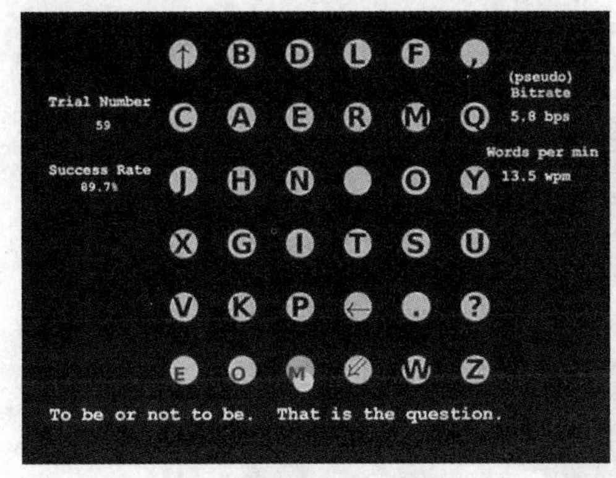

图7.5　大脑控制打字

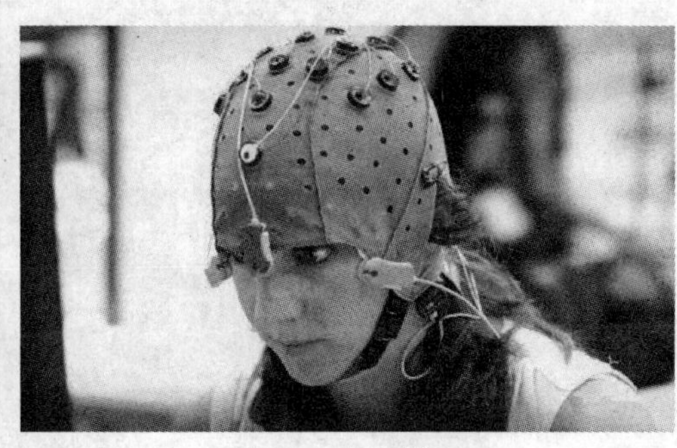

图7.6　半机械人

2016年10月13日，瘫痪男子Nathan Copeland利用意念控制机械手臂和美国总统奥巴马“握手”，此举意味着完全瘫痪病人首次恢复了知觉，如图7.7所示。

2016年11月，荷兰乌特勒支大学医学院神经科学家和首席研究员Nick Ramsay成功使一名肌萎缩侧索硬化(ALS)的闭锁综合征患者de Bruijne将脑机接口技术从实验室带入了家庭环境中，无需医疗人员协助也能与他人进行思想交流。脑机接口植入28周后，de Bruijne已经能够准确和独立地控制一个计算机打字程序，差不多1分钟可以打出2个字母，准确率达到95%，如图7.8所示。

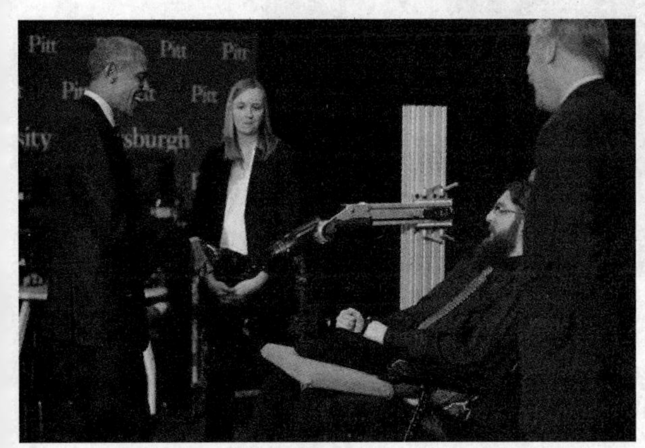

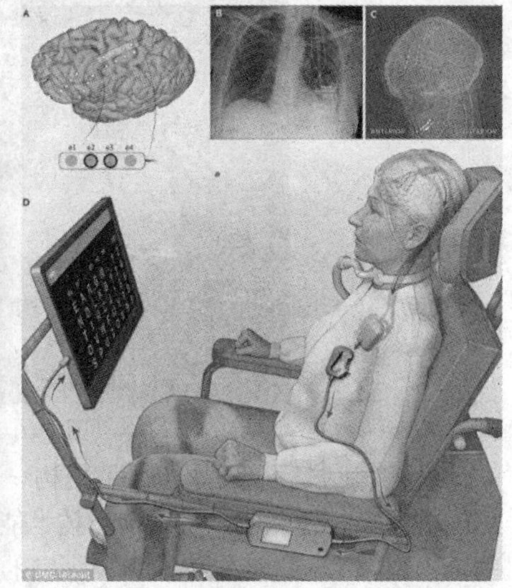

图7.7　瘫痪男子与美国总统奥巴马“握手”　　图7.8　患者利用脑机接口技术正确打字

2016年12月，美国明尼苏达大学的Bin He与他的团队取得一项重大突破，让普通人在没有植入大脑电极的情况下，只凭借“意念”，便可在复杂的三维空间内实现物体控制，包括操纵机器臂抓取、放置物体和控制飞行器飞行。经过训练，试验者利用意识抓取物体的成功率在80%以上，把物体放回货架上的成功率超过70%。该研究成果有望帮助上百万的残疾人和神经性疾病患者，如图7.9所示。

2017年2月，斯坦福大学电气工程教授Krishna Shenoy和神经外科教授Jaimie Henderson发表论文宣布他们成功让三名受试瘫痪者通过简单的想象精准地控制了电脑屏幕的光标。这三名瘫痪患者成功通过想象在电脑屏幕上输入了他们想说的话，其中一名患者可以在1分钟之内平均输入39个字母。

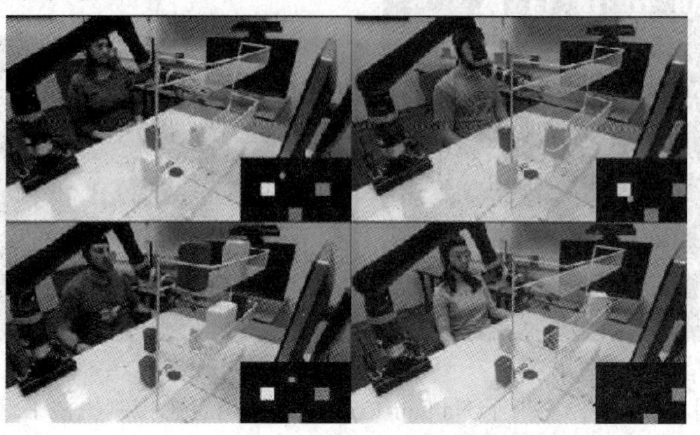

图7.9　脑机接口技术实现意念取物

2017年4月，Facebook在F8大会上宣布了“意念打字”的项目，希望未来能通过脑电波每分钟打100个字，相比手动打字快5倍，如图7.10所示。专业人士称，Facebook的“意念打字”是扫描大脑海马体里语言这块的信息，记录说话之前和说话过程中细胞里的变化。从透露的信息获知，他们尝试通过血液的温度信息来做判断。

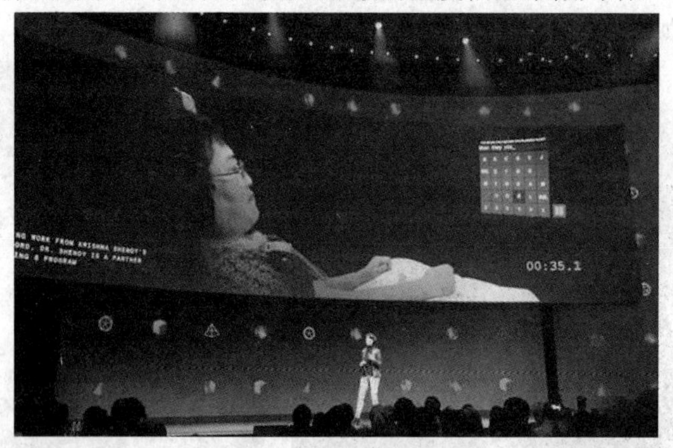

图7.10　意念打字发布会

2018年9月，美国军事研究机构——国防高级研究计划局(DARPA)公布了一个2015年启动的项目，这个项目研发的新技术能够赋予飞行员借助思维同时操控多架飞机和无人机的能力。据DARPA生物技术办公室的负责人Justin Sanchez称：“目前大脑信号已经能够用于下达命令，并且同时操控三种类型的飞机。”

2018年11月，BrainGate联盟发表了一项最新研究成果，在名为“BrainGate2”的临床试验中，三名瘫患者可以在新型脑机接口芯片的帮助下，利用“意念”自主操作平板电脑，并操作多种应用程序，如图7.11所示。

2019年4月，加州大学旧金山分校(UCSF)的神经外科科学家Edward Chang教授与其同事开发出一种解码器，可以将人脑神经信号转化为语音，为帮助无法说话的患者实现发声交流完成了有力的概念验证。

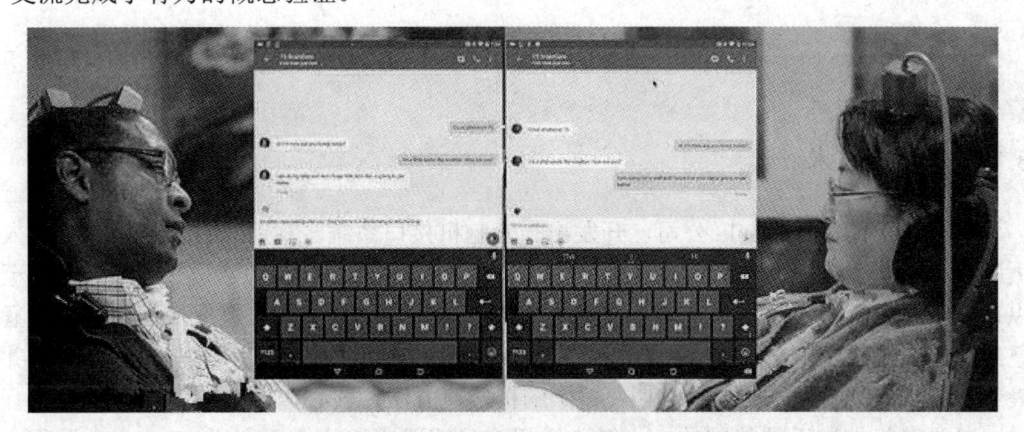

图 7.11　利用脑机接口技术实现意念控制平板

2019 年 7 月 17 日，Space X 及特斯拉创始人埃隆·马斯克召开发布会，宣布成立两年的脑机接口(BCI)公司 Neuralink 的脑机接口技术获得重大突破，他们已经找到了高效实现脑机接口的方法。这实际上是一套脑机接口系统：利用一台神经手术机器人在脑部 28 平方毫米的面积上，植入 96 根直径只有 4 微米～6 微米的“线”，总共包含 3072 个电极，然后可以直接通过 USB-C 接口读取大脑信号，并已经利用老鼠进行了实验，如图 7.12 所示。与以前的技术相比，新技术对大脑的损伤更小，传输的数据也更多。

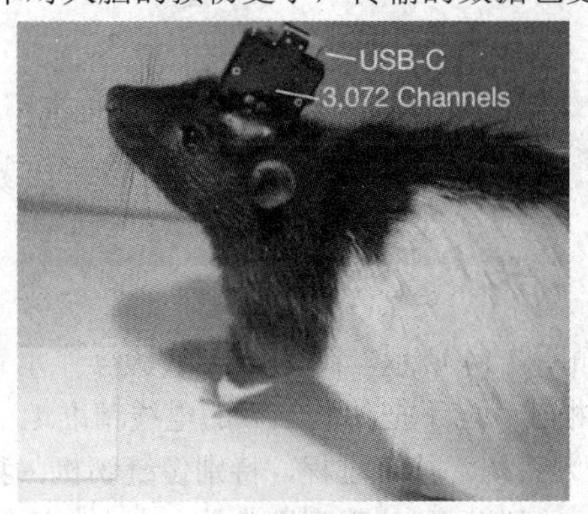

图 7.12　老鼠用于脑机接口实验

2019 年 7 月 30 日，Facebook 一直资助的加州大学旧金山分校(UCSF)的脑机接口技术研究团队，首次证明可以从大脑活动中提取人类说出某个词汇的深层含义，并将提取内容迅速转换成文本。

2019 年 8 月 25 日，中国成功实现了利用脑机接口技术快速打字。不用手，不用键盘，直接凭借意念，每分钟在电脑屏幕输出 691.55 比特，相当于每分钟输出 69 个汉字。普通人用手在触屏手机上打字的速度是每分钟 600 比特。也就是说，这位选手凭借脑电波打字的最快速度可以超过普通人用触屏手机打字的速度。而且该脑机接口打字技术所使用的脑机接口范式是中国科研人员自主研发的脑机接口范式，即 SSVEP 范式，它已经与美国科研人员提出的 P300 范式和欧洲科研人员提出的运动想象范式并列为国际脑机接口领域的三大范式。换句话说，现在，人类已经可以做到不用说话，只要通过脑机接口技术，就可以把自己的想法转化为屏幕上的文字[3]。

7.3 脑机接口技术概述

7.3.1 传感器技术

马斯克旗下的 Neuralink 公司，开发出一套脑机接口系统，利用一台神经手术机器人向大脑内植入 4 微米～6 微米粗细的线，就可以直接通过 USB-C 接口读取大脑信号，甚至可以通过手机进行控制。当天，马斯克在视频网站 Youtube 上进行了直播演示，并称“猴子已经能用大脑控制电脑了。”马斯克说，这种芯片将有助于“保护和增强你的大脑”，并“最终与人工智能实现一种共生”[4]。整个脑机接口方法，核心一共有三部分。

一是为脑机接口系统特制的、由微小电极或传感器连接的柔性电线(Thread)。据称，这种电线宽度仅为 4 微米～6 微米，对大脑损害小且能传输更多数据。Neuralink 脑机接口系统共有 3072 个电极，分布在大约 100 根柔性电线上，每根电线都由一个定制的、类似缝纫机的外科机器人单独插入老鼠的大脑中[5]。由于手术时插入大脑中的线路只有四分之一头发丝直径，所以大脑不会出现炎症和损伤。脑传感器如图 7.13 所示。

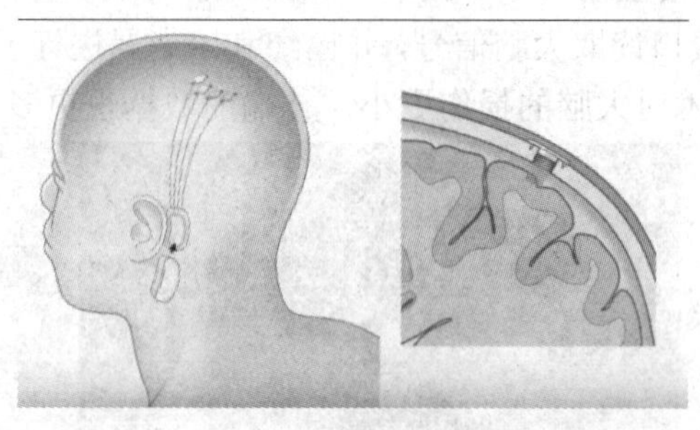

图 7.13　脑传感器

二是“缝线的机器”，如图 7.14 所示。图 7.15 是实验操作示意图。这是一个神经外科机器人，每分钟能够植入 6 根线。为了把如此细微的电线精准地植入大脑，Neuralink 研制了一款配套的神经外科机器人系统。整个过程，特别像缝纫机。我们可以把它想象成一个“缝纫机”，在高端光学设备的帮助下，“观察”头骨上人为制造的 4 个直径为 8 毫米的微小孔洞，把电线“精准”植入大脑[6]。图 7.16 所示为植入的传感器。

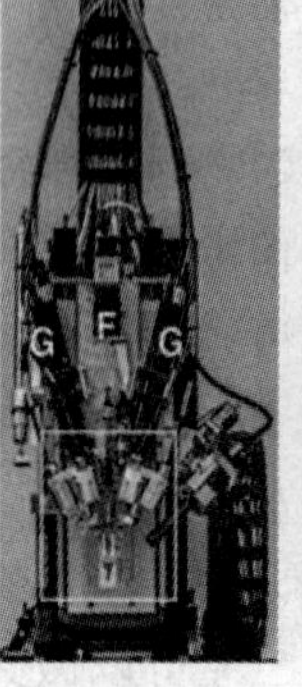

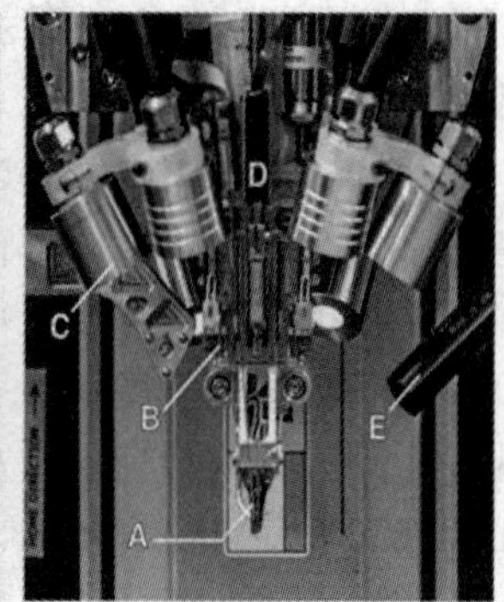

图 7.14　大脑神经缝纫机器人

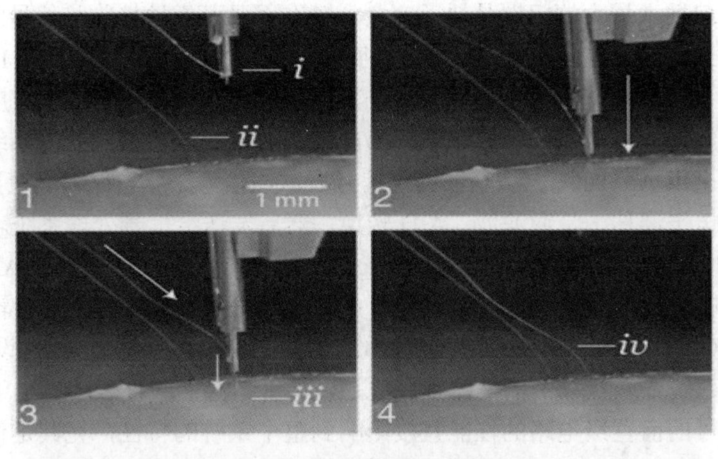

图 7.15　实验操作示意图

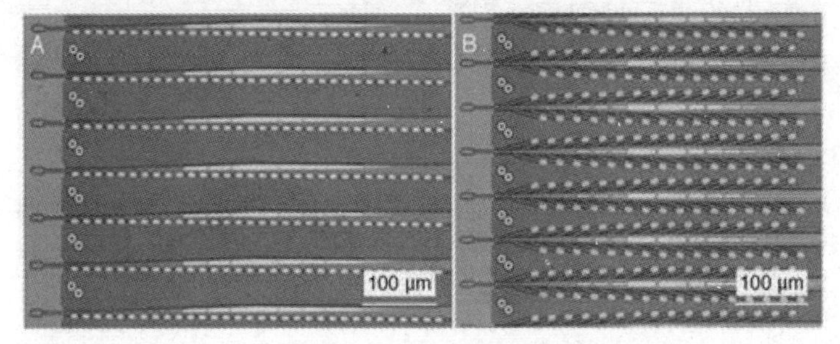

图 7.16　植入的传感器

三是 Neuralink 开发了一种定制芯片，可以通过 USB-C 的有线连接方式传输数据，以便更好地读取、清理和放大来自大脑的信号。Neuralink 在老鼠身上的实验显示，它提供的电流大约是目前最好的传感器的 10 倍[6]。目前研究人员用小鼠进行的实验，只能通过有线连接的方式传输数据。但 Neuralink 表示，他们最终的目标是加入无线系统，现在它已经被集成到“N1 传感器”中，芯片尺寸比手指尖还小[6]，如图 7.17 所示。

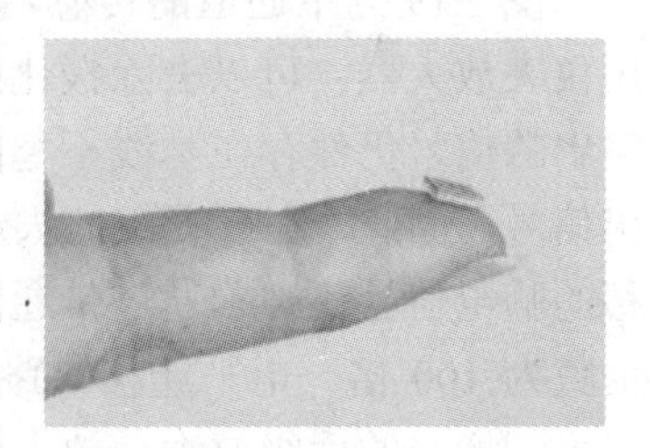
图 7.17　N1 传感器

Neuralink 的计划中要植入四个传感器，其中三个位于运动区域，另一个位于感受区域。唯一外置的设备安装在耳后，内含一枚电池[7]。Neuralink 的神经外科主任 Matthew McDougall 博士对英国《卫报》介绍，Neuralink 计划就其设备的一个版本向美国 FDA 申请批准，以期最早在 2020 年开始人类临床试验。该版本的设备“只适用于严重的未被治疗的疾病患者”。第一个临床试验将针对因脊髓上部损伤而完全瘫痪的人群，并将在患者的大脑中钻四个 8 毫米的孔，共安装四个 Neuralink 的植入物。这些植入物会记录大脑活动，将大脑信号传递给植入在耳后的一个小装置。该装置能够把数据传输到计算机[8]。

Neuralink 公司表示，这款脑机接口系统可以用来诊疗癫痫、抑郁症等一系列神经系统疾病。但是，这种设计路径对于解决特定神经系统疾病的必要性还有待探讨，然而对于最终破解大脑神经机制却是必要的。不过该方案的好处是，可以把各种相关技术进行很好的集成，快速推进大脑神经机制的破解[6]。

目前脑机接口技术最大的问题是缺乏安全、精准而又可靠地接收脑信号的传感技术。一些学者认为这个问题有望在今后 20 年内得到解决。BCI 系统结构如图 7.18 所示。BCI 系统结构图包括传感器系统和信号处理系统。其中，传感器系统从受试者头皮表面采集微弱的脑电信号，经过信号放大、带通滤波、A/D 转换后，发送给信号处理系统处理[8]。

传感器系统采用 Ag/AgCl 电极获取脑电信号，脑电信号采集电路对其滤除干扰信号、程控放大、消除电平漂移、带通滤波、A/D 转换，然后发送给信号处理系统。采集电路采用 C8051F410 内部的 12 位 ADC(Analog-to-Digital Converter)采样，由于该 ADC 分辨率不高而脑电信号的幅度在微伏量级，且脑电信号中含有很强的干扰，无法直接转换为数字信号，因此，必须对其进行放大和去干扰。对脑电信号进行采样，放大倍数需设定在 1000～32 000 倍，通过两级或两级以上的电路来完成，以保证信号的线性放大。由于采用多级放大电路，脑电信号的前置级电路的性能直接影响到整个系统的特性，尤其是信噪比[8]。

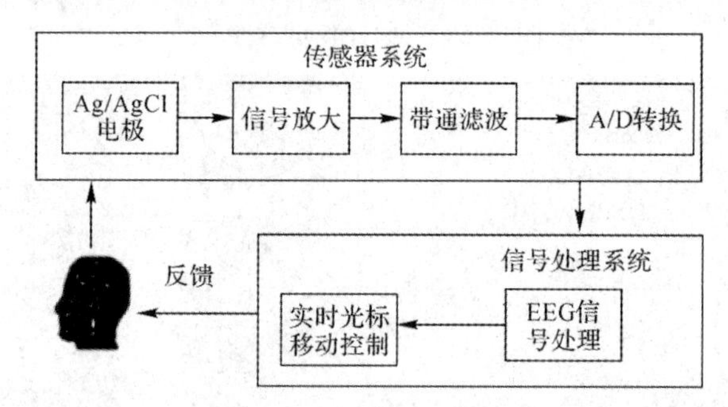

图 7.18　BCI 系统结构图

图 7.19 为单通道的传感器系统框图，分三级实现系统的放大增益。前置级放大电路采用仪表放大器，可以去除极化电压和共模信号，其放大倍数为 10.15 倍。前置级放大电路输出的信号仍然存在基线不稳的情况，基线漂移严重时输出会超过放大器动态范围，测不出信号，因此，在前置级放大电路后面加上去基线漂移电路，即限幅电路。经过去基线漂移的脑电信号还必须通过带通滤波才能被识别，带通滤波电路同时可放大脑电信号，放大倍数为 100 倍。电平迁移电路把信号的基线电平调整到 1.1V 左右，程控放大电路可以进行可调增益的后级放大，放大倍数为 1～32 倍，最后由 C8051F410 内部 ADC 采样。此外输入的脑电信号可能出现幅度过大的干扰信号，存在损坏电路的风险。因此，在仪表放大电路前增加了输入保护电路，将输入脑电信号电压限制在一定范围内，从而保证电路正常工作[8]。

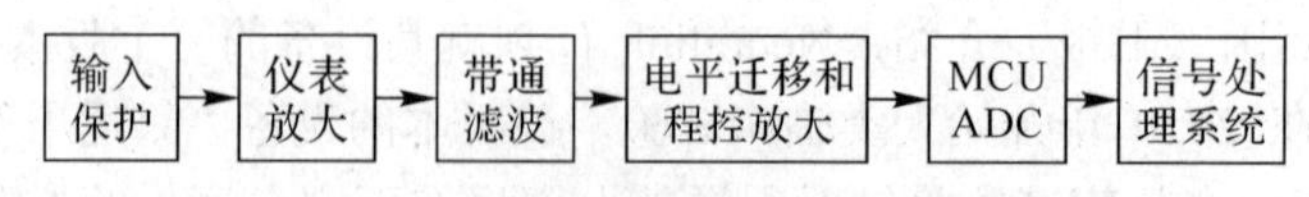

图 7.19　单通道的传感器系统框图

7.3.2　脑意念与控制技术

近日，据美国《科学·机器人学》杂志最新一期发表的论文报道，国外某高校科研团队日前开发出一种可与大脑无创连接的脑机接口，能让人用意念控制机器臂连续、快速运动，如图 7.20 所示[9]。

研究人员表示，这一效果接近于过去需要在脑部植入传感器的有创脑机接口。参与者使用神经活动直接控制一个机械臂，如一名妇女控制着一个机器人手臂，想着移动她的手臂和手，把一瓶咖啡递到自己嘴里喝一口[9]，如图 7.21 所示。

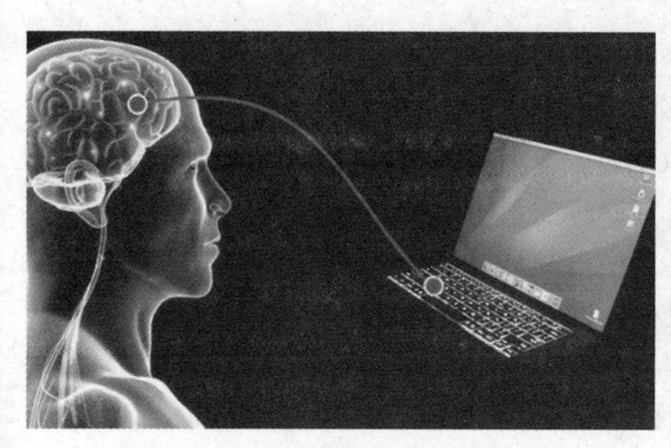

图 7.20　人脑与计算机连接示意图

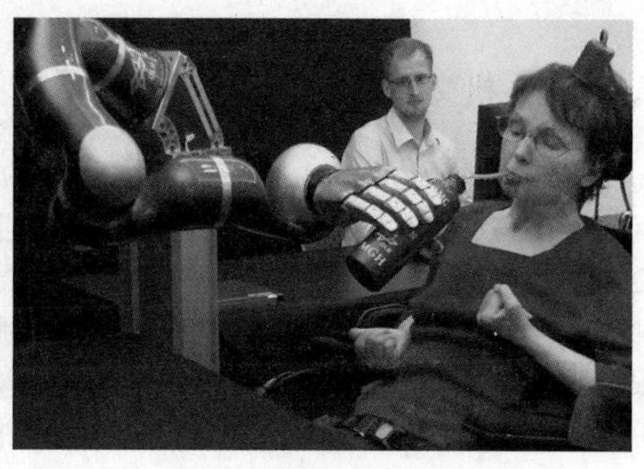

图 7.21　脑意念与控制技术

当人类思考时，大脑运动皮层中的神经元会产生微小的电流，不同的思考活动，激活的神经元也不同——这就是脑机接口技术所依靠的原理[9]。因此，科学家通过传感器收集电流，再使用信号处理和机器学习等技术，就可以将使用者头脑中的意念，转化为机器臂的实际运动。在此次实验中，该研究团队提出一种基于连续追踪模式的训练框架，并通过源成像技术，提高对想象运动连续追踪的解码精度，实现了一种效果良好的无创脑机接口系统。当使用这一系统时，人们只需佩戴一顶可测量脑电波的帽子，并在脑海中想象自己移动手臂，而无需实际运作手臂，就可以让与系统相连的机器臂随意念而动，并让机器臂追逐屏幕上的光标。这种无创脑机接口的效果，已经接近过去一些需要在脑部植入传感器的有创脑机接口的效果。

下一步，研究团队计划继续发展这种无创脑机接口技术，以期在不久的将来可以实现对人体假肢更加准确和连续的控制，从而让那些因中风、受伤等原因而丧失运动能力的人得到帮助[9]。此外，美国国防部下属高级研究计划局(DARPA)正在向科学家提供资助，支持他们利用基因编辑、纳米技术和红外光束等技术以及工具，研制出更高效的、非侵入的脑机接口设备。士兵可以佩戴这些设备，将他们的大脑信号转化为指令，让其可用思维控制武器。另外，用意念将无人机集群送入空中；或者将图像从一个大脑发送到另一个大脑等。这一新技术可控制无人机、监控安全网络和通信，而且设备可能采用头盔(读取用户大脑信号)的形式。这些方法和工具最终有望在军事和民用领域找到“用武之地”[9]，如图 7.22 所示。

图 7.22　DARPA 拟通过脑机接口设备打造超级士兵

7.4 人机交互

7.4.1 人机交互系统

人机交互(Human-Computer Interaction，HCI)是关于设计、评价和实现供人们使用的交互式计算机系统，且围绕这些方面主要问题进行研究的科学。狭义的讲，人机交互技术主要是研究人与计算机之间的信息交换，它主要包括人与计算机、计算机与人的信息交换两部分内容。对于前者，人们可以借助键盘、鼠标、操纵杆、数据服装、眼动跟踪器、位置跟踪器、数据手套、压力笔等设备，用手、脚、声音、姿势或身体动作、眼睛甚至脑电波等向计算机传递信息；对于后者，计算机通过打印机、绘图仪、显示器、头盔式显示器(Head Mount Display，HMD)、音箱等输出或显示设备给人提供信息[5]。

在美国 21 世纪信息技术计划中，将软件、人机交互、网络、高性能计算列为基础研究内容。美国国防关键技术计划也把人机交互列为软件技术发展的重要内容。我国“973”计划项目“虚拟现实的基础理论、算法及其实现”中，将虚拟环境的真实感知与自然交互理论、方法作为信息技术中需要解决的关键科学问题[5]。

7.4.2 人机交互系统的发展历史

作为计算机系统的一个重要组成部分，人机交互一直伴随着计算机的发展而发展。人机交互的发展过程，也是人适应计算机到计算机不断适应人的发展过程。它经历了下面几个阶段。

1. 语言命令交互阶段

计算机语言经历了最初的机器语言，然后是汇编语言，直至高级语言的发展过程。这个过程也可以看作早期的人机交互的一个发展过程。早期的人机交互是通过命令语言进行的，人机之间通过语言中的输入、输出功能完成交互。最初，人机交互的方式是采用手工操作输入机器语言指令(二进制机器代码)来控制计算机。这种形式很不符合人的习惯，既耗费时间，又容易出错，只有非常专业的专家才能做到。后来，出现了 Fortran、Pascal、Cobol、C++等语言，使人们可以用比较习惯的符号形式描述计算过程，交互操作由受过一定训练的程序员即可完成。这一时期，程序员可采用批处理作业语言或交互命令语言的方式和计算机打交道。虽然要记忆许多命令和熟练地敲键盘，但已可用较方便的手段来调试程序、了解计算机的执行情况[7]。

2. 图形用户界面(GUI)交互阶段

图形用户界面(Graphical User Interface，GUI)的出现，使人机交互方式发生了巨大变化。GUI 的主要特点是桌面隐喻、WIMP(Windows Icon Menu Pointing)技术、直接操纵和“所见即所得(What You See Is What You Get，WYSIWYG)”。由于 GUI 简单易学，减少了键盘操作，因而使不懂计算机的普通用户也可以熟练地使用，开拓了用户人群，使计算机技术得到了广泛普及。GUI 技术的起源可以追溯到 20 世纪 60 年代美国麻省理工学院的

Sutherland(计算机图形学的奠基人)的工作。其发明的 Sketchpad 首次引入了菜单、不可重叠的瓦片式窗口、图标，并采用光笔进行绘图操作[7]。

1984 年 Apple 公司仿照施乐 PRAC 研究中心的技术，开发出了新型 Macintosh 个人计算机，将 WIMP 技术引入到微机领域，这种全部基于鼠标及下拉式菜单的操作方式和直观的图形界面引发了微机人机界面的历史性变革。与命令行界面相比，图形用户界面的人机交互自然性和效率都有较大的提高。图形用户界面很大程度上依赖于菜单选择和交互小组件(Widget)。经常使用的命令大都可以通过鼠标来实现，鼠标驱动的人机界面使得初学者易于使用，但重复性的菜单选择会给有经验的用户造成不方便，他们有时倾向使用命令键而不是选择菜单，且在输入信息时用户只能使用手这一种输入通道。另外，图形用户界面需要占用较多的屏幕空间，并且难以表达和支持非空间性的抽象信息的交互[7]。

3. 自然和谐的人机交互阶段

当前，虚拟现实、移动计算、普适计算等技术的飞速发展，对人机交互技术提出了新的挑战和更高的要求，同时也提供了许多新的机遇。目前，自然和谐的人机交互方式得到了一定的发展。基于语音、手写体、姿势、视线跟踪、表情等输入手段的多通道交互是其主要特点，其目的是使人能以声音、动作、表情等自然方式进行交互操作。

7.4.3　人机交互系统的发展趋势

在未来的计算机系统中，将更加强调“以人为本”“自然”“和谐”的交互方式，以实现人机高效合作。概括地讲，新一代的人机交互技术的发展将主要围绕以下几个方面：

1. 集成化

人机交互将呈现出多样化、多通道交互的特点。桌面和非桌面界面，可见和不可见界面，二维与三维输入，直接与间接操纵，语音、手势、表情、眼动、唇动、头动、肢体姿势、触觉、嗅觉、味觉以及键盘、鼠标等交互手段将集成在一起，这是新一代自然、高效的交互技术的一个发展方向[6]。

2002 年 2 月，W3C(World Wide Web Consortium)国际组织成立了多通道交互工作小组(Multimodal Interaction Working Group)，开发 W3C 新的一类支持移动设备人机界面(Man Machine Interface，MMI)的协议标准。目前已有 42 家大型 IT 企业或单位参加该小组，参与制定多通道交互的相关协议标准。该小组成员覆盖了几乎所有计算机软硬件、移动通信、家电的大型厂商[10]。

2. 网络化

无线互联网、移动通信网的快速发展，对人机交互技术提出了更高的要求。新一代的人机交互技术需要考虑在不同设备、不同网络、不同平台之间的无缝过渡和扩展，支持人们通过跨地域的网络(有线与无线、电信网与互联网等)在世界上任何地方用多种简单的自然方式进行人机交互，而且包括支持多个用户之间以协作的方式进行交互。另外，网络技术的发展也为人机交互技术的发展提供了很好的机遇[11]。

3. 智能化

目前，用户使用键盘和鼠标等设备进行的交互输入都是精确的输入，但人们的动作或思想等往往并不很精确，人类语言本身也具有高度模糊性，人们在生活中常常习惯于使用大量的非精确的信息交流。因此，在人机交互中，使计算机更好地自动捕捉人的姿态、手势、语音和上下文等信息，了解人的意图，并做出合适的反馈或动作，提高交互活动的自然性和高效性，使人、机之间的交互像人、人交互一样自然、方便，是计算机科学家正在积极探索的新时代交互技术的一个重要内容[10]。

4. 标准化

目前，在人机交互领域，ISO 已正式发布了许多国际标准，以指导产品设计、测试和可用性评估等。但人机交互标准的设定是一项长期而艰巨的任务，并随着社会需求的变化而不断变化。各种高效的人机交互方式如图 7.23 所示[7]。

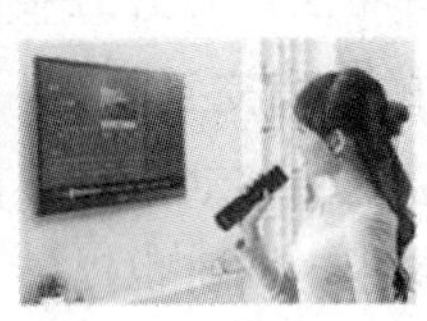

图 7.23　各种高效的人机交互方式

7.5　互联网大脑

7.5.1　互联网大脑系统

互联网大脑就是互联网在向与人类大脑高度相似的方向进化过程中形成的类脑巨系统架构。互联网大脑具备不断成熟的类脑视觉、听觉、躯体感觉、运动神经系统、记忆神经系统、中枢神经系统、自主神经系统。互联网大脑通过类脑神经元网络(大社交网络)将社会各要素(包括但不仅限于人、AI 系统、生产资料、生产工具)和自然各要素(包括但不仅限于河流、山脉、动物、植物、太空)连接起来，从而实现人与人、人与物、物与物的交互。互联网大脑在云群体智慧和云机器智能的驱动下通过云反射弧实现对世界的认知、判断、决策、反馈和改造[12]。

2008 年开始，在互联网产业领域诸多新现象的启示下，互联网大脑模型被提出，其含义是互联网通过 50 年的进化，从网状结构发展成为类脑模型。因为互联网涉及的设备元素众多，覆盖的范围非常庞大，所以互联网的这个类脑模型被称为互联网大脑。这里的“大脑”主要是指非常庞大或巨大的类脑结构。它是包含了神经元网络、中枢神经、感觉神经、运动神经、神经纤维、神经末梢和神经反射弧在内较为完整的神经系统体系概念，并不等同于神经学的大脑概念[12]。互联网大脑系统的组成如图 7.24 所示。

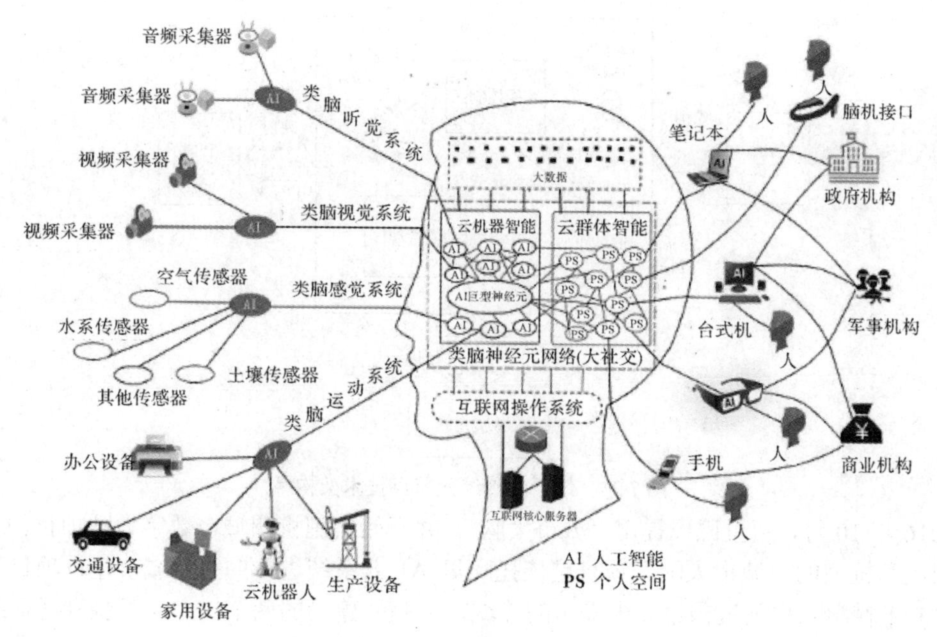

图 7.24　互联网大脑系统

7.5.2　互联网大脑发展简史与趋势

古希腊时代，历史上很多人独立揭示了社会可以看作为带有神经系统有机体的概念。例如认为国王是头，农夫是脚的观点，至少可以追溯到古希腊。1964 年，传媒领域的著名开拓者马歇尔·麦克卢汉在 1964 年出版的《理解媒介》一书中提到在过去数千年的机械技术时代，人类实现了身体在空间中延伸。在一个多世纪的电子技术时代，人类已在全球范围延伸了自己的中枢神经系统并进一步在全球范围扩展[13]。

1969 年，在美国国防部研究计划署制定的协议下，加利福尼亚大学洛杉矶分校、斯坦福大学研究学院、UCSB(加利福尼亚大学)和犹他州大学的四台主要的计算机连接起来了。1969 年 12 月开始联机，互联网由此正式诞生[14]。1983 年，英国哲学家彼得·罗素(P.Russell)撰写了《地球脑的觉醒——进化的下一次飞跃》，他提出人类社会通过政治、文化、技术等各种联系使地球成为一个类人脑的组织结构，也就是地球脑或全球脑[13]。

2004 年，Web2.0 概念、博客和著名的社交平台 QQ、Facebook 开始兴起，这一阶段互联网用户个体角色和相互交互关系在互联网中展现，也为 2007 年发现互联网大脑模型，同时也为互联网大脑的神经元网络奠定了基础[13]。统一的神经元节点技术架构如图 7.25 所示。

2016 年 3 月进行的围棋人机大战中，谷歌阿尔法狗(AlphaGo)以 4∶1 战胜了韩国世界冠军李世石九段，以深度学习、强化学习、神经网络算法为代表的人工智能热潮在世界范围点燃。人工智能的爆发为互联网大脑各神经系统的功能增强和激活奠定了基础[15]。

2016 年 9 月 1 日，百度世界大会首次向外界全面展示百度人工智能成果——“百度大脑”。“百度大脑”基于超大规模的神经网络，拥有万亿级的参数、千亿样本、千亿特征训练，能模拟人脑的工作机制，应用领域包括语音、图像、自然语言处理和用户画像、自动驾驶等领域[16]。

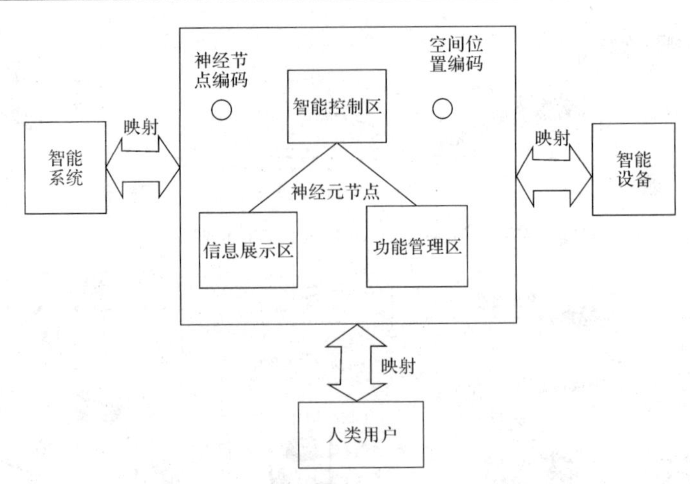

图 7.25　统一的神经元节点技术架构

2016 年 10 月，阿里巴巴提出“城市大脑”，并开始实施杭州城市数字大脑项目。总体看，阿里和杭州的“城市大脑”项目是依托阿里 AI 云系统进行的智慧城市建设项目，对于 2015 年科学院相关机构论文中提出的“城市大脑”建设的两个核心：类脑神经网络和云反射弧架构，还没有涉及。

2017 年 12 月，华为提出了“城市神经系统”，并提出城市运转也应当有一套神经系统，通过数据的自动采集、自动传输、智能化计算，实现从数据感知到数据分析与处理的完整闭环，使城市达到一个自管理、自运行和自优化的境界[13]。

2018 年 1 月初，前百度研究院院长林元庆成立 Aibee(爱笔智能)，建设行业综合大脑，旨在用多项 AI 技术，如深度识别、人脸识别、语音交互、多轮交互、大数据分析、三维空间重建等，帮助传统行业提升整体效率[17]。

2018 年 1 月 30 日，上海在加强城市管理精细化三年行动计划中提到，上海将加强“城市大脑”建设，打造感知敏捷、互联互通、实时共享的“神经元”系统；深化智慧治理，以城市网格化综合管理信息平台为基础，构建城市综合管理信息平台，推进“城市大脑”建设。上海是世界第一个用类脑神经元网络规划“城市大脑”的城市[18]。

2018 年 5 月 16 日，在第二届世界智能大会上，360 集团董事长兼 CEO 周鸿祎出席了大会并发表了演讲《建立“安全大脑”保卫智能时代》，首次提出了“安全大脑”的全新概念。他表示，“安全大脑”是一个分布式智能系统，综合利用大数据、人工智能、云计算、物联网(Internet of Things，IoT)智能感知、区块链等新技术，保护国家、国防、关键基础设施、社会及个人的网络安全[17]。

2018 年 5 月 16 日，世界智能大会上，浪潮发布浪潮 EA 企业大脑。浪潮 EA 企业大脑意为 Enterprise Agent，即“企业智能体”，通过实时持续处理海量异构数据，辅助智能决策，驱动流程自动化和业务优化升级，实现企业的个性化、精细化的生产和服务[17]。

2018 年 5 月 23 日，2018 腾讯“云+未来”峰会上，马化腾发表演讲《智慧连接：云时代的创新与探索》，表示腾讯希望在云时代通过“连接”，促成“三张网”的构建。腾讯的“三张网”包括“人联网”“物联网”和“智联网”。其中，“智联网”，腾讯称之为“超级大脑”，作为一套开放、共建的技术输出体系，定位为数字世界“智能操作系统”，一方面智能化云、边、端并将其连接为一个整体，另一方面将包括 AI、大数据在内的各项技术能力输出到各行各业。腾讯董事会主席兼首席执行官马化腾表示，“‘超级大脑’是一个让人工智能无处不在的智能操作系统，AI 能力将依托‘超级大脑’随时随地被灵活调用。而腾讯推出‘超级大脑’的初衷正是希望助力企业和政府建立自己的‘超级大脑’”[18]。

到 2018 年，在过去近 20 年互联网大脑各神经系统发育逐步成熟的情况下，以互联网类脑巨系统为代表的科技浪潮给国家、城市、社会的全面智能化奠定了基础，华为、阿里、浪潮、360、腾讯、上海、南京等都提出了关于类脑巨系统的构想与规划[18]。

2020 年之后，以人类群体智慧和互联网人工智能为代表的两大智能方式在智慧社会的发展中不断融合和互补，形成互联网类脑巨系统的左右大脑架构，驱动智慧社会不断向前进化[12]。

科学院研究团队在“互联网大脑”的研究中提出，互联网的未来与人类社会的未来将紧密地连接在一起，随着时间的推移，它的范围将不仅仅局限在地球，也会继续向太阳系、银河系蔓延，并在无穷的时间点实现互联网、大脑和宇宙的三者合一，最终形成宇宙大脑或智慧宇宙。从这个角度说，互联网大脑未来的范围将远大于英国哲学家彼得·罗素提出的地球脑或全球脑[12]。

7.6　脑机接口技术的应用领域与市场前景

脑机接口目前最热门的应用是在医疗领域、军用领域和民用领域。医疗领域的应用主要有康复辅助治疗、植物人意识检测、残疾人假肢控制等；军用领域的应用主要是国家机密的保护、协同决策等[19]；民用领域的应用主要有提高使用者的睡眠质量和使用脑机接口驾驶汽车。

7.6.1　脑机接口技术在医疗健康领域的应用

医疗方向主要分为两个方向，分别是“强化”和“恢复”。这两个方向都有着极其广阔的应用前景，尤其是强化方向。现阶段以恢复类为主，因为更易实现。“强化”方向主要是指将芯片植入大脑，以增强记忆、推动人脑和计算设备的直接连接。这就是所谓的“人类增强”(Human Intelligence，HI)。浅层次的研究是脑机单向，更深一层次的研究将是机脑双向。目前，在做“强化”方向的就包括马斯克创办的 Neuralink 以及获得 1 亿美元投资的 Kernel。“恢复”方向主要是指可以针对多动症、中风、癫痫等疾病以及残障人士做对应的恢复训练，采取的主要方式是神经反馈训练。这一方向在全球的一些医院、诊所、康复中心中已经得到广泛应用，也有不少创业公司在做这方面的可穿戴设备。具体来说，BCI 技术可以帮助患者和用户实现如下功能：

(1) 与周围环境进行交流：BCI 机器人可以帮助残疾人使用电脑、拨打电话等。

(2) 控制周围环境：BCI 机器人可以帮助残疾人或老年人控制轮椅、家庭电器开关等。

(3) 运动康复：BCI 康复机器人可以帮助残疾人或失去运动能力的老年人进行主动康复训练，BCI 护理机器人可以从事基本护理工作，提高残疾人或老年人的生活质量。

(4) 重获肢体能力：基于 BCI 机器人的义肢可成功帮助肢体残疾的残障人士重新获得肢体控制的能力，如图 7.26 所示。通过 BrainCo 开发的 BCI 假肢可以帮助残疾孩子弹钢琴。

BrainCo 团队表示，其开发的智能假肢处于世界领先水平，可以完成多种复杂的日常操作，其中包括弹钢琴。该产品上市后定价预计在两万人民币以内，是目前主流智能假肢价格的二十分之一。

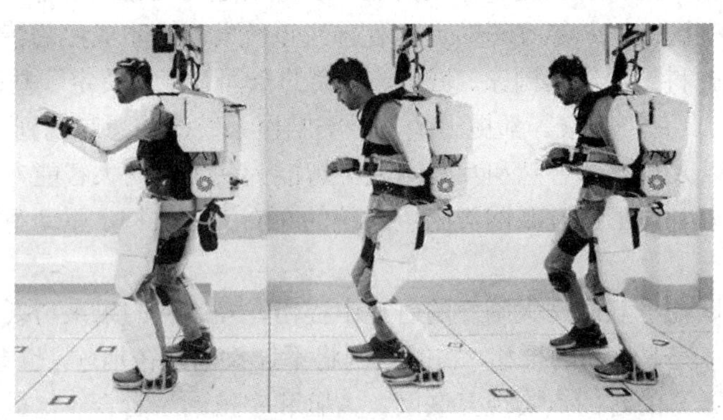

图 7.26 重获肢体能力

(5) 重获缺失的感知能力：除了通过思维控制一些设备之外，未来甚至有望帮助部分丧失感知能力的人群再次获得感知能力，比如视觉、听觉和触觉等。此外，还可以将非人类感知能力转变为人类感知能力，这其实是非常逆天的。比如对于超声波的感知能力(就像从蝙蝠身上获取这个能力一样)，再比如感知磁场等，就像拥有了超能力。“强化”方向少的原因：第一是因为实现技术难度过高；第二是因为市场还未充分发育，思维范式在短期内难以改变，付费意愿因技术能力不足而未达到临界值，但军用领域实际上已经有了不少的应用，军方也投入了大量资金。最后，值得一提的是“保健方向”，也就是冥想减压，有创业公司推出脑波检测头环，帮助用户通过实时音频反馈来提升冥想效果。在北美，冥想的市场是非常大的，这绝对是一个可以挖掘的细分市场。

7.6.2 脑机接口技术在娱乐领域的应用

在娱乐方面，BCI 技术的前景也是非常广阔的，比如可以与虚拟现实技术结合，无需额外的外设操控设备，可以直接通过思维来控制游戏中的角色，获得更加沉浸式的游戏体验，如图 7.27 所示。目前，在这方面做得比较超前的公司是 MindMaze，其融资总额已超 1 亿美元。

图 7.27 BCI 用于游戏技术

7.6.3　脑机接口技术在教育领域的应用

教育方向其实和医疗方向中的“恢复”方向很类似。教育科技是个千亿级的市场，目前，脑机接口创业公司 BrainCo 在从事这方面的研究，主要是对学生注意力值的实时探测和训练，既可以帮助老师及时了解课堂情况，改变教学手段，也能够帮助学生提高注意力。图 7.28 是 BrainCo 针对教育市场开发的脑机产品。

图 7.28　BCI 技术应用于学生注意力值的实时探测

7.6.4　脑机接口技术在智能家居领域的应用

智能家居是脑机接口与物联网跨领域结合的一大想象空间。在这一领域，脑机接口扮演的角色类似于“遥控器”，帮助人们用意念控制开关灯、开关门、开关窗帘等，进一步可以控制家庭服务机器人。

7.6.5　脑机接口技术在军事领域的应用

在军事方面，BCI 技术可以帮助军人更好地操控无人机、无人车、机器人等设备，代替军人或者特殊职业的人士从事各种危险的任务，以及在不适宜人工操作的环境中工作；也可以帮助军人获得能力上的增强，比如通过 BCI 控制外骨骼机器人提升单兵作战能力，如图 7.29 所示。

图 7.29　BCI 技术在军事领域的应用

根据第三方研究机构的测算，单纯从脑机接口设备(EEG/EMG)的维度来看，市场规模在 5 年内将达到 25 亿美元左右。如果从脑机接口将深度影响的数个科技领域来看，市场规模在 5 年内将达到数千亿美元，其中包括：ADHD 脑机接口反馈治疗 460 亿美元，大脑检测系统 120 亿美元，教育科技 2500 亿美元，游戏产业 1200 亿美元。总结来说，脑机接口作为一种全新的控制和交流方式，还可以应用到更广阔的脑机融合领域，就是所谓的硅基生物和碳基生物的融合，打造超强人类，让人脑的能力进一步自然延伸。

脑机接口的发展对脑电的机理、脑认知、脑康复、信号处理、模式识别、芯片技术、计算技术等各个领域都提出了新的要求和挑战，人们也会大大加深对大脑的结构和功能的认识。随着技术的不断完善和多学科融合的努力，脑机接口必将逐步得到广泛应用，造福人类。

7.7 脑机接口技术展望

7.7.1 脑机接口技术未来展望

目前，主流的消费级脑机接口研究主要运用非侵入式的脑电技术，因为侵入式技术虽然容易获得分辨率更高的信号，但风险和成本依然很高。不过，随着人才、资本的大量涌入，非侵入式脑电技术势必将往小型化、便携化、可穿戴化及简单易用化方向发展。而对于侵入式脑机接口技术，在未来如果能解决人体排异反应及颅骨向外传输信息会减损这两大问题，再加上对于大脑神经元研究的深入，将有望实现对人的思维意识的实时准确识别。这一方面将有助于电脑更加了解人类大脑活动特征，以指导电脑更好地模仿人脑，另一方面可以让电脑更好地与人协同工作。

总的来说，目前的脑机接口技术还是只能实现一些并不复杂的对于脑电信号的读取和转换，从而实现对于计算机/机器人的简单控制。要想实现更为复杂的、精细化的交互和功能，实现所想即所得，甚至实现将思维与计算机的完美对接，通过“网上下载输入人脑”使人能够熟练地掌握新知识、新技能，这些美好愿景还有很漫长的路要走。

另外需要注意的一个问题是，当人的大脑意识可以被准确读取，那么就意味着大脑当中丰富的隐私数据将有可能会被泄露或窃取，随着脑机接口技术的发展，未来无疑将需要提供足够安全的措施来保障用户的隐私数据安全。

“对我而言，大脑是思想、幻想和异议自由存在的一个安全的地方，在没有任何保护的情况下，我们已经接近跨越最后的隐私边界。”美国杜克大学神经伦理学教授尼塔法拉哈尼在接受《MIT 科技评论》采访时说。另外，正如电影《黑客帝国》当中所描绘的那样，未来侵入式的双向交互脑机接口，虽然能够为我们带来无限的可能，但如果没有强有力的保护措施，也存在着被黑客攻击的风险，而这种攻击可能将是致命的。

7.7.2 脑机接口技术已成全球科技竞争战略高地

(1) 脑机接口第一层金字塔，修复：通过心念操纵机器，让机器替代人类身体的一些机能，修复残障人士的生理缺陷。

(2) 脑机接口第二层金字塔，改善：通过脑机接口，改善大脑运行，让我们时刻就像刚刚睡了一个好觉醒来一样，精神抖擞、注意力集中、思维敏捷，能够清醒高效地去做一件事情。

(3) 脑机接口第三层金字塔，增强：通过脑机接口，让我们短时间内拥有大量的知识和技能，获得一般人类无法拥有的超能力。

(4) 脑机接口第四层金字塔，沟通：有了脑机接口，人类不用语言，仅靠大脑中的脑电信号就可以彼此沟通，实现“无损”的大脑信息传输[3]。

鉴于未来脑机接口技术对社会发展所能够带来的强大的推动力，目前脑机接口技术已经成为了全球各国科技竞争的战略高地。美国早在1989年率先提出全国性的脑科学计划，并把20世纪最后10年命名为“脑的10年”。白宫于2013年4月提出被认为可与人类基因组计划相媲美的“脑计划”，旨在探索人类大脑的工作机制，绘制脑活动全图，推动神经科学研究，针对目前无法治愈的大脑疾病开发新疗法。美国政府公布“脑计划(US BRAIN Initiative)”启动资金逾1亿美元，后经调整，计划未来12年间共投入45亿美元。

1991年欧洲出台“欧洲脑10年”计划。2013年1月，欧盟委员会宣布人脑工程入选“未来新兴旗舰技术项目”，并设立专项研发计划“人类大脑计划(Human Brain Project，HBP)”，可在未来10年内(2013年至2023年)获得10亿欧元经费。该项目集合了来自不同领域的400多名研究人员。

1996年，日本制定为期20年的“脑科学时代”计划，计划每年投资1000亿日元，总投资达到2万亿日元。2014年9月，日本科学省也宣布了自己“脑计划”的首席科学家和组织模式。日本“脑计划”侧重于医学领域，主要是以猕猴大脑为模型加快对人类大脑疾病如老年性痴呆和精神分裂症的研究。日本政府2015年关于“脑计划”的预算约64亿日元(约合6375万美元)。

“脑科学和类脑研究”已被列入我国“十三五”规划纲要中的国家重大科技创新和工程项目。中科院于今年初成立了包含20个院所80个精英实验室的脑科学和智能技术卓越创新中心。对“中国脑计划”，各领域科学家提出了“一体两翼”的布局建议：以研究脑认知的神经原理为“主体”，研发脑重大疾病诊治新手段和脑机智能新技术为“两翼”。目标是在未来15年内，在脑科学、脑疾病早期诊断与干预、类脑智能器件三个前沿领域取得国际领先的成果。经粗略估算，我国对该领域的主要经费投入，从2010年的每年约3.48亿，增长到2013年的每年近5亿元人民币。

参考文献

[1] 程明. 基于脑电信号的脑－计算机接口的研究[D]. 清华大学，2004.

[2] https://mp.weixin.qq.com/s/TGPrh5AMjh5FB-vXxgteVQ.

[3] https://mp.weixin.qq.com/s/O6_jfiepTLmiHl7ecqgm2g.

[4] https://baijiahao.baidu.com/s?id=1639315133011074890&wfr=spider&for=pc.

[5] 董建明. 人机交互：用户为中心的设计[M]. 北京：清华大学出版社，2007.

[6] https://www.sensorexpert.com.cn/article/1729.html.

[7] 王佳. 信息场的开拓：未来后信息社会交互设计[M]. 北京：清华大学出版社，2011.

[8] 王宇丁，陈民铀，张莉，等. 基于传感器技术的实时脑-机接口设计[J]. 传感器与微系统，2012，31(12)：101-103.

[9] https://www.sensorexpert.com.cn/article/1429.html.

[10] 张景峤. 人机界面设计. https://max.book118.com/html/2017/0124/86563865.shtm.

[11] 华经情报网. 2017-2022 年中国人机交互市场监测及投资前景评估报告，www.huaon.com.

[12] 刘峰. 崛起的超级智能：互联网大脑如何影响科技未来[M]. 北京：中信出版社，2019.

[13] 刘峰. 互联网大脑进化简史，类脑智能巨系统产生与兴起，2018.6 https://blog.csdn.net/ zkyliufeng/ article/details/80566834.

[14] 浅析计算机发展对人类生活的影响. https://max.book118. com/html/ 2016/0911/54143668.shtm

[15] 中国新闻网，http://news.youth.cn/jsxw/201703/t20170326_9357455.htm，2017.

[16] http://finance.sina.com.cn/stock/t/2016-09-01/doc-ifxvqefm5296413.shtml，2016.09，东方网.

[17] 人工智能学家. https://blog.csdn.net/cf2SudS8x8F0v/article/details/80912610，互联网大脑进化简史，华为云 EI 智能体加入，2018.07.

[18] 品途商业评论. http://tech.ifeng.com/a/20180524/45002622_0.shtml，2018 腾讯云+未来峰会焕启智能未来，开启云时代的智慧连接，2018.

[19] 田凯茜，王子豪. 多脑协同的脑机接口在音乐治疗上的应用[J]. 技术与市场，2019，26(08)：80-81.

第八章　人工智能的主要应用领域

近二十年来，人工智能的理论与技术得到突飞猛进的发展，其应用也日益渗透到人类的生产、科学研究、军事和日常生活的方方面面。本章主要向读者介绍人工智能技术在城市管理、旅游、医疗和家居等领域的应用。

8.1　智慧城市管理

8.1.1　智慧城市管理概述

李克强总理指出："要实施大数据发展行动，加强新一代人工智能研发应用，在医疗、养老、教育、文化、体育等多领域推进互联网+。发展智能产业，拓展智能生活"[1]。当前，人工智能(AI)等技术发展的进程不断加快，并且已经从"管理"个人上升到助力"管理"城市。智慧城市的建设，是一项民生工程，最终目标是提高城市管理的效率和质量，惠民利民，让全体市民共享高效便捷的公共服务和智能优质的城市生活。人工智能对城市服务水平的提升，以及城市各项功能、措施的完善将起到巨大的推动作用[2]。图 8.1 是智慧城市管理示意图。

图 8.1　智慧城市管理示意图

8.1.2　智慧城市管理的内涵

利用计算机技术、人工智能技术和大数据挖掘技术等构建智慧城市管理平台，在智慧城市管理平台下，通过物联网、云计算、人工智能和大数据分析实现对整个城市管理资源的科学整合与处理，拓宽城市管理的范畴，同时让平台服务能力进一步得到增强。智慧城市管理通过优化监督管理方式来提升政府服务水平，通过更新管理理念、改革技术手段来为公众提供具有明显智能化特征的管理服务，推进政府职能的转变，助力服务型政府建设。在大数据时代背景下，城市管理要实现智能化，就需要大数据及其分析技术的支持，而人工智能是对大数据进行分析的关键技术之一，这也是政府部门进行科学决策，为人们提供优质服务的核心所在。

近年来，随着人工智能新技术的不断涌现，智慧城市管理正在快速推进，并且逐渐趋于成熟。基于网络的虚拟性智慧城市管理物理平台是智慧城市管理的基础，通过不断完善平台架构和功能，充分利用智能分析技术和智能感知技术就能方便快捷地将城市管理中的基础信息如政策法规、办事指南、交通状况、工商行政管理、环境卫生、行政许可和处罚、数据统计、报警求救、灾害预警信息发布等数据自动上传到数据中心，经过深入的数据挖掘后，再通过云计算技术直接分类存储各种信息，这样就能够形成一个完整的大数据系统[3]。面对着计算机技术、人工智能技术、互联网技术、云计算技术等智能技术的发展和变革，政府日益强调智能技术在其管理中的重要作用，并将其广泛运用到政府管理中，以更好地为社会公众提供优质快捷的政务服务[4]。

8.1.3　智慧城市管理的内容与技术

以智能政务为代表的智慧城市管理系统的建立将实现政府部门内部以及不同政府部门之间的信息共享和业务协同处理，政府能够通过对实时数据的分析，从而对城市管理中出现的问题进行及时响应。公众互动网络平台的建立能够调动社会公众共同参与公共管理的积极性，形成共建共治的社会治理新格局[5]。

人工智能在政务服务领域的应用方框图见图 8.2[6]。

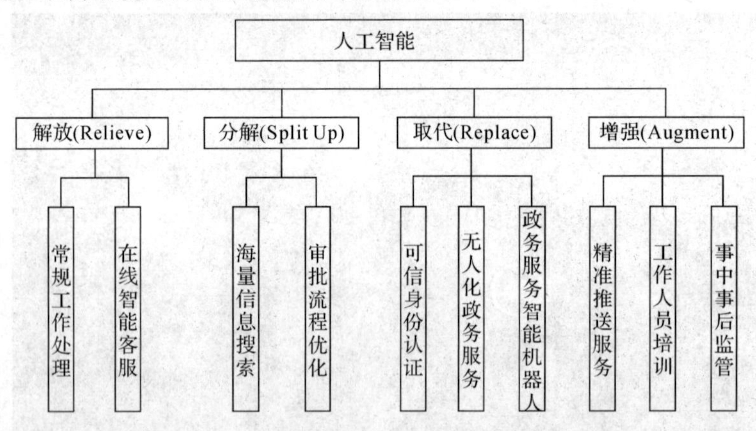

图 8.2　人工智能在政务服务领域的应用方框图

虽然目前人工智能在政务服务领域的应用尚处于起步阶段，但已经开始在一定程度上产生了积极的带动效应。根据工作的复杂性以及自动化程度，人工智能可以从以下四个方面发挥积极作用。

(1) 节约人力资源，即用人工智能技术处理简单的常规工作，释放人力资源，以便其从事更有价值的工作；

(2) 任务分解，即将相对复杂的工作进行流程分解，并尽可能采用人工智能技术对各步骤进行自动化处理，而由人完成剩下的工作，或者对自动化过程进行监督；

(3) 取代人工，即由技术取代人工，完成一整套具有一定复杂性、以前由人才能承担的工作，这将带来行业的革命性变化和工作岗位的变迁；

(4) 增强人的能力，即人工智能技术可对人的技能进行增强和补充，通过优势互补，完成以前人很难或无法完成的任务。

1) 常规工作处理

在处理常规性的文字工作方面，人工智能技术已经较为成熟。例如美联储利用机器来编写例行的公司财报，其效率已经超过了人类。对于政务服务部门工作人员而言，每天的大部分工作时间都花费在一些常规性、格式化的文本编辑，表格填写等常规工作处理上，从而导致真正用于服务公众的时间减少。现有的机器人流程自动化(Robotic Process Automation，RPA)对政务服务部门来说是一个很好的技术，它可以替代人力完成表单填写、信息搜索与获取、数据提取及处理等重复的、可预测的、耗时长的工作，从而使人力资源得到极大解放，能有更多时间与精力去处理政务服务过程中的棘手问题[7]。

2) 在线智能客服

基于人工智能的在线智能客服技术已经在社会生活中得到了许多应用，如我们熟悉的苹果语音助手 Siri、支付宝语音助手 Beta 等。通过自然语言识别、机器学习等技术的运用，人工智能客服已经能够进行拟人化的交流，回答用户在日常生活中遇到的各种问题。在国外，美国陆军网站开发了互动虚拟助理来回答关于入伍招募的有关问题，其准确率达到了 94%以上。在政务服务领域，通过对各职能部门的政策法规、办事指南、信息数据进行标准化梳理，形成专门的政务服务知识库。人工智能技术可以根据规则库为公众提供全天候、多渠道的精准智能客服，有效解决公众在办事过程中遇到的诉求表达渠道不畅、参与互动水平低、人工服务响应不及时、服务态度不好等难题，提高群众办事的良好体验和满意率[8]。

3) 海量信息搜索

传统政务管理门户网站采用的是多级菜单、功能模块以及数据链接等形式，很容易导致公众无法搜索到有效信息。而采用人工智能搜索技术，公众只需要输入自己的目的或需求，人工智能搜索引擎便可以综合运用自然语言处理与机器学习等技术，识别输入文字中的关键信息，及时找到用户感兴趣的相关信息[9]。人工智能搜索引擎还能够结合知识图谱，快速、准确地为公众提供周边有关信息，让公众掌握的信息更为全面、详细，从而做出更科学的决策。此外，对于政务管理部门工作人员而言，也可以运用人工智能技术，快速筛选出与事项或公众有关的历史办事数据、政策法规等有效信息，辅助作出相关决策[10]。

4) 审批流程优化

审批流程优化是推进“互联网+政务服务”改革的基础性工作，但在当前这一工作存在严重的凭经验、靠感觉、标准模糊等问题。通过人工智能技术，可以对累计办件数量、办事时效以及公众的建议反馈等数据进行实时分析，有效识别出行政审批全流程中的冗余环节和存在的重点难点问题，进而在精准数据分析的基础上，科学压缩办事时限、优化政务服务流程，提高政务服务效率[11]。成都市武侯区通过对“网上综合审批平台”上的数据进行分析，创造性地设计了“受理—审查—出证”的分段式审批管理模式，简化了流转程序，减少了人工干预环节，提高了工作效率，使审批过程更加规范高效，如图 8.3 所示。

图 8.3　行政审批(引自：https://www.sohu.com/a/294859994-100303472)

5) 可信身份认证

目前，人脸识别等生物识别技术的准确率已经超过了人类识别的水平，技术日益趋于成熟并且已经在金融、安检、考勤等方面得到了广泛应用[12]。在政务服务领域，目前全国已经有 40 余个城市率先启动了“刷脸政务”，覆盖范围囊括商事登记、交通罚单缴纳、公积金查询、个税申报、社会保障等。如广州市率先在公安部第一研究所“互联网+可信身份认证”服务平台的基础上，通过活体人像采集等生物特征识别技术进行个人养老金领取资格认证。通过移动智能终端线上扫脸完成身份认证，省去了到线下政务服务大厅提交材料证明“我是我”的不必要操作，真正实现“足不出户，办成所有事”，有效提升了办事效率和公众满意度[13]。

6) 无人化政务服务

受无人驾驶技术的启发，人们提出了无人化政务服务的构想。与无人驾驶技术不同，无人化政务服务的实现需要分阶段、有侧重地进行。在短期内，通过完善政务服务知识库，建立涉及办理事项、办理数据等信息的政务服务知识图谱，人工智能技术可以实现对急办件、部分操作流程较为简单的承诺件以及非办理类公共服务事项的审批与办理。对于重大投资项目等复杂审批事项，可以运用知识图谱和决策支持等功能，对审批流程中的部分环节进行审核，并做出合规性初步审查，然后将辅助性审查结果推送至人工审批环节供决策参考[14]。从长期来看，随着政务服务数据量越来越丰富以及人工智能技术本身日益成熟，人工智能技术所作出的审批与决策质量也会越来越高，无人化政务服务的构想在未来将会逐步得以实现。

7) 政务服务智能机器人

目前，人工智能在一些领域的应用对一般公众而言，具有非实在性和不可见性的特点，而政务服务智能机器人可以让公众真切地感受到人工智能技术的客观存在与其优越性，同时也能让公众产生新奇的办事体验感。在政务服务领域，目前我国一些科技和经济发达地区的政务管理部门已经引入了智能机器人为公众提供服务，例如通过触摸屏以及语音交互等多种方式，为公众提供事项查询、办事咨询、服务引导、取号打印以及申报领证等服务。同时，个人的身份核验以及单位安全保卫等方面的应用，也逐步开始被引入政务服务领域。随着人工智能技术的不断发展进步，未来其他一些政务服务领域，智能机器人的应用会越来越广泛。图 8.4 形象地展示了政务服务智能机器人的应用场景。

图 8.4　政务服务智能机器人

8) 精准推送服务

依托大数据，分析用户的政务服务需求，给用户的服务需求行为打上标签，继而有针对性地推送政务服务信息，称为精准推送服务。在政务服务领域，当前“互联网+”的推进促进了政务服务大数据的逐步统一与整合。随着政务数据共享程度的逐步提高，建立在个人身份认证基础之上的虚拟政务服务用户空间，可以有效聚合公众的浏览、收藏、办理、咨询以及反馈等政务服务行为数据。结合公众自身的工作需要、生活需要和性格、偏好等个性化属性，政务服务管理者便可以利用人工智能的精准化分析方法，将与公众办事有关的信息和服务及时进行推送，从而为用户提供个性化、主动推送式的智能服务[15]。

9) 工作人员培训

人工智能在教育培训方面的功能，也能够在政务服务领域发挥出重要作用。人工智能不仅能够根据工作人员的办事情况和知识关联等信息分析其技能掌握情况，为管理者制定针对性的工作培训计划，而且还可以从大脑思维方式、个人性格特点、所处环境特征等方面，为每个工作人员提供个性化、定制化的学习内容和方法，有效提高培训的效能。此外，现有的虚拟现实(Virtual Reality，VR)、智能仿真等技术，也可以让参与培训者通过模拟获得身临其境的感觉，从而有助于工作人员更加立体地掌握整个工作过程[16]。

10) 事中事后监管

在行政审批的模式下，由于审批、监管职能分离，导致行政审批与相关职能部门的权责难以厘清和有效衔接。人工智能技术的使用，为这一问题的解决提供了一种新思路。如在商事登记方面，在审批完成后，政务服务管理系统能实现电子档案的存储智能化，并将数据自动推送到网上，向社会公示企业信息。监管部门则可以利用机器学习技术，对工商、公安、税务、法院、安监以及银行等部门的数据进行挖掘和分析，识别出重点监管对象并进行实时追踪与预测，从而实现对企业及其人员和生产过程进行监管的目的，及时预判与防止可能出现的风险和违规违法行为[17]。另外，在国土监察等方面，也可以采取高分辨率卫星图像和深度学习算法相结合的方式，实现对城市土地资源的实时监管[18]。用人工智能识别卫星图像中的新增建筑如图 8.5 所示。

图 8.5　用人工智能识别卫星图像中的新增建筑

8.2 智 慧 旅 游

8.2.1　智慧旅游概述

1. 智慧旅游依托的技术和特点

旅游业作为一种绿色产业，与数字技术有着紧密的联系。以物联网、云计算、人工智能、移动通信技术为核心的数字技术将引起整个旅游业的革命，深刻地改变旅游业的经营、管理和运作模式，这无疑对旅游业的发展和繁荣起到重要的作用。智慧旅游是现代计算机技术、信息与通信技术和现代旅游业深度融合发展的产物。它以游客为中心，以新一代信息技术为支撑，构建贯穿整个旅游过程的主动感知与智能服务体系。目前我国智慧旅游尚处于起步阶段。

智慧旅游，就是利用云计算、物联网、人工智能等新技术，通过互联网/移动互联网，借助便携的终端上网设备，主动感知旅游资源、旅游经济、旅游活动、旅游者等方面的信息，及时发布，并让人们能够及时了解这些信息，及时安排和调整工作计划与旅游计划，从而达到对各类旅游信息的智能感知、方便利用。智慧旅游的建设与发展最终将体现在旅游体验、旅游管理、旅游服务和旅游营销四个层面[19]。智慧旅游的应用领域如图 8.6 所示，智慧景区的总体架构如图 8.7 所示。

随着国内居民个人收入的快速增长、闲暇时间的增加、观念的更新，旅游业正由最初的观光游览型向休闲度假型转变，由团队游向散客游、自助游转变，呈现出国内化、家庭化、大众化、多元化、郊区化和高品位化的发展趋势，游客个性化需求日益强烈，对信息服务类别和质量的诉求大幅提升。解决并满足广大民众海量的个性化旅游需求必须突破传统旅游的服务模式，将人工智能技术和新一代信息技术手段应用到旅游行业，进行旅游行业的信息化革命，智慧旅游应运而生。

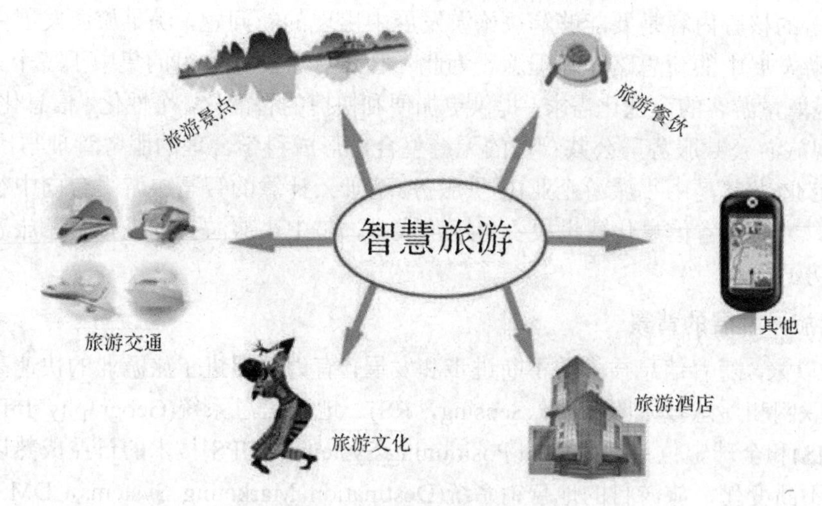

图 8.6　智慧旅游的应用领域

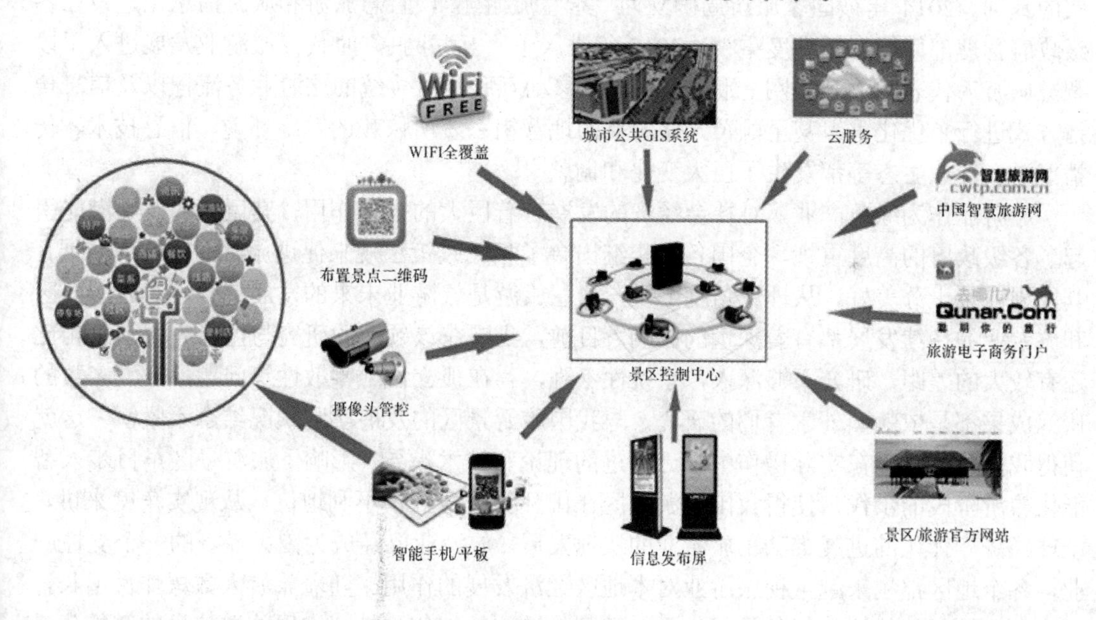

图 8.7　智慧景区总体架构图

智慧旅游是一个全新的命题，它依托大数据、云计算、人工智能、物联网、移动互联网等新一代信息技术，整合旅游目的地食、住、行、游、购、娱等相关服务于一体，利用 iPad、电脑、智能手机等终端设备，为广大游客提供“各取所需”的服务，使旅游物理资源和信息资源得到高度系统化整合和深度开发激活，并服务于公众、企业、政府等。它以融合的通信与信息技术为基础，以游客互动体验为中心，以一体化的行业信息管理为保障，以激励产业创新、促进产业结构升级为特色，通过智慧旅游的发展，构建现代旅游公共服务体系，真正把旅游业培育成使人民群众更加满意的现代服务业。简单地说，就是游客与网络实时互动，让游程安排进入触摸时代[19]。

智慧旅游的核心内容是要能够解决旅游发展中出现的新问题，满足旅游发展中的新需求，实现旅游发展中的新思路和新理念。为此，智慧旅游的建设目的集中于三个方面：

(1) 满足海量游客的个性化需求，提供更加便利快捷的智能化、个性化、信息化的服务。

(2) 实现旅游公共服务与公共管理的无缝整合，形成科学合理的服务管理与决策。

(3) 为企业(尤其是中小旅游企业)提供服务。基于云计算的智慧旅游平台向中小旅游企业提供服务，为其节省信息化建设投资与运营成本，是中小旅游企业进行智慧旅游集约化建设的最佳方式[20]。

2. 智慧旅游发展的背景

21 世纪以来，随着信息技术的不断进步和发展，有力地促进了旅游业的快速高质量发展。随着互联网和遥感技术(Remote Sensing，RS)、地理信息系统(Geography Information Systems，GIS)和全球定位系统(Global Positioning Systems，GPS)技术的日益成熟以及旅游市场需求的不断变化，旅游目的地营销系统(Destination Marketing Systems，DMS)作为旅游信息化平台受到了政府、业界和学术界的广泛关注。从 2002 年国家旅游局正式推动“金旅工程”开始，DMS 的研究和应用开始逐步得到发展，为我国旅游信息化建设打下了坚实的基础。2014 年被国家旅游局确立为“智慧旅游年”，智慧旅游和旅游信息化建设在各级政府管理部门得到了高度重视。2015 年进入了“互联网+”时代，旅游业发展进入了以智慧旅游为代表的“互联网+旅游”阶段，移动互联网对传统的旅游业务流程以及信息传播方式进行了优化重组甚至颠覆，旅游目的地营销系统所依赖的网络环境、信息技术、传播渠道、行业生态等都发生了巨大变化和调整[21]。

旅游业作为绿色产业，对社会经济的发展有着巨大的推动作用，其巨大的发展潜能引起了各级政府的高度重视，全国各地相继出台了相关政策法规来促进旅游业的快速发展，其发展前景十分美好。从理论角度上讲，智慧旅游是旅游业未来的发展趋势，对旅游景区和旅游业的持续发展都有着深远的影响。目前，我国在该领域的研究与世界先进水平相比还有较大的差距，研究不够深入，系统性不强，存在孤立性、零散性等问题，且大多数的研究成果都是依赖国外学者们的研究，与我国旅游景区的发展实际状况结合不紧密。这就使得我国旅游景区在实际操作中缺乏先进的理论和技术指导，影响了旅游景区早日步入智能化旅游阶段的步伐，使得我国旅游景区在国际竞争中处于不利地位。从现实角度来讲，全球经济一体化的进展推动了旅游业的快速发展，旅游业已经成为国民经济的一个支柱产业，各个地区都越来越重视旅游业对本地区经济发展的作用。随着旅游人数爆炸性增长，景区和旅游部门的管理任务日益加重，智慧旅游依托现代科技，实现旅游信息的智能化、数字化发布与收集，能够进一步提高旅游业的管理工作效率，提升旅游服务质量，是旅游业转型升级的重要技术基础[22]。

3. 国内外智慧旅游的发展现状

智慧旅游起源于 2008 年美国 IBM 公司提出的“智能地球”概念。IBM 指出“智能地球”的核心是利用新一代信息技术，以一种更智能的方法来改变政府、企业和人们交互的方式，以提高交互的效率、灵活性、明确性和响应速度[23]。智慧旅游是一个新的概念，它描述在经济、科技和社会发展推动下的旅游新形式。该形式利用了大数据、传感器、人工智能、开放数据连接等新技术，还有物联网、射频识别(Radio Frequency

Identification，RFID)和近场通信(Near Field Communication，NFC)等。智慧旅游的首次提出是在2000年加拿大举办的旅游协会研讨会上。2011年7月，国旅局局长邵琪伟提出，我国将争取用10年左右时间让旅游业经营活动达到全面信息化，将其发展成为高信息化、知识高度密集的现代新型服务业，初步实现基于信息技术的符合我国国情的智慧旅游[24]。

我国不少城市也在如火如荼地构建自己的智慧旅游系统，如江苏的南京、镇江等地积极投身于数字城市、智慧城市建设中。智慧旅游主要针对旅游者空间信息不对称问题，构筑并提供智能服务，能够消除游客的语言障碍、综合信息障碍等问题，让自助游客玩得更加开心和有品位。同时，智慧旅游主要服务于游客的旅游决策、旅游消费等方面，能够帮助旅游者更为便捷地获取旅游信息，但在旅游审美、旅游体验质量与境界方面辅助作用不够明显。总之，智慧旅游为现代旅游业的发展开启了科技服务的大门[25]。

8.2.2　智慧旅游的基本理论与技术

1. 旅游规划理论

旅游规划是城市与区域规划的重要组成部分。在城市与区域规划领域，实体规划(Physical Planning)的概念由来已久。现代城市与区域规划自英国利物浦阳光城开始，注重建筑物布局、土地使用模式和法规细则实施。旅游规划涉及旅游经济、旅游行业和景区景点规划。因此，旅游规划的编制一般分为以下三个层次：

① 景点规划。这是最基本的规划。开发商聘请专家规划旅游产品和土地开发计划，主要由规划师、建筑师、景观建筑师和工程师编制该类规划。

② 景区规划。当旅游景点的多样化、服务设施和旅游市场不能协调时，由多个景点组成的景区规划应运而生，并将规划目标进一步扩展到社会、经济领域。

③ 旅游经济与产业规划。当一个地区或国家在寻求投资者(公司或个人)来促进旅游业发展时，旅游业在国民经济中的地位以及与旅游业发展有关部门和要素的规划就显得非常重要，同时发掘一个区域或国家的旅游潜力成为必需，这样区域层次的旅游经济与产业规划也就应运而生。

当然，旅游规划的这三个层次是相互依存、不可分割的，它们的整体配合至关重要[22]。

2. 云计算

云计算(Cloud Computing)是计算机技术、信息处理和通信技术发展到一定阶段的产物，是一项引领信息化社会发展、有重要应用价值的高新技术，其在智慧旅游的建设中有着至关重要的作用，两者的融合将会给旅游业的转型带来不可忽视的影响。从技术服务的角度来看，云计算是分布式计算的一种，指的是通过网络“云”将巨大的数据计算处理程序分解成无数个小程序，然后，通过多部服务器组成的系统进行处理和分析，并将得到的结果返回给用户。通过这项技术，可以在很短的时间(几秒钟)内完成对数以万计的数据的处理，从而提供强大的网络服务。这种提供资源的网络就被称为“云”。“云”中的资源不仅可以无尽地扩展和补充，还能够随时获取和存储。计算机终端、移动终端等终端使用者无需了解云端的具体技术细节或相关专业知识，只需要通过终端获取自身所需的旅游资源和服务[26]，其目的是解决互联网发展所带来的巨量旅游数据存储与处理问题。云计算把许多旅游资源集合起来，通过软件实现自动化管理，只需要很少的人参与，就能让旅游资源被快速利用。

云计算技术包含两个方面的含义：一方面指用来构造应用程序的系统平台，其地位相当于个人计算机上的操作系统；另一方面描述了建立在这种平台之上的云计算应用。云计算平台可按需要动态地部署与配置服务器，这些服务器可以是物理的或者虚拟的。云计算应用是指可以扩展至通过互联网访问的应用程序，其使用大规模的数据中心以及功能强劲的服务器来运行网络应用程序、提供网络服务，使得任何用户通过适当的互联网接入设备与标准的浏览器就能够访问云计算应用。智慧旅游的云计算建设必须同时包含云计算平台与云计算应用两个方面，如“旅游云”“旅游云计算”“旅游云计算平台”等。智慧旅游的云计算技术的应用研究主要侧重于如何将大量甚至海量的旅游信息进行整合并存放于数据中心，如何构建可供旅游者和旅游组织(企业、公共管理与服务等)获取、存储、处理、交换、查询、分析、利用旅游信息的各种旅游应用(信息查询、网上预订、支付等)[27]。

3. 物联网技术

信息处理与通信技术是智慧旅游所引发的旅游变革的技术基础。如上所述，智慧旅游基于云计算和物联网、互联网，而互联网和移动通信相结合构成了移动互联网。物联网是智慧旅游的核心网络。物联网实现了物与物、人与物、人与人的互联。物联网(Internet of Things，IoT)的定义是[27]：通过各种信息传感器、射频识别技术、全球定位系统、红外感应器、激光扫描器等装置与技术，实时采集任何需要监控、连接、互动的物体或过程，采集其声、光、热、电、力学、化学、生物、位置等各种需要的信息，通过各类型的网络接入，实现物与物、物与人的泛在连接，以及对物的智能化识别、定位、跟踪、监控及管理。物联网是一个基于互联网、传统电信网等的信息承载体，它让所有能够被独立寻址的普通物理对象形成互联互通的网络。物联网具有全面感知、无处不在的特征。智慧旅游中，物联网的应用将呈现多样化、泛在化和智能化的发展趋势。目前，物联网技术在智慧旅游中的应用主要有电子门禁系统、景区电子导览、智能酒店、景区环境监控、景区安防等，这些都体现了物联网在智慧旅游中的实际应用。物联网技术的应用极大地方便了旅游者进行行程安排，实现用户进行移动旅游服务的实时搜索。随着 5G 技术的成熟与推广应用，物联网技术必将快速推动传统旅游业向智能化旅游业的转型升级[26]。

8.2.3 智慧旅游平台总体架构设计

智慧旅游大数据平台涵盖数据采集、数据清洗、数据存储、数据处理和数据智能应用等多个方面。智慧旅游可以把该平台作为基础，将旅游业务与数据特征相结合，开展大数据的智能应用。智慧旅游大数据平台的架构如图 8.8 所示，其具体功能结构如图 8.9 所示[28]。

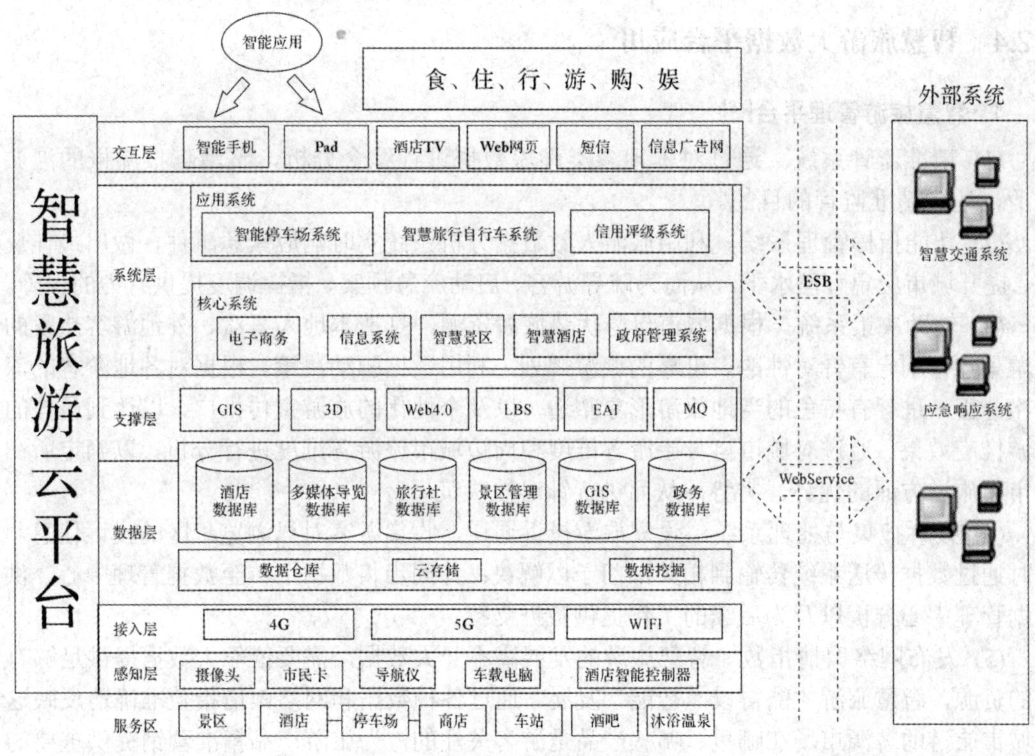

图 8.8 智慧旅游大数据平台的架构

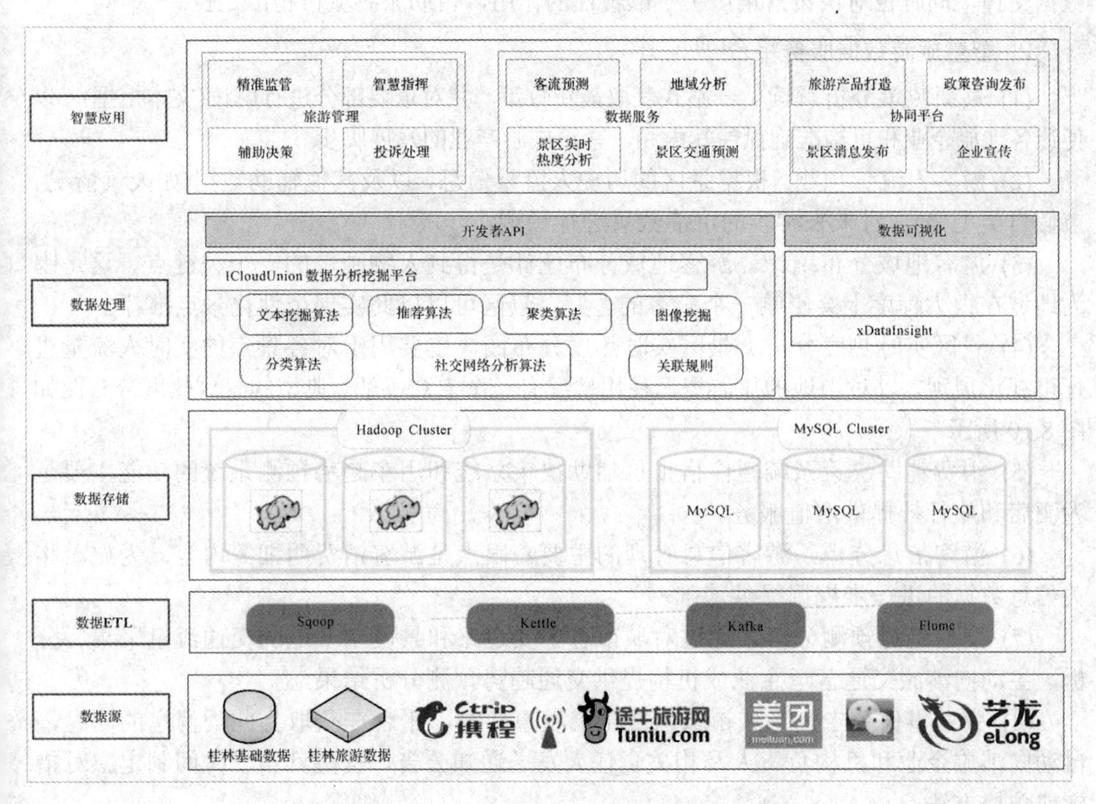

图 8.9 智慧旅游大数据平台具体功能结构方框图

8.2.4 智慧旅游大数据平台应用

1. 智慧旅游管理平台[28]

(1) 精准监管系统。通过对本地多类涉旅数据进行综合分析，整治瞒报漏报的涉旅企业，达到精准监管的目的。

(2) 智能指挥管理系统。利用旅游人数数据分析系统实时响应紧急事件，做出最佳反应，提升城市应急管理水平，从而为疏导游客、启动应急预案、指挥调度提供有力的保障。

(3) 辅助决策系统。根据城市自身优势旅游资源，打造本地人喜欢、外地游客热爱的旅游景点，制定有针对性的、可靠的旅游规划，利用数据驱动决策。根据对各地游客的深层次分析，进行有特色的当地旅游形象塑造，以及个性化的旅游宣传推广，以达到最佳的旅游推广效果。通过对城市自身旅游各维度和周边城市旅游各维度进行分析，以确定所在城市在旅游方面的优势、劣势，从而进行针对性决策。

(4) 投诉搜集与处理系统。设立旅游投诉通道，收集游客对已浏览景区的投诉信息，及时通过数据传送系统传输到相关部门予以解决；并同步将数据上传至数据管理中心，供数据管理中心分析以及为后续的工作提供数据支持。

(5) 发布网络舆情指数。智慧旅游的发展离不开大数据，需要依靠大数据提供足够有利的资源，智慧旅游才能得以“智能”发展。通过各种数据和网络舆情指数准确地反映这座城市旅游的客源市场在哪里、哪些产品是游客关注的，为旅游产品精准营销提供重要的数据支撑，同时也对决策营销产生了颠覆性的作用，帮助旅游城市精准定位。

2. 智慧旅游数据服务平台[28]

(1) 最新政策分析解读。一站式获取最新政策，并对重要部分进行解读(文本挖掘)，以便让各涉旅企业和机构准确抓住其内涵，紧跟旅游产业的发展脚步。

(2) 游客人流量预测。根据景区的历史人流量信息，以及其他辅助数据(如天气情况、节假日类型等)，对未来游客的可能数量进行预测。

(3) 游客地域分布统计。游客地域分布统计是得到人物画像的一个关键点。这是因为地域在很大程度上会影响一个游客的喜好，景区可以以此实现个性化景点推荐。

(4) 景区实时热度分析。景区实时热度分布图，主要用于对各景点的实时人流量进行可视化展现，以对当地的旅游资源使用情况有一个宏观了解。典型的景区热度分布图如图 8.10 所示。

(5) 消费辅助决策系统。住宿报价辅助决策系统和用车趋势预测系统的功能主要是为酒店和旅行社提供增值服务。

(6) 游客信息分析。游客信息管理的主要着眼点是游客消费明细等内容，为旅游相关信息数据的进一步挖掘提供基础。

(7) 交通趋势预测分析。通过对城市各主要道路和景区主干道的交通流量采集、分析，主动向涉旅交通营运企业或机构提供交通趋势预测分析结果。

(8) 突发事件公告。当城市域内发生突发事件时，平台在获取到此类消息的同时，自动向涉旅企业和机构负责人及相关责任人发送通知公告，提醒其第一时间制定应对措施或防控方法。

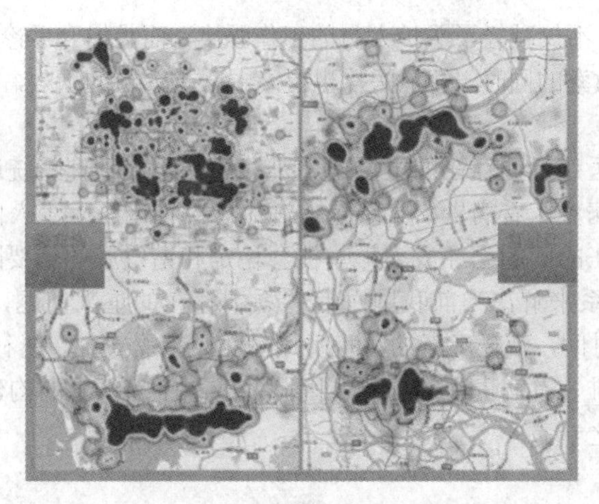

图 8.10　景区热度分布示意图

8.3 智慧医疗

8.3.1 智慧医疗的发展历程

近十年以来，人工智能的理论和技术发展日新月异，给医疗行业带来了前所未有的机遇和挑战，必将对整个医疗行业带来革命性的冲击，开创基于人工智能的智慧医疗(英文简称 WIT120)新时代。智慧医疗的核心就是“以患者为中心”，给予患者以全面、专业、个性化的诊疗体验。

因特网(Internet)作为一项革命性的信息传送新技术，始于 1969 年的美国，成熟于 20 世纪 90 年代。Internet 是由许多计算机组成的，可实现网络中计算机之间信息的可靠传输。Internet 使用一种专门的计算机协议，即 TCP(Transmission Control Protocol，传输控制协议)和 IP(Internet Protocol，网间协议)来保证数据安全、可靠地到达指定的目的地。TCP/IP 协议所采用的通信方式是分组交换方式，即数据在传输时分成若干段，每个数据段称为一个数据包。由于 Internet 数据传输的特点，它虽然推进了医院的信息化建设，但并没有为医疗行业带来革命性的进步。因为因特网是信息与信息直接的对接，只能让医院、医生信息链接起来，让医疗信息可以查询，可以为患者就医提供方便，提高医院的管理信息化水平。

2007 年开始，人类进入移动互联网时代。移动互联网技术带来的是互联网与地址的结合。由于移动互联网技术可以链接到人的身上，人们就可以利用随身携带的电子设备，通过移动互联网，找到适合的医院、合适的权威医生。移动互联网解决了信息不对称的情况，打破了地域限制，带来了医疗流程的简化。近十年来，随着人工智能理论与技术以及硬件平台的迅猛发展，例如深度学习、谷歌的猫脸识别技术、大数据特征提取、高性能计算机等技术和硬件的重大突破，给整个医疗行业带来了革命性的变化[29]。人工智能在医疗系统中的应用将不再是患者与医生、患者与医院之间的链接，而是具有了智能化的医疗解决方案，能够减少医生很多重复性的劳动，快速量化分析一些诊断资料和医生的判断，给出更加精确的疾病诊断结果。智慧医疗通过快捷完善的数字化信息系统使医护工作实现无纸化、智能化、高效化，不仅减轻了医护人员的工作强度，而且提升了诊疗速度，还让诊疗更加精准。在提高诊疗效率的同时，智慧医疗也提高了医护人员的绩效，从而调动起医护人员的工作积极性。

目前，我国整个医疗行业存在的主要问题是：公共医疗管理系统还不够完善，医疗服务质量有待提高，看病难、看病贵，大医院人满为患、社区医院少人问津，病人就诊手续烦琐等。这些长期存在的问题已经成为影响社会稳定和谐发展的重要因素。因此，急需构建智慧医疗的完整体系来解决当前我国医疗体系中存在的重大问题，提高医疗系统的效率，减少患者的诊疗时间，减轻患者的医疗费用负担，享受安全、便利、优质的诊疗服务，从根本上解决“看病难、看病贵”等问题。因此，智慧医疗体系的构建也是解决当前医患矛盾多发的有效途径之一。

8.3.2 智慧医疗系统的组成

智慧医疗系统由三部分组成[30]：智慧医院系统、区域卫生系统、家庭健康系统。

1. 智慧医院系统

智慧医院系统由数字医院和提升应用两部分组成。数字医院包括医院信息系统(Hospital Information System，HIS)、实验室信息管理系统(Laboratory Information Management System，LIS)、影像归档和通信系统(Picture Archiving and Communication Systems，PACS)、医生工作站四个部分，可实现病人诊疗信息和行政管理信息的收集、存储、处理、提取及数据交换。

医生工作站的核心工作是采集、存储、传输、处理和利用病人健康状况和医疗信息。医生工作站是包括门诊和住院诊疗的接诊、检查、诊断、治疗、处方和医疗医嘱、病程记录、会诊、转科、手术、出院、病案生成等全部医疗过程的工作平台。提升应用包括远程图像传输、大量数据计算处理等技术在数字医院建设过程的应用。比如：① 远程探视，避免探访者与病患的直接接触，杜绝烈性传染疾病的扩散和蔓延，缩短恢复进程；② 远程会诊，支持优势医疗资源共享和跨地域优化配置；③ 自动报警，对病患的生命体征数据进行监控，降低重症护理成本；④ 临床决策系统，协助医生分析详尽的病历，为制定准确有效的治疗方案提供基础；⑤ 智能处方，分析患者过敏和用药史，反映药品产地批次等信息，有效记录和分析处方变更等信息，为慢性病治疗和保健提供参考。

2. 区域卫生系统

区域卫生系统由区域卫生平台和公共卫生系统两部分组成。

区域卫生平台是包括收集、处理、传输社区、医院、医疗科研机构、卫生监管部门记录的所有信息的区域卫生信息平台，旨在运用尖端的科学和计算机技术，帮助医疗单位以及其他有关组织开展疾病危险度的评价，制定以个人为基础的危险因素干预计划，减少医疗费用支出，以及制定预防、控制疾病的发生和发展的电子健康档案(Electronic Health Record，EHR)。比如：① 社区医疗服务系统，提供一般疾病的基本治疗，慢性病的社区护理，大病向上转诊，接收恢复转诊的服务；② 科研机构管理系统，对医学院、药品研究所、中医研究院等医疗卫生科研机构的病理研究、药品与设备开发、临床试验等信息进行综合管理。

公共卫生系统由卫生监督管理系统和疫情发布控制系统组成。

3. 家庭健康系统

家庭健康系统是最贴近市民的健康保障，包括针对行动不便、无法送往医院进行救治的病患的视讯医疗，对慢性病以及老幼病患的远程照护，对智障、残疾、传染病等特殊人群的健康监测，还包括自动提示用药时间、服用禁忌、剩余药量等的智能服药系统。

智慧医疗方案架构如图 8.11 所示。

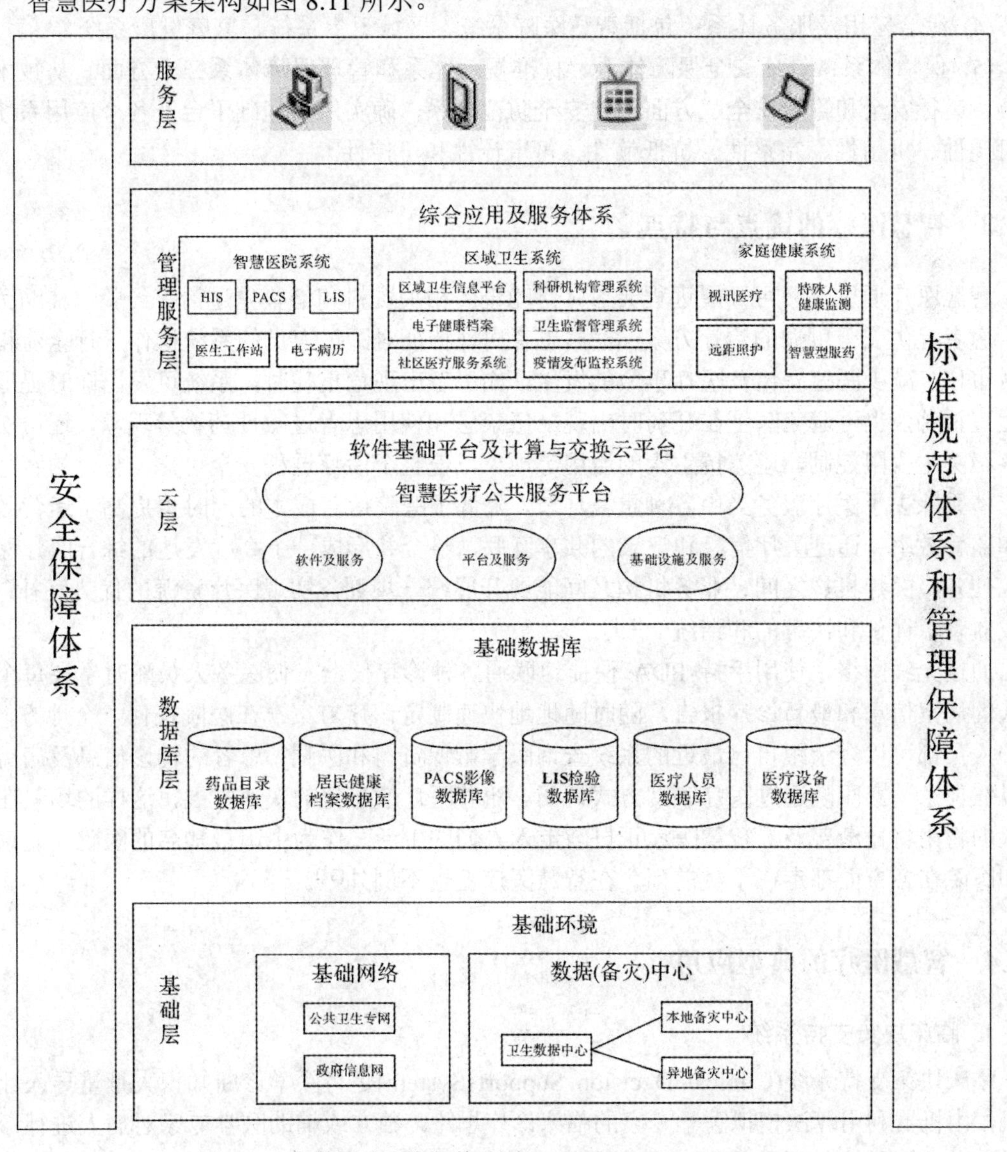

图 8.11 智慧医疗方案架构(引自 https://baike.baidu.com/item)

从技术角度分析，智慧医疗的概念框架包括基础环境、基础数据库、软件基础平台及计算与交换云平台、综合应用及服务体系、保障体系五个方面。

(1) 基础环境：通过建设公共卫生专网，实现与政府信息网的互联互通；建设卫生数据中心，为卫生基础数据和各种应用系统提供安全保障。

(2) 基础数据库：包括药品目录数据库、居民健康档案数据库、PACS 影像数据库、LIS 检验数据库、医疗人员数据库、医疗设备数据库等卫生领域的六大基础数据库。

(3) 软件基础平台及计算与交换云平台：提供三个层面的服务，首先是基础架构服务，提供虚拟优化服务器、存储服务器及网络资源；其次是平台服务，提供优化的中间件，包括应用服务器、数据库服务器、门户服务器等；最后是软件服务，包括应用、流程和信息服务。

(4) 综合应用及服务体系：包括智慧医院系统、区域卫生系统、家庭健康系统。

(5) 保障体系：包括安全保障体系、标准规范体系和管理保障体系三个方面。从技术安全、运行安全和管理安全三方面构建安全防范体系，确实保护基础平台及各个应用系统的可用性、机密性、完整性、抗抵赖性、可审计性和可控性。

8.3.3 智慧医疗的优点与特点

智慧医疗通过联网可开展远程会诊、自动查阅相关资料和借鉴先进治疗经验，辅助医生给患者提供安全可靠的治疗方案；根据患者病理特征对医护人员的系统操作进行全流程实时审核，减少医疗差错及医疗事故的发生，如患者出现危重症时，系统可发出即时提醒或远程报警，也可避免医生在开药时出现配伍禁忌和使用患者过敏性药物等现象，还可实施各级医生权限控制，避免抗生素的滥用等现象，使整个治疗过程安全可靠。整合的智慧医疗体系除去了医疗服务当中各种重复环节，降低了医院运营成本的同时也提高了运营效率和监管效率；通过医疗信息和记录的共享互联，整合并形成一个高度发达的综合医疗网络，使各级医疗机构之间、业务机构之间能够开展统一规划，实现医疗资源的优势互补，达成监管、评价和决策的和谐统一[31]。

通过无线网络，使用手持 PDA 便捷地联通各种诊疗仪器，使医务人员随时掌握每个病人的病案信息和最新诊疗报告，随时随地地快速制定诊疗方案；在医院任何一个地方，医护人员都可以登录距自己最近的系统查询医学影像资料和医嘱；患者的转诊信息及病历可以在任意一家医院通过医疗联网方式调阅。随着医疗信息化的快速发展，这样的场景在不久的将来将日渐普及，智慧医疗正日渐走入人们的生活。作为中国最知名的医院，北京协和医院在各方面都走在了最前列，在智慧医疗上也不例外[32]。

8.3.4 智慧医疗的典型应用

1. 临床决策支持系统

临床决策支持系统(Clinical Decision Support System)是将医学诊断知识大批量导入计算机，由机器利用算法模拟医学专家的临床诊疗思路，独立或辅助医学专家对病人进行诊疗[33]。临床决策支持系统最早可追溯至 20 世纪 70 年代，美国斯坦福大学开发的“Mycin 系统”，可以对感染性疾病病人进行分析诊断，给出详细的治疗方案，并且该系统在菌血症、肺部感染、颅内感染等方面的诊疗水平已经超过该领域的专家水平[34]。近年来，美国纪念斯隆-凯瑟琳医院与 IBM 合作开发的“Watson 系统”，以 150 万份病历和诊断图像，

200 万页的文字记录、文献等为语料，构建肿瘤识别模型，提升筛查的准确率[35]。Google 用深度学习的方法检测糖尿病性视网膜病变，对糖尿病并发症进行早期干预，显著改善了糖尿病病人的预后[36]。由此可见，临床决策支持系统在医学上大有可为，应用前景广阔。

2. 基于 AI 技术的医学影像阅片

据专家介绍，以肺癌为例，过去筛查肺部结节全靠医生的经验，在 CT 扫描图像上一寸一寸观察，不仅工作量浩大，而且准确率只有 65%左右。现在通过 AI 系统，一分钟可以看 15 张片子，读片的准确率达 85%以上，可广泛用于大规模体检筛查等领域。对于一些复杂的片子，采取“人工+AI”的方式，可以大大提高诊断的精准度，让患者在就诊过程中少走弯路。

目前，颐东集团正在与南京鼓楼医院体检中心联合开发健康管理系统，该系统平台在患者、医生、医院之间形成一条通路，实现对患者的健康评估、健康管理、体检后的定期随访，形成以个人为中心的全生命周期健康管理，助力医院的服务进一步优化升级。

江苏小白智慧医疗公司开发的视觉 AI 系统目前能自动识别 B 超、CT、胃镜、磁共振等片子，针对肝脏疾病、前列腺癌、肺癌、甲状腺疾病等 4 种疾病的智能辅助诊断系统已经在广州中山医院、空军军医大学附属医院等进行临床试验，其中对甲状腺疾病的识别准确率高达 96%。

3. 辅助诊断与病理分析

目前，国内医疗人工智能化应用主要集中在北京、广州以及长三角地区。上海有多家医院，已成功地将人工智能应用到医学影像识别、疾病辅助诊断、外科手术、基因测序等方面，成为医生的“超级助手”。智能机器看似无情无义，但诊断起来却是有理有据，它能够帮助医生结合既往病历，为患者制定出规范化的治疗方案。一些患者不必再长途跋涉来医院就诊，只需把相关信息通过网络发送到机器终端，智能机器会综合大数据已有的信息进行判断，并及时把诊断结果反馈给患者。人工智能的先行识别和建议，如同专家会诊一般，大大提升了疾病诊断、随访和并发症监控的效率和准确度。目前，影像辅助诊断和病理大数据分析这两部分的发展比较成熟，两者结合应用的准确率可以达到 90%以上，大大缩短了疾病的确诊时间，有效提高了医护效率，也为患者减轻了负担。今后，智慧医疗的普及与应用，有望使边远地区的老百姓也能享受到大城市三甲医院的远程精准医疗服务，优质医疗资源的覆盖率将进一步延伸[37]。

医疗资源共享服务利用人工智能技术开发“掌上医院”，以社区为单位将居民的健康档案、电子病例等大数据资源全面整合，可以为老百姓提供一站式覆盖诊前、诊中、诊后的全方位智能服务，还可以针对不同人群提供个性化的医疗和健康服务。社区医院首诊、随时双向转诊的灵活就医机制，引导老百姓形成“小病到社区、大病到医院、康复回社区”的新型就医观念。

智慧医疗不仅能够为患者提供方便、快捷、及时、准确的医疗服务，还将医院内大量人力、物力从繁杂的日常运营管理中解放出来，同时不断革新的技术也将进一步提高整体医疗服务水平。医生通过终端设备扫描患者的手机，患者的家族病史、既往病史、各种检查及治疗记录、药物过敏史等信息就一目了然；在突发事件中，例如在无法与家属取得联系的特殊情况下，医护人员通过识别患者的自戴式腕表，可以快速实现病人身份、病史、过敏史、血型、紧急联系电话等重要信息的确认，及时完成入院手续，不浪费每一分钟的治疗时间；在后续治疗时，护士通过手持终端在患者携带的腕带上刷一下，就可通过条码查询医嘱和用药流程，并实时上传各项体征；智能药柜进出药品时，后台系统同步更新，自动对药品的有效期做出预警等。这些智能化应用为医生看诊、医护人员查房和护理提供了更加方便、高效的移动办公体验，突破了时间、地域的限制，大幅度提高了医护工作的水平和效率。

8.4 智能家居

8.4.1 智能家居概述

家庭智能化是什么？家庭智能化又称智能家居、智能住宅、数字住宅，与此含义相近的还有家庭自动化、电子家庭、数字家园、网络家居等。

家庭智能化系统是以住宅为平台，兼备建筑、网络通信、信息家电、设备自动化，集系统、结构、服务、管理为一体的高效、舒适、安全、便利、环保的居住环境。家庭智能化是在家庭产品自动化、智能化的基础上，通过网络按拟人化的要求而实现的。智能家居可以定义为一个过程或者一个系统，它利用先进的计算机技术、网络通信技术、综合布线技术、安全防范技术、自动控制技术、音视频技术、无线技术与人工智能技术等将与家居生活有关的各种子系统有机地结合在一起，构成智能家居系统，提升家居的智能性、安全性、便利性、舒适性等，并实现环保节能的目的。与普通家居相比，智能家居由原来的被动静止结构转变为具有能动智能的工具，提供全方位的信息交换功能，帮助家庭与外部保持信息交流畅通。智能家居强调人的主观能动性，要求重视人与居住环境的协调，能够按人的需要控制室内居住环境[38]。

近年来，随着科技的迅速发展，人们的生产生活方式已经发生了重大变化。人脸识别自助登机、扫描二维码进行电子支付、运用扫地机器人来清洁地面等，都从不同层面上显示出科技发展所取得的一系列成果。在智能家居领域，物联网、人工智能等技术的应用，更是为人们打开了智能生活的大门。

8.4.2 智能家居技术与平台

1. 三网融合技术

2010 年 1 月 13 日，国务院总理温家宝召开国务院常务会议，决定加快三网(电信网、互联网和广播电视网)的融合[39]。三网的互联互通和资源共享，对于促进信息和文化产业发展，提高国民经济和社会信息化水平，满足人民群众日益多样的生产、生活服务需求，拉动国内消费，形成新的经济增长点，具有重要意义。三网融合历经了从概念提出到理论研究多年的发展，终于有了“质”的飞跃。三网融合是一种广义的、社会化的说法，在现阶段它并不意味着电信网、互联网和广播电视网三大网络物理硬件的统一，而主要是指原本运行于不同网络中语音服务、数据服务和视频服务三类应用的融合[40]，如图 8.12 所示。其表现为三种网络访问技术趋于一致，不同网络之间互联互通无缝覆盖，所提供的服务互相渗透交叉，使用统一的 TCP/IP 协议，在应用层上为家庭用户提供多媒体化、多样化和个性化的服务。

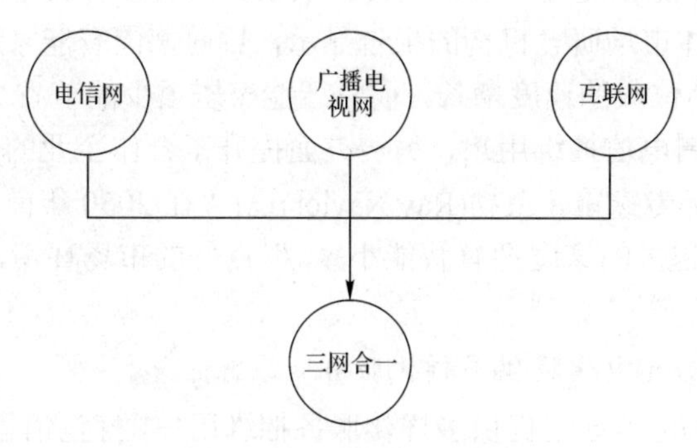

图 8.12　三网融合示意图

三网融合实现了原本孤立运行于不同网络中的服务之间的协作，提供了包括语音、数据、图像等综合多种媒体的通信服务，为家庭用户提供了更为灵活的控制服务，提高了用户的生活质量。一方面，三网业务应用的融合将推进智能家庭服务的多样化。三网融合增强了原有家庭服务的功能，促进了数字化音乐、网络游戏、手机媒体、手机电视、手机游戏等服务的发展。此外，三网服务的交叉融合还衍生出其他更多丰富的增值服务类型，如图文电视、视频邮件、网络电话和视频点播等服务，拓展了智能家庭服务的范围。今后智能家庭中电视可以用来作为各类服务展现的显示终端，机顶盒、电脑等网关设备作为服务的处理器，而将遥控器、键盘等作为服务的控制器，随着更多服务在智能家庭中的应用，用户足不出户就可了解更多信息，办理各项公共服务。

另一方面，三网业务应用的融合将推进智能家庭服务的智能升级[41]。智能家庭中各种家电设备互联，促进了“家庭物联网”的形成。用户在家庭网络中可以使用控制器向各家电设备发送指令控制家电设备，在家庭网络外可以使用各种接入网络的设备通过互联网将指令发送到家用网关实现家电设备的远程控制。家庭物联网运行的优劣依赖于智能家庭服务系统的智能化程度。成熟的智能家庭服务系统可以自动调用不同网络所提供的服务，集中管理和控制家庭中的家电设备，使用单一集成设备，完成上网、智能控制、远程监控等智能家庭服务的处理，满足用户的多样化需求。三网融合是我国当前的一项重要政策，为智能家庭服务系统的发展提供了有力的保障[42]。

2. 国内外智能家居平台

国外智能家庭服务研究起步较早，重视程度高，提出了诸多智能家庭服务的标准。国外的运营商经过资源整合后，就会产生自有业务，推出自己的业务平台、智能设备以及智能家居系统。目前，德国电信、梅洛家电，韩国三星等共同构建了智能家庭业务平台，有些公司例如 Verizon 则推出了自己的智能化产品，还有的公司通过把智能家庭系统打造成一个中枢设备接口，整合各项服务来实现远程控制等[43]。

1) 智能家庭业务平台——Qivicon

德国电信联合德国公用事业、德国易昂电力集团(Eon)、德国 eQ-3 电子、德国梅洛家电、韩国三星(Samsung)、德国 Tado(智能恒温器创业公司)、意大利欧蒙特智能家电(Urmet)等公司共同构建了一个智能家庭业务平台(Qivicon)，主要提供后端解决方案，包括向用户提供智能家庭终端，向企业提供应用集成软件开发、维护平台等。

目前，Qivicon 的功能已覆盖了家庭宽带、娱乐、消费和各类电子电器等多个领域。据德国信息、通信及媒体市场研究机构的报告显示，目前德国智能家居的年营业额已达到200 亿欧元，且每年以两位数的速度增长，而且智能家居至少能节省 20%的能源。Qivicon 的服务一方面有利于德国电信捆绑用户，另一方面提升了合作企业的运行效率。德国联邦交通、建设与城市发展部专家雷·奈勒(Ray Naylor)说："在 2050 年前，德国将全面实施智能家居计划，将有越来越多的家庭拥有智能小家。"良好的市场环境，为德国电信开拓市场提供了有利的条件。

2) 美国威瑞森(Verizon)电信提供多样化服务

美国威瑞森(Verizon)电信通过提供多样化服务捆绑用户，打包销售智能设备。2012 年，Verizon 推出了自己的智能家居系统，该系统专注于安全防护、远程家庭监控及能源使用管理，可以通过电脑和手机等调节家庭温度、远程可视对讲开门、远程查看家里情况、激活摄像头实现远程监控、远程锁定或解锁车门、远程开启或关闭电灯和电器等功能。

3) 国内智能家庭服务发展

国内智能家庭服务主要体现在一些主流品牌的服务上，比如海尔的智能家庭以 U-home 系统为平台，采用有线与无线网络相结合的方式，把所有设备通过信息传感设备与网络连接，从而实现了"家庭小网""社区中网""世界大网"的物物互联，并通过物联网实现了 3C 产品、智能家居系统、安防系统等的智能化识别、管理以及数字媒体信息的共享。紫光物联致力于成为全屋智能家居系统研发生产厂商，目前在全国已拥有分支机构、体验中心、全屋智能专营加盟店。南京物联传感技术有限公司是物联网设备和解决方案提供商，在物联网传感器、控制器、移动物联网、云计算和大数据等几大领域都进行了长期探索和不懈积累，凭借在物体感知、学习、控制等领域的优势，已经成为物联网智能家居产业的主要推动者之一[44]。图 8.13 所示为智能家庭服务。

图 8.13　智能家庭服务

我国有近 14 亿人口，目前拥有 1 亿多智能家居家庭客户，这个群体相当于大半个欧洲，构成了一个巨大的、时尚的市场。随着经济的快速发展，人们生活水平的提高，以及人工智能的崛起，人们对智能生活的需求将与日俱增。

8.5　人工智能在军事和战争领域的应用

8.5.1　概述

人工智能被许多国家视为能够“改变游戏规则”的颠覆性技术。美国国防部明确把人工智能、自主化作为新抵消战略的两大技术支柱，俄罗斯也制定了相关的战略发展规划。习近平主席曾鲜明指出，要“加快军事智能化发展，提高基于网络信息体系的联合作战能力、全域作战能力”。人工智能应用于军事和战争，战场空间空前扩展，作战要素极大丰富，对抗节奏明显加快，使得作战的制胜机理发生了质的变化，实现感知、规划、执行、协同与评估的作战环节全面智能化[45]。其主要表现在如下几个方面：

(1) 战场态势自主感知。在战场态势感知方面，采用智能传感与组网技术，广泛快速部署各类智能感知节点，面向任务主动协同探测，构建透明可见的数字化作战环境；依托数据挖掘、知识图谱等技术，开展多源情报融合、战场情况研判等方面的智能化处理，拨开战争迷雾，透析敌作战意图，预测战局发展。

(2) 作战任务自主规划。在作战任务规划方面，通过构建作战模型规则，以精算、细算、深算和专家推理方式，辅助指挥员在战略、战役、战术等多级筹划规划和临机处置中实现快速决策；运用机器学习、神经网络等技术打造“指挥大脑”，从谋局布势、方略筹划、战局掌控等方面学习运用战争规律和指挥艺术，以机器智能拓展指挥员智慧。

(3) 作战指挥自主实施。在作战指挥实施方面，综合利用特征识别、语义理解、虚拟增强现实、全息触摸、脑机接口等智能交互技术，识别分析作战力量在战场中的行为特征，构建全息投影数字沙盘、沉浸式战场感知指挥、穿戴式智能设备等新型人机交互环境，为指挥决策系统感知战场、掌控战局提供智能化手段支撑[46]。

(4) 作战行动自主协同。在作战行动协同方面，通过智能指挥系统，自主制定与验证本级协同动作计划，控制多类无人系统、有人系统与无人系统、作战系统与保障系统，指挥员可放权实施系统智能指挥控制，也能即时介入行动控制，按照战场态势变化，调整行动计划，实时协调作战行动，使诸多力量协调一致地实施作战行动。

(5) 作战效能自主评估。在作战效能评估方面，根据 OODA 打击循环链路，在打击行动实施的同时，自主完成多手段打击效果评估信息的采集汇聚、分级分类，进行基于大数据的分析比对，精准获得即时打击效果，依据效果结束打击行动或再次进入打击行动循环。

综上所述，将人工智能应用于战场，可以使战场空间进一步扩展，增加战场中的作战要素，改变当前战场的制胜机制。在战场态势的感知上，通过智能传感与组网的结合，可以全方位、立体化构建出实时作战环境。再加上数据挖掘等智能技术，可以进一步剖析出战场信息，预测战场动态。在作战任务的规划上，可以运用机器学习、神经网络等技术构建战术决策模型，明确当前战场作战态势，感知预测战场规律，辅助战场人员在战场中做出更加准确的决策和指示。在作战行动实施上，可以将智能交互技术应用到可穿戴设备中去，作战人员通过可穿戴设备与作战环境进行更加有效的交互，为战场的局势分析以及战场态势变化的感知提供更加有力的帮助。此外，通过人工智能技术，可以对当前战场中的作战效果进行数据分析与分级分类，依据分析结果对下一步的打击行动做出正确指示。

同样，将人工智能与战场的战术结合，可以开辟出许多新的作战方式；通过人工智能技术与战场作战武器相结合，可以构建出一体化联合作战体系，在作战空间的夺取中占据主导权。智能化也可以突破人体自身的诸多限制，为作战行动提供新的战术。例如，在潜伏战中，预先将搭载智能系统的无人设备部署在重点区域，只在需要时激活设备，可以对目标进行突然攻击；在群集战中，使用具有较高系统能力的智能系统对目标实施侦察、干扰和攻击等行动，有利于在战场中迅速占据战场优势，实现先发制人。

在未来战场中，随着人工智能在战场应用的不断深入，人工智能将彻底颠覆现有的战场形态。例如，将微型智能芯片与人类感官构建交互连接，可以把战场的实时动态、局势分析、战略制定等及时传给人类，达到战场信息与人类意识同步，进一步开发人类大脑，锻炼出超越现有人类水平的更高智力的作战人员，促进人对于战场信息感知能力的不断进化。

8.5.2　基于人工智能的主要作战形态与模式[47]

1. 嵌入式智能化作战

在嵌入式作战方面，可以将智能技术嵌入应用，将现有的以人类为主的作战形态变为智能机械的作战。将智能技术进行嵌入应用，以“+智能”的模式，在小范围实现智能化，以局部的智能化助推信息化作战效能的提升。嵌入式智能化作战阶段可称为前智能化作战阶段，也可视为信息化作战高级阶段，该阶段的主体是生物意义上的人类战士，信息处于工具属性，仍然需要人来进行大量的操作。

2. 操控式智能化作战

在操控式作战方面，可以使用智能设备将战场无人化，实现无人化作战。通过人员对无人设备进行操控，攻击和防御等措施均由退居幕后的人类来动手完成，从而有效减少战场伤亡。随着材料科学、制造工艺和自动控制技术的进步，智能技术不断创新发展，其在作战中的应用范围不断扩大，装备大多具备智能功能，根据作战需要，只需人员在战场以外进行操控，基本实现了战场无人化，也就是无人化作战，或机器人作战。该阶段以人员操控为表现形式，可称为操控式智能化作战阶段。在此阶段中，从人与机器人混合编组逐步发展到人最终退居幕后，由人控制的具有较高自主能力的功能性机器人成为作战的前锋。随着机器学习能力的提升，人将视机器人发展的情况减少对作战中各种决策的垄断，逐步放权给机器人，通过维护和宏观管理机器群体来参战，进行对抗。

3. 交互式智能化作战

随着生命科学的发展及相关人工智能技术的突破，人将不再通过工具控制机器人，而是直接通过意识连接人造生物器件进而控制机器人，机器人也不再是简单的用无机物构成的机器人，而是有机和无机材料共同制造的类人型机器人。该阶段人与机器交互为一体，进入交互式智能化作战阶段，标志是由放权给机器人转为收权到人机生物体。在脑机接口技术成熟以后，机器人行为在自主进行的情况下将得到人更多高级别指令的宏观监管和控制，作战中对人大脑的硬件控制成为这一阶段作战争夺的焦点。

4. 融合式智能化作战

随着生命科学的巨大进步，特别是干细胞技术的进步，使针对个体的修复医学成为主流，人类寿命大幅延长，生命机能大幅提高，人类智能不仅可以继续开发人工智能，人工智能也将反作用于人类智能开发。不仅人的智慧可以贡献给机器群体智能，机器群体智能的成果也可以为人服务，开发人的大脑，将成果传输给人，人的学习能力也将得到巨大的进步，实现人类智能和人工智能的融合，进入融合式智能化作战阶段。该阶段机器的进化和人的进化达到同步，互为共生，人的生物属性也将通过与机器的结合而得到加强。以往的“绝学”可以上传给机器群体智能，使其不断发展进化，人也可以从机器群体智能中“下载”各种“绝学”输入大脑。

8.5.3　人工智能使军事智能化具有控制思想与行动的双重能力

1. 力量体系智能化

智能时代的作战空间由传统战场空间向太空、互联网、精神意志等新型战场拓展，逐渐延伸至人类活动和意识形态各领域。智能化作战力量体系在人工智能技术发展基础上，逐步形成战斗力，构成一体化联合作战体系，夺取全域作战空间主动权，是部队战斗力新的增长点。快速响应卫星、网络自主安防、大脑控制武器、基因武器等作战力量融入作战体系，军事智能化在太空战、网络战、意念战、生物战等新型作战样式中扮演越来越重要的角色。

2. 作战方式智能化

智能化使武器装备具有了突破人体限制的优越性能，也为作战行动提供了新工具、新可能。为充分利用智能化优势，探索各种智能化无人系统的运用方式，新的作战方式正加速成型。潜伏战，预先将无人系统部署于敌重要目标、防区或重要通道／航道附近，使之处于长期(数月甚至数年)休眠状态，在需要时激活，对海上、陆上、空中和太空目标实施突然攻击；群集战，使用大量具有较高自主协同能力的智能无人系统，以“群”的方式对目标实施侦察、干扰、突击、防御等作战行动，使对方的探测、跟踪、拦截、打击等各种行动能力迅速饱和，进而形成作战优势。

3. 军事力量智能化

人工智能应用于陆、海、空、天、电网等各个军事的对抗维度，将重构各领域军事力量的组成要素，陆海空天机器人、网络机器人及其他无人作战系统将是未来军事力量中人和装备的重要组成。

8.5.4　人工智能在军事和战争中取得的主要进展

1. 提升电子战效能

在实际战场中，人工智能技术正逐渐崭露头角。比如，在传统的电子战中，由电子侦察机收集敌方未知的雷达波形，再由军官负责分析未知波形并提出破解方案，根据未知波形破解难度的不同，人工破解可能需要几周甚至几个月的时间。现在，军事研究专家希望通过使用人工智能技术开发出一套电子战系统，让这种系统不断感知、学习和适应敌方的未知雷达波形，有效规避敌方雷达的探测。此外，可以评估态势、提出建议甚至实施决策的相关的推理系统和软件也在研究当中。加入人工智能技术的数字分析系统，能为分析师分担海量的数据鉴别任务，有效提升战场的作战效率，增加作战成功的概率[48]。

2. 智能无人机作战初显神威

智能化在协同上的发展极大推动了无人机作战的集群化。无人机具有较高的灵活性，编队以后可以实施威力较大的、准确的打击。除了用于打击，无人机集群也可以用于执行防御和护航等任务，用途多样。此外，无人机成本低廉，可以在搭载人工智能技术的基础上实现批量化生产与作战，实现快速部署，并且在作战任务中可以消耗来自敌方数十倍乃至数百倍成本的防御兵器，从而给敌方带来难以解决的困扰。

在战场空域中，同时投入成百上千架体积小、速度快、性能强的无人机，模拟蜂群、鱼群和蚁群等集群行为构建仿生学编队，以作战数据链系统、战术无线电系统和通信中继网络等多种渠道开展交互通信，依托云计算、大数据和人工智能等先进技术进行作战协同，在军事行动中进行战略威慑、战役对抗和战术行动。无人机集群作战具有编队的灵活性、群体的抗毁性、功能的多样性、成本的低廉性等优势[49]。

(1) 编队的灵活性。目前小型无人机根据结构样式可以分为模块化、喷射气流式(岩浆无人机)、翼身尾融合式(波音 MQ-25)、可适应式(固定翼和旋转翼切换)、软翼式和垂直停飞式(加拿大 S-MAD)。每种无人机都可以适应不同的环境、具备不同的功能并可以执行不同的任务。在复杂的战场环境下，可以根据各机型不同的特性来给无人机集群安排不同的作战任务。

(2) 群体的抗毁性。无人机集群由于模仿了生物的群体行为，继承了生物群体“无中心”和“自主协同”的特性，不会因为单一或几个个体出现不确定的状况而影响全局，因此整个系统具有更强的稳定性。同时，由于集群中的个体并不依赖于某个实际存在的、特定的节点来运行，在对抗过程中，当部分个体失去作战能力时，整个无人机群仍可继续执行作战任务，保证了集群的抗毁能力。

(3) 功能的多样性。在配备了不同的装备后，一支无人机集群编队可以同时具备侦察监视、电子干扰、打击与评估等多重功能，可用于未来反恐维稳、远程突防、战机护航等作战任务。小型无人机系统还可以用于消耗对方的高价值攻击武器，如地空导弹等，以其规模优势给对方造成惨重的损失。

(4) 成本的低廉性。随着 3D 打印技术的不断发展与成熟，轻量化、小型化无人机单价远低于大型轮式起降无人机，结合人工智能、数据挖掘和深度学习等技术，使数十甚至成百上千架规模的无人机集群作战成为现实。此外，由于无人机平台成本较低，在进行作战任务时，敌方应对大量的无人机个体需要消耗数十倍甚至上百倍的成本来进行防御，这将在战争中带来显著的成本优势。

8.6　人工智能在 5G 中的应用场景

8.6.1　5G 技术简介

1. 5G 通信技术的基本概念和重要意义[50, 51]

第五代移动通信技术(5th Generation Mobile Networks 或 5th Generation Wireless

Systems，5G 或 5G 技术)是最新一代蜂窝移动通信技术，也是继 4G(LTE-A、WiMax)、3G(UMTS、LTE)和 2G(GSM)系统之后的延伸。5G 与 4G 相比，在通信的数据传输速率、时延、安全性、低功耗和应用范围广泛性等方面均有着显著提升。当前，全球新一轮科技革命和产业变革加速发展，5G 作为新一代信息通信技术演进升级的重要方向，是实现万物互联的关键信息基础设施、经济社会数字化转型的重要驱动力量。加快 5G 发展，深化 5G 与经济社会各领域的融合应用，将对政治、经济、文化、社会等各领域发展带来全方位、深层次影响，将进一步重构全球创新版图、重塑全球经济结构。世界主要国家都把 5G 作为经济发展、技术创新的重点，将 5G 作为谋求竞争新优势的战略方向。5G 最重要的突破是将人与人之间的通信，拓展到人与物、物与物之间的通信，开启万物泛在互联、人机深度交互、智能引领变革的新时代。

5G 是培育经济发展的新动能。当前，以数字化、网络化、智能化为主要特征的第四次工业革命蓬勃兴起，与世界经济新旧动能转换形成历史性交汇。根据世界银行研究，宽带普及率每提升 10%，将带动 GDP 增长 1.38%。5G 作为实现万物互联的关键信息基础设施，应用场景从移动互联网拓展到工业互联网、车联网、物联网等更多领域，能够支撑更广范围、更深程度、更高水平的数字化转型，释放信息通信技术对经济发展的放大、叠加、倍增作用。

5G 创造智慧社会新模式。5G 与云计算、大数据、人工智能等技术融合应用，有助于形成以数据为驱动的科学决策机制，推进政府管理和社会治理模式创新。利用 5G 广覆盖、大容量、高速率、低时延等特点，推进以 5G 为核心的智能基础设施与城市治理深度融合，通过交通管理、环境监测等应用改善城市生活环境，促进感知智能化、管理精准化、服务便捷化的智慧城市运营，为人们打造健康、舒适、环保的城市生活空间。

5G 移动通信的质量发展方向主要集中在数据速率更高、时延更低、功耗更小、连接更大、容量更大、范围更广和大规模设备连接等方面，这些均需要先进的技术作基础支持。由于 5G 通信涉及的关键技术需要扎实和深厚的通信理论基础知识，有兴趣的读者可参考有关专业书籍。

2. 5G 网络特点[52,53]

(1) 数据传输的高速度。数据高速传输是 5G 具有的最大的一个优异性能，大大高于 4G 网络的数据传输速度，峰值速度需要高于 Gb/s 的标准，以满足高清视频、虚拟现实等大数据量传输需求。而对于 5G 的基站峰值要求不低于 20 Gb/s，当然这个速度是峰值速度，不是每一个用户的体验速度，连续广域覆盖和高移动性下，用户体验速度可达到 100Mb/s。随着新技术的使用，这个速度还在不断提升。例如，人们现在下载一部电影所需要的时间可能是几分钟甚至更长，但如果使用 5G 网络，那么下载一部电影的时间将会被大幅缩短至几秒钟。

(2) 泛在网。随着 5G 业务的发展，网络业务需求无所不包，广泛存在。只有这样才能支持更加丰富的业务，并在复杂的场景上使用。泛在网有两个层面的含义：一是广泛覆盖，二是纵深覆盖。广泛是指我们社会生活的各个地方，需要广覆盖。以前高山峡谷就不一定需要网络覆盖，因为生活的人很少，但是如果能覆盖 5G，可以大量部署传感器，进行环境、空气质量甚至地貌变化、地震的监测。5G 可以为更多这类应用提供网络。纵深是指我们生活中，虽然已经有网络部署，但是需要进入更高品质的深度覆盖。我们今天家中已经有了 4G 网络，但是家中的卫生间可能网络质量不是太好，地下停车库基本没信号，现在是可以接受的状态。5G 网络时代的到来，可把以前网络品质不好的卫生间、地下停车库等都用很好的 5G 网络广泛覆盖。

(3) 低功耗。5G 网络要支持大规模物联网应用，就必须要满足低功耗的要求。5G 网络需要把功耗降下来，让大部分物联网产品一周充一次电，甚至一个月充一次电，这必将大大改善用户体验，促进物联网产品的快速普及。

(4) 低延时。5G 网络对于时延的最低要求是 1ms，甚至更低，可满足自动驾驶，远程医疗等实时应用。5G 网络的应用新场景是无人驾驶、远程医疗的高可靠连接。人与人之间进行信息交流，140ms 的时延是可以接受的。但是如果这个时延用于无人驾驶、远程医疗就无法满足，这就对无线通信网络的时延提出了更严格的要求。例如无人驾驶汽车，需要中央控制中心和汽车进行互联，车与车之间也应进行互联。在高速度行驶过程中，一个制动需要瞬间把信息送到车上做出反应，100 ms 左右的时间，车就会冲出几十米，这就需要在极短的时延下，把控制信息送到车上，进行制动与车控反应。

(5) 万物互联。5G 网络拥有超大网络容量，能提供千亿设备的连接能力，满足物联网通信需求。人类社会已经迈入智能化时代，除了手机、电脑等上网设备需要使用网络以外，越来越多智能家电设备、可穿戴设备、共享汽车等更多不同类型的设备以及电灯等公共设施需要联网，在联网之后就可以实现实时管理和智能化的相关功能，而 5G 网络的互联性也让这些设备成为智能设备。

(6) 拓宽频谱资源。5G 网络通过改变固定分配频谱资源的方式，用新的分配技术智能分配频谱，拓宽频谱资源，频谱效率要比长期演进(Long Term Evolution，LTE)提升 10 倍以上。例如用认知无线电技术(Reconfigurable Radio Systems，RRS)检测当前电磁环境，寻找空闲频谱，用动态频谱共享提高频谱利用率。

(7) 优化流量管理。5G 网络通过优化流量管理、流量密度和连接数密度大幅度提高其性能。某些区域，如体育场、会场，用户只在特定时间使用 P2P 等业务，导致忙闲流量差异巨大，利用率低。“智能管道”“开源”“节流”用来均衡数据流量，提高平均数据吞吐量。

(8) 5G 基站与 4G 基站相比具有较为明显的特点。首先，5G 基站的修建相对于 4G 基站会趋于小型化。由于小型化的实现，所以 5G 基站对环境的要求不高，能够适应大部分地区。此外，5G 的优势还体现在其强大的功能上，它可以消除传统通信中的汇聚节点。同时，5G 网络的网络结构也更加扁平化，因为按照目前的发展轨迹，5G 网络的基站将会建立在大型的服务器群中。同时，5G 网络系统协同化、智能化水平显著提升，表现为多用户、多点、多天线、多摄取的协同组网，以及网络间灵活地自动调整。除了速度更快之外，5G 网络还可以实现随时接入，且站点密集、稳定性强。

3. 5G 网络未来技术的发展趋势[54,55]

虽然 5G 网络已经商用化，但随着通信技术的不断进步，5G 通信的新技术将会不断涌现，功能也会日益完善。下面简要介绍 5G 通信在安全、统一技术标准等方面的发展概况。

1) 5G 网络的安全技术发展

随着 5G 商用的推进和 5G 应用的增长，针对 5G 的安全技术将呈现多元化、精细化、主动化的发展趋势。5G 安全关键技术包括物理层探索无线通信内生安全机制，通信终端与节点侧设计轻量级的安全通信机制，网络切片安全，对不同的用户、网元、应用、业务场景提供差异化的隐私保护能力等。5G 将充分利用网络架构的优势，如软硬件解耦、虚拟化和动态化，挖掘内生安全性和开发内生安全关键技术，构建基于非可信网络组件的高可靠性、高安全性的 5G 网络。在安全应用需求上，主要解决新业务应用引发的安全需求、新网络架构引发的安全需求、新空中接口的安全性需求和更高的用户隐私安全需求。5G 安全将实现差异化安全策略的灵活适配[54]。未来 5G 安全将在更加多样化的应用场景、接入方式、差异化的网络服务方式以及新型网络架构的基础上，提供全方位的安全保障。在提供高性能、高可靠、高可用服务的同时具备内在的高等级安全防御能力，可抵御已知的安全风险和未知的安全威胁。

2) 5G 网络统一技术标准

5G 网络技术实现了物与物之间、人与物之间以及人与人之间的互联以及直接通信。未来，5G 网络技术的发展趋势在于构建一个统一的技术标准，这也是一个重要的发展趋势。通过构建起全球统一的技术，可以降低终端设备的成本，实现全球范围内的国际漫游。在未来发展的过程中，5G 网络技术将会进一步提升通信效果，因此，5G 网络技术有必要加快统一技术标准，进一步降低终端建设以及全球漫游等成本。如今，我国已经制定了 5G 国际标准，并快速地启动了 5G 技术标准以及技术评估。此外，电子工程师以及电气工程师也应该进一步深化网络技术，制定相应的标准，为实际应用带来帮助。因此，5G 网络技术可以进一步提升数据传输速度以及效果，获得更多的数据流量[55]。

3) 5G 网络新体系架构

在未来应用的过程中，5G 网络技术将会拥有更新的网络体系架构，实现工作效率的提升。在一个较短的时间之内，用户可以获得大量的信息。5G 网络技术重新定义了丰富的业务场景以及全新的业务指标。除了提升峰值速度以及技术换代之外，5G 系统也必须构建起一个全新的网络体系架构，从而极大提升移动通信系统的吞吐率。5G 网络技术存在着高吞吐量以及多连接的特性，容易造成网络过载以及网络拥堵。在体系框架设计这一方面，5G 网络技术通过应用功能平面的体系，可以有效地重组以及抽离传统的网络功能，将其划分为三个互不相同的功能平面，主要包括数据平面、控制平面以及接入平面。在平面内，5G 网络技术平面间的解耦会更加充分，聚合程度更高。其中，控制平面负责业务编排逻辑、网管指令以及生成信令控制，数据平面以及接入平面的主要功能在于实现业务流的转发以及执行控制命令[55]。

4) 全双工技术

在 5G 移动通信上利用全双工技术，可以保障移动网络的效率，同时可以保障通信服务的高效率和高质量。带内全双工(IBFD)可能是 5G 时代最希望得到突破的技术之一。这样就可以突出 5G 移动通信系统的经济价值，同时也可以支持我国经济发展，为经济发展提供优质服务。

5) 超密集异构网络技术

5G 网络正朝着网络多元化、宽带化、综合化、智能化的方向发展，因此 5G 移动通信的无线接入模式也比较丰富，导致无线传输技术具有较高的网络密集性和异构性。在 5G

移动通信发展过程中利用超密集异构网络技术，可以为 5G 移动通信发展提供更大的动力[56]。

8.6.2　人工智能与 5G 融合的应用场景

国际电信联盟从业务需求和应用场景两个方面出发，将 5G 网络技术应用场景分为三类：首先，增强移动宽带，即在 4G 网络的移动宽带业务的基础上为用户提供更加优质的服务体验。其次，大规模物联网或是海量机器类通信，在无线网络中接入大规模的物联网设备，实现人与物之间的广泛交互。最后，超高可靠性、超低时延通信，5G 网络技术将会极大地缩减网络时延，为用户提供高可靠性的网络场景，具体表现为汽车自动驾驶、工业生产控制等[57]。

随着 2018 年 6 月 5G 第一阶段标准的出台，5G 网络开始走上了真正的商用之路。然而，面对未来更多样化的业务需求和更复杂的通信场景，目前的 5G 网络仍缺乏足够的智能来提供按需服务，也不能保证网络资源的利用率。因此，国际标准制定组织 3GPP 拟将 AI(人工智能)引入 5G 网络中来保证网络服务质量、优化网络功能和增强网络自动化运维能力。这一研究得到了国内外众多电信设备商和运营商的支持，例如华为、大唐电信、爱立信、中国移动、法国电信等[58]。5G 网络是改善民生福祉的重要支撑，能够满足人们个性化、智能化的服务需求，改善人民生活方式，提升人民生活品质。5G 网络将极大地推进智能设备、智能工厂创新和提质增效，推动更优质、更丰富的信息通信服务惠及广大群众，创造更多适应消费升级的有效供给，降低全社会信息消费成本，有效弥合城乡数字鸿沟。5G 网络提供了远程教育、智慧医疗公共事业等新模式，实现公共服务供给与需求之间的精准匹配和有效对接，提升公共服务效率，推动优质资源共享，增强人民群众的获得感、幸福感。下面介绍人工智能与 5G 融合的一些具体应用场景。

1) 5G+智能制造和智能工厂[59]

智能制造过程主要围绕着智能工厂展开，而人工智能在智能工厂中发挥着日益重要的作用。人工智能和制造系统的结合是必然的趋势，利用机器学习、模式识别、认知分析等算法模型，可以有效提升工厂控制管理系统的能力，使企业在竞争激烈的环境中获得更强大的优势。例如将 5G 通信技术与人工智能充分融合，可以有效解决智能设备资源受限问题。物联网将所有的机器设备连接在一起，例如控制器、传感器、执行器的联网，然后，AI 就可以分析传感器上传的数据，这就是智能制造的核心。

当前，5G+智能工厂在发展进程中，可以大幅提高工厂生产效率以及减少人力开支，而在 5G 通信技术和人工智能技术的支持下，已经逐步接近上述发展目标，并不断提高工厂的智能化发展水平。将 5G 通信技术应用到工厂智能化建设之中，可以改善工厂自动化设备之间网络的顺畅连接，能将分布广泛、零散的人、机器和设备全部连接起来，构建统一的互联网络。5G 技术的发展可以帮助制造企业摆脱以往无线网络技术较为混乱的应用状态，这对于推动工业互联网的实施以及智能制造的深化转型有着积极的意义，并将进一步实现工厂智能化办公中的移动办公、智能化数据采集以及视频通信等功能，从而可以显著提升企业的运营效率。

2) 5G+智能物流[59]

物流行业在发展过程中也逐渐融入了智能化发展内涵，在 5G 通信技术和人工智能技术的融合发展趋势下，物流行业在仓库管理、物流配送以及打包验货等方面都实现了智能化管理。目前，我国快递的日运送量早已超过1亿件，并且还在持续增加，人的工作效率很难满足日益增长的快递需求，通过5G网络对物流的运输、仓储、人力和数据赋能，能够全面提升物流各个环节的效率，促进物流配送的智能化提升。将5G通信技术与人工智能、VR、物联网等高新技术融合，以消除当前物流配送的信息碎片化的弊端，促进最后一千米物流的无人配送智能化水平的提高。

目前，我国部分发达城市在物流配送行业已经出现了物流配送智能机器人，可以对配送区域进行定位，从而能够满足客户运送货物的需求。京东也已打造出了首个5G智能物流示范园区，体现了物流行业对5G通信技术、自动驾驶技术、智能操作技术的深度融合应用，且还能够进一步实现智能物流园区内部的人防联动管理，从而可以有效保障园区安全。

3) 5G+人工智能教育[60]

5G+人工智能技术在教育中的应用，首先为教育行业提供了创新驱动的关键技术要素和强大的助推力，使得基于人工智能技术的教学创新形态不断普及和深入，如写稿机器人、机器人记者等在语文教学中的应用，使得基于微信、脸书等超过10亿级用户的平台信息大数据和计算算法的稿件写作更加高效且全面。其次，在5G+人工智能技术场景中，教育资源的生产结构产生了根本性的变化。5G技术解决了人工智能技术海量级数据传输的需求，更多非结构化数据的传输通过5G无线通信技术的支持得以实现，个性化、智能化的学习需求和教育多元化需求得以满足，丰富和改变教育资源的结构。此外，5G+人工智能技术的教育应用将大大改善教育教学效果，提高教学效率和教学质量。知识的生产、传递、更新将以多媒体形式快速在移动互联环境下传递和转换，学习者依托智能技术环境，开展随时随地的个性化学习，教师通过多智能主体创建学习空间，更加有效地促进学习者掌握知识的深度和广度，学习效率也得到极大提高。

4) 5G+智能停车[61]

在人工智能应用于停车云平台的搭建、推广之后，停车具体资源信息的跨时空上传共享也将更加便捷。智能停车场以AI高位视频技术模式为主要手段，其应用更能体现其优势：依靠5G网络高速率、大宽带的优点，以及快速而高效的数据交互和运算特性，使得一台设备可以管理10个左右的车位，并且在5G低时延的优势辅助之下，其识别管理准确度更是高达99.9%。之后的系统搭建、设备安装、技术测试、停车演示等方面则需要人工智能以其全方位的模拟、虚拟测试，保证智能停车系统的安全性和实际操作时的灵活性、便捷性，也可以应付多种突发情况，保障系统的稳定性。从全城范围来说，将5G无线通信技术、移动终端通信技术、全球实时定位技术等综合起来，可以达成收集、管理、查找、预定城市停车位的功能与导航服务，并且可以大大提高城市车位资源的使用效率，提高停车场所的经济效益，使停车服务更令人舒心，更大程度上解决人们“停车难难”“抢车位难”等问题。

5) 5G+智慧旅游[62]

全民旅游浪潮推动了我国旅游业跻身“信息时代”。在4G技术支撑下，智慧旅游已从概念层面转移到实际应用层面，成为旅游信息化时代的代表。近年来，随着VR等新技术的兴起，并与5G技术相结合，可以快速传送VR高清全景视频，创造沉浸式场景，使游客身临其境地游访旅游景点，达到足不出户便访问景点的效果。由于 5G 网络数据传输速度快、时间延迟低，可以更加清楚地传输 VR 影像，加速 VR 信息交互、计算与反应速度，从而增加沉浸式虚拟旅游的真实感和互动感，不出家门一步便可游历万水千山。游客通过 VR 沉浸式虚拟旅游，可以更加便捷地了解到景物所蕴含的文化信息和背景，更好地阐释、传播文化，形成融合文化的旅游产业。5G 技术的问世和普及将推动我国旅游业的智能化、移动化，实现颠覆性的变革。旅游景区覆盖 5G 网络后，下载速度至少可达 196 Mb/s，能支持 300 人至 1.7 万人同时上线，并保持正常网速，即便在旅游黄金周也能满足游客精准导航、智能定位等需求。5G 无线通信技术为智慧旅游、智慧景区的打造提供了最关键的技术基础。有了 5G 技术为依托，全域旅游、自驾游出行在路上所花费的时间大大减小，人们的旅游活动半径大大延展，旅客日益增加的个性化旅游需求得到满足。总之，5G 技术将极大地促进我国智慧旅游向更高层次发展。

参考文献

[1] 李克强. 政府工作报告[N]. 北京，人民日报，2019.
[2] 胡少云. 人工智能让城市管理更“智能”[J]. 上海信息化，2018(08)：55-58.
[3] 沈慧. 大数据时代的智慧城市管理[J]. 电子技术与软件工程，2018，140(18)：179.
[4] 封举高，于剑. 2019 人工智能前沿进展专题前言[J]. 计算机研究与发展，2019，56(8)：1604.
[5] 贝文馨. “智慧城市”核心内涵研究_以上海“智慧城市”建设为中心[D]. 上海师范大学，2017.
[6] 陈涛，冉龙亚，明承瀚. 政务服务的人工智能应用研究[J]. 电子政务，2018.
[7] 李军，刘春贺，赵迎迎，等. 人工智能在政府智能办公中的潜在应用研究[J]. 智能城市，2018，4(22)：15-16.
[8] 方亚丽. 人工智能：拓展贵州大数据前沿视野[J]. 当代贵州，2017(31)：24-25.
[9] 邓文红. 基于知识管理的办公系统智能化研究[D]. 西南交通大学，2014.
[10] 井绪江. 浅谈人工智能在信息检索中的应用[J]. 民营科技，2018，219(06)：155.
[11] 仇卫文. 人工智能技术在政务服务领域的应用与难点[J]. 电子技术与软件工程，2017(20)：258-260.
[12] 顾险锋. 人工智能的历史回顾和发展现状[J]. 自然杂志，2016，38(03)：157-166.
[13] http://it.people.com.cn/n1/2017/1129/c1009-29674907.html.
[14] http://www.sohu.com/a/206382143_99983415.
[15] 陈谭，邓伟. 大数据驱动“互联网+政务服务”模式创新[J]. 中国行政管理，2016(07)：7-8.
[16] http://www.sohu.com/a/132548658_505811.
[17] http://www.xinhuanet.com/tech/2017-10/11/c_1121782896.htm.
[18] https://www.sohu.com/a/206049563_755648.
[19] http://www.sohu.com/a/247070533_99947626.

[20] http://www.sohu.com/a/223646586_456546.
[21] 曾岚玉. 基于智慧旅游的旅游目的地营销系统框架初建[D]. 成都理工大学，2016.
[22] 刘晨. 北京市智慧旅游建设可行性及问题研究[D]. 首都经济贸易大学，2016.
[23] 钱大群. 智能地球赢在中国，IBM 商业价值研究院[EB/OL]. http://www.ibm.com/smarterplanet/cn/zh/overview/ideas/ index/html? re = sph，2010-01-12.
[24] 陈佳敏. 智慧旅游系统的设计和实现[D]. 南京邮电大学，2017.
[25] 刘军林，范云峰. 智慧旅游的构成、价值与发展趋势[J]. 重庆社会科学，2011(10): 121-124.
[26] 韩玲华. 江苏省智慧旅游公共服务平台建设与应用研究[D]. 南京邮电大学，2014.
[27] 张凌云，黎巎，刘敏. 智慧旅游的基本概念与理论体系[J]. 旅游学刊，2012，27(5): 66-73.
[28] 桂林智慧旅游大数据平台建设可行性分析报告，成都数之联科技有限公司，2016，3，26.
[29] 刘陈，景兴红，董钢. 浅谈物联网的技术特点及其广泛应用[J]. 科学咨询，2011(9): 86-86。
[30] https://baike.baidu.com/item/智慧医疗/9875074?fr=aladdin.
[31] 宫芳芳，孙喜琢，林君，等. 我国智慧医疗建设初探[J]. 现代医院管理，2013，11(2): 28-29.
[32] 朕西川，孙宇，于广军，等. 基于物联网的智慧医疗信息化 10 大关键技术研究[J]. 医学信息学杂志，2013，34(1)：10-14.
[33] ASHJ S，MCCORMACK J L，SITTIQ D E，et al. Standard practices for computerized clinical deci- sion support incommunity hospitals：anational survey[J]. JAmMed In form Assoc，2012，19(6)：980-987.
[34] SOTOS J G. Mycin and Neomycin：two approache stogenerating explanation sinrule-based expert systems[J]. Aviat Space Environ Med，1990，61(10)：950-954.
[35] SOMASHEKHAR S P，SEPULVEDA M J，PUQLIELLI S，et al. Watson for On cology and breast can certreatment recommendations：agreement with an expert multidisciplinary tumor board[8]. MJAnnOncol，2018，29(2)：418-423.
[36] GULSHA N V，PEN G L，CORA M M，et al. Development and validation of a deep learning algorithm for detection of diabetic retinopathy in retinal fundus photographs [J]. AMA，2016，316(22)：2402-2410.
[37] 佟昕，王笑. 智慧医疗助力破解“看病难”[J]. 共产党员，2018(002)：58.
[38] 家庭智能化系统设计方案. 长沙威普讯通信技术有限公司.
[39] 付玉辉. 三网融合格局之变和体制之困：我国三网融合发展趋势分析[J]. 今传媒，2010(003)：28-31.
[40] 韦乐平. 三网融合的内涵与趋势[J]. 现代电信科技，2000(012)：1-6.
[41] Hall R S，Cervantes H. Challenges in building service-oriented applications for OSGi. Communications Magazine，IEEE，2004，42(5)：144～149.
[42] 李茂仁. 建筑楼宇设备智能控制的三网融合运用[J]. Manufacturing Auto-mation，

2010，32(11).

[43] 景行. 国外三网融合的情况和发展趋势[J]. 邮电企业管理，2002.

[44] WU C L，LIAO C F，FU L C. Service-oriented smart-home architecture based on OSGi and mobile-agent technology[J]. Systems，Man，and Cybernetics，Part C：Applications and Reviews，IEEE Transactions on，2007，37(2)：193-205.

[45] 肖常鹏. 智能化作战特点规律研究[J]. 海军工程大学学报(综合版)，2019，16：34-37.

[46] 董伟. 智能化战争呼唤指挥智能化[N]. 中国国防报，2019.

[47] 邹力. 智能化作战应“化”在哪里[N]. 解放军报，2019.

[48] 魏凡，王世忠，郝政疆. 面向智能化战争的电子信息装备需求和方向分析[J]. 中国电子科学研究院学报，2019，14(10)：1105-1110.

[49] 邹立岩，张明智，荣明. 智能无人机集群概念及主要发展趋势分析[J]. 战术导弹技术，2019(05)：1-11.

[50] 中国信通院和 IMT-2020(5G)推进组联发《5G 安全报告》，2020.

[51] 包顺华. 5G 移动通信发展趋势与若干关键技术[J]. 中国新通信，2019，21(20)：4-6.

[52] 安徽网上电信营业厅. https://zhidao.baidu.com/question/438132153981118204.html.

[53] 李海波. 5G 无线通信场景需求与技术演进[J]. 通信电源技术，2020，37(01)：220-221.

[54] 许书彬，甘植旺. 5G 安全技术研究现状及发展趋势[J]. 无线电通信技术，2020，46(02)：133-138.

[55] 张昆. 5G 网络技术发展趋势研究[J].中国新通信，2020，22(02)：33-35.

[56] 朱好楠. 5G 移动通信发展趋势与若干关键技术研究[J]. 中国新通信，2020，22 (01)：16-18.

[57] 李亮. 5G 网络技术特点分析及无线网络规划思考[J]. 中国新通信，2020，22 (01)：21-23.

[58] 王胡成，陈山枝，艾明. 人工智能在 5G 网络的应用和标准化进展[J]. 移动通信，2019，43(06)：76-81.

[59] 文华炯. 5G 通信技术与人工智能的融合与发展趋势[J]. 科技创新与应用，2020 (07)：158-159.

[60] 付道明. 5G+人工智能技术的勃兴及其对教育的影响[J]. 当代教育与文化，2020，12(01)：30-32.

[61] 薄翠梅，张奕翔. 5G 通信技术与人工智能的深度融合与发展趋势[J]. 现代管理科学，2019(10)：18-20.

[62] 柯景怡，赖银红. 基于 5G 技术的智慧旅游发展新趋势：以鼓浪屿景区为例[J]. 旅游纵览(下半月)，2019(06)：17-19.

附录 国务院关于印发新一代人工智能发展规划的通知

国发〔2017〕35号，2017年7月8日

新一代人工智能发展规划

人工智能的迅速发展将深刻改变人类社会生活、改变世界。为抢抓人工智能发展的重大战略机遇，构筑我国人工智能发展的先发优势，加快建设创新型国家和世界科技强国，按照党中央、国务院部署要求，制定本规划。

一、战略态势

人工智能发展进入新阶段。经过60多年的演进，特别是在移动互联网、大数据、超级计算、传感网、脑科学等新理论新技术以及经济社会发展强烈需求的共同驱动下，人工智能加速发展，呈现出深度学习、跨界融合、人机协同、群智开放、自主操控等新特征。大数据驱动知识学习、跨媒体协同处理、人机协同增强智能、群体集成智能、自主智能系统成为人工智能的发展重点，受脑科学研究成果启发的类脑智能蓄势待发，芯片化硬件化平台化趋势更加明显，人工智能发展进入新阶段。当前，新一代人工智能相关学科发展、理论建模、技术创新、软硬件升级等整体推进，正在引发链式突破，推动经济社会各领域从数字化、网络化向智能化加速跃升。

人工智能成为国际竞争的新焦点。人工智能是引领未来的战略性技术，世界主要发达国家把发展人工智能作为提升国家竞争力、维护国家安全的重大战略，加紧出台规划和政策，围绕核心技术、顶尖人才、标准规范等强化部署，力图在新一轮国际科技竞争中掌握主导权。当前，我国国家安全和国际竞争形势更加复杂，必须放眼全球，把人工智能发展放在国家战略层面系统布局、主动谋划，牢牢把握人工智能发展新阶段国际竞争的战略主动，打造竞争新优势、开拓发展新空间，有效保障国家安全。

人工智能成为经济发展的新引擎。人工智能作为新一轮产业变革的核心驱动力，将进一步释放历次科技革命和产业变革积蓄的巨大能量，并创造新的强大引擎，重构生产、分配、交换、消费等经济活动各环节，形成从宏观到微观各领域的智能化新需求，催生新技术、新产品、新产业、新业态、新模式，引发经济结构重大变革，深刻改变人类生产生活方式和思维模式，实现社会生产力的整体跃升。我国经济发展进入新常态，深化供给侧结构性改革任务非常艰巨，必须加快人工智能深度应用，培育壮大人工智能产业，为我国经济发展注入新动能。

人工智能带来社会建设的新机遇。我国正处于全面建成小康社会的决胜阶段，人口老龄化、资源环境约束等挑战依然严峻，人工智能在教育、医疗、养老、环境保护、城市运

行、司法服务等领域广泛应用，将极大提高公共服务精准化水平，全面提升人民生活品质。人工智能技术可准确感知、预测、预警基础设施和社会安全运行的重大态势，及时把握群体认知及心理变化，主动决策反应，将显著提高社会治理的能力和水平，对有效维护社会稳定具有不可替代的作用。

人工智能发展的不确定性带来新挑战。人工智能是影响面广的颠覆性技术，可能带来改变就业结构、冲击法律与社会伦理、侵犯个人隐私、挑战国际关系准则等问题，将对政府管理、经济安全和社会稳定乃至全球治理产生深远影响。在大力发展人工智能的同时，必须高度重视可能带来的安全风险挑战，加强前瞻预防与约束引导，最大限度降低风险，确保人工智能安全、可靠、可控发展。

我国发展人工智能具有良好基础。国家部署了智能制造等国家重点研发计划重点专项，印发实施了“互联网+”人工智能三年行动实施方案，从科技研发、应用推广和产业发展等方面提出了一系列措施。经过多年的持续积累，我国在人工智能领域取得重要进展，国际科技论文发表量和发明专利授权量已居世界第二，部分领域核心关键技术实现重要突破。语音识别、视觉识别技术世界领先，自适应自主学习、直觉感知、综合推理、混合智能和群体智能等初步具备跨越发展的能力，中文信息处理、智能监控、生物特征识别、工业机器人、服务机器人、无人驾驶逐步进入实际应用，人工智能创新创业日益活跃，一批龙头骨干企业加速成长，在国际上获得广泛关注和认可。加速积累的技术能力与海量的数据资源、巨大的应用需求、开放的市场环境有机结合，形成了我国人工智能发展的独特优势。

同时，也要清醒地看到，我国人工智能整体发展水平与发达国家相比仍存在差距，缺少重大原创成果，在基础理论、核心算法以及关键设备、高端芯片、重大产品与系统、基础材料、元器件、软件与接口等方面差距较大；科研机构和企业尚未形成具有国际影响力的生态圈和产业链，缺乏系统的超前研发布局；人工智能尖端人才远远不能满足需求；适应人工智能发展的基础设施、政策法规、标准体系亟待完善。

面对新形势新需求，必须主动求变应变，牢牢把握人工智能发展的重大历史机遇，紧扣发展、研判大势、主动谋划、把握方向、抢占先机，引领世界人工智能发展新潮流，服务经济社会发展和支撑国家安全，带动国家竞争力整体跃升和跨越式发展。

二、总体要求

(一) 指导思想

全面贯彻党的十八大和十八届三中、四中、五中、六中全会精神，深入学习贯彻习近平总书记系列重要讲话精神和治国理政新理念新思想新战略，按照“五位一体”总体布局和“四个全面”战略布局，认真落实党中央、国务院决策部署，深入实施创新驱动发展战略，以加快人工智能与经济、社会、国防深度融合为主线，以提升新一代人工智能科技创新能力为主攻方向，发展智能经济，建设智能社会，维护国家安全，构筑知识群、技术群、产业群互动融合和人才、制度、文化相互支撑的生态系统，前瞻应对风险挑战，推动以人类可持续发展为中心的智能化，全面提升社会生产力、综合国力和国家竞争力，为加快建设创新型国家和世界科技强国、实现“两个一百年”奋斗目标和中华民族伟大复兴中国梦提供强大支撑。

(二) 基本原则

科技引领。把握世界人工智能发展趋势，突出研发部署前瞻性，在重点前沿领域探索布局、长期支持，力争在理论、方法、工具、系统等方面取得变革性、颠覆性突破，全面增强人工智能原始创新能力，加速构筑先发优势，实现高端引领发展。

系统布局。根据基础研究、技术研发、产业发展和行业应用的不同特点，制定有针对性的系统发展策略。充分发挥社会主义制度集中力量办大事的优势，推进项目、基地、人才统筹布局，已部署的重大项目与新任务有机衔接，当前急需与长远发展梯次接续，创新能力建设、体制机制改革和政策环境营造协同发力。

市场主导。遵循市场规律，坚持应用导向，突出企业在技术路线选择和行业产品标准制定中的主体作用，加快人工智能科技成果商业化应用，形成竞争优势。把握好政府和市场分工，更好发挥政府在规划引导、政策支持、安全防范、市场监管、环境营造、伦理法规制定等方面的重要作用。

开源开放。倡导开源共享理念，促进产学研用各创新主体共创共享。遵循经济建设和国防建设协调发展规律，促进军民科技成果双向转化应用、军民创新资源共建共享，形成全要素、多领域、高效益的军民深度融合发展新格局。积极参与人工智能全球研发和治理，在全球范围内优化配置创新资源。

(三) 战略目标

分三步走：

第一步，到 2020 年人工智能总体技术和应用与世界先进水平同步，人工智能产业成为新的重要经济增长点，人工智能技术应用成为改善民生的新途径，有力支撑进入创新型国家行列和实现全面建成小康社会的奋斗目标。

——新一代人工智能理论和技术取得重要进展。大数据智能、跨媒体智能、群体智能、混合增强智能、自主智能系统等基础理论和核心技术实现重要进展，人工智能模型方法、核心器件、高端设备和基础软件等方面取得标志性成果。

——人工智能产业竞争力进入国际第一方阵。初步建成人工智能技术标准、服务体系和产业生态链，培育若干全球领先的人工智能骨干企业，人工智能核心产业规模超过 1500 亿元，带动相关产业规模超过 1 万亿元。

——人工智能发展环境进一步优化，在重点领域全面展开创新应用，聚集起一批高水平的人才队伍和创新团队，部分领域的人工智能伦理规范和政策法规初步建立。

第二步，到 2025 年人工智能基础理论实现重大突破，部分技术与应用达到世界领先水平，人工智能成为带动我国产业升级和经济转型的主要动力，智能社会建设取得积极进展。

——新一代人工智能理论与技术体系初步建立，具有自主学习能力的人工智能取得突破，在多领域取得引领性研究成果。

——人工智能产业进入全球价值链高端。新一代人工智能在智能制造、智能医疗、智慧城市、智能农业、国防建设等领域得到广泛应用，人工智能核心产业规模超过 4000 亿元，带动相关产业规模超过 5 万亿元。

——初步建立人工智能法律法规、伦理规范和政策体系，形成人工智能安全评估和管控能力。

第三步，到 2030 年人工智能理论、技术与应用总体达到世界领先水平，成为世界主要人工智能创新中心，智能经济、智能社会取得明显成效，为跻身创新型国家前列和经济强国奠定重要基础。

——形成较为成熟的新一代人工智能理论与技术体系。在类脑智能、自主智能、混合智能和群体智能等领域取得重大突破，在国际人工智能研究领域具有重要影响，占据人工智能科技制高点。

——人工智能产业竞争力达到国际领先水平。人工智能在生产生活、社会治理、国防建设各方面应用的广度深度极大拓展，形成涵盖核心技术、关键系统、支撑平台和智能应用的完备产业链和高端产业群，人工智能核心产业规模超过 1 万亿元，带动相关产业规模超过 10 万亿元。

——形成一批全球领先的人工智能科技创新和人才培养基地，建成更加完善的人工智能法律法规、伦理规范和政策体系。

(四) 总体部署

发展人工智能是一项事关全局的复杂系统工程，要按照“构建一个体系、把握双重属性、坚持三位一体、强化四大支撑”进行布局，形成人工智能健康持续发展的战略路径。

构建开放协同的人工智能科技创新体系。针对原创性理论基础薄弱、重大产品和系统缺失等重点难点问题，建立新一代人工智能基础理论和关键共性技术体系，布局建设重大科技创新基地，壮大人工智能高端人才队伍，促进创新主体协同互动，形成人工智能持续创新能力。

把握人工智能技术属性和社会属性高度融合的特征。既要加大人工智能研发和应用力度，最大程度发挥人工智能潜力；又要预判人工智能的挑战，协调产业政策、创新政策与社会政策，实现激励发展与合理规制的协调，最大限度防范风险。

坚持人工智能研发攻关、产品应用和产业培育“三位一体”推进。适应人工智能发展特点和趋势，强化创新链和产业链深度融合、技术供给和市场需求互动演进，以技术突破推动领域应用和产业升级，以应用示范推动技术和系统优化。在当前大规模推动技术应用和产业发展的同时，加强面向中长期的研发布局和攻关，实现滚动发展和持续提升，确保理论上走在前面、技术上占领制高点、应用上安全可控。

全面支撑科技、经济、社会发展和国家安全。以人工智能技术突破带动国家创新能力全面提升，引领建设世界科技强国进程；通过壮大智能产业、培育智能经济，为我国未来十几年乃至几十年经济繁荣创造一个新的增长周期；以建设智能社会促进民生福祉改善，落实以人民为中心的发展思想；以人工智能提升国防实力，保障和维护国家安全。

三、重点任务

立足国家发展全局，准确把握全球人工智能发展态势，找准突破口和主攻方向，全面增强科技创新基础能力，全面拓展重点领域应用深度广度，全面提升经济社会发展和国防应用智能化水平。

(一) 构建开放协同的人工智能科技创新体系

围绕增加人工智能创新的源头供给，从前沿基础理论、关键共性技术、基础平台、人才队伍等方面强化部署，促进开源共享，系统提升持续创新能力，确保我国人工智能科技水平跻身世界前列，为世界人工智能发展作出更多贡献。

1. 建立新一代人工智能基础理论体系

聚焦人工智能重大科学前沿问题，兼顾当前需求与长远发展，以突破人工智能应用基础理论瓶颈为重点，超前布局可能引发人工智能范式变革的基础研究，促进学科交叉融合，为人工智能持续发展与深度应用提供强大科学储备。

突破应用基础理论瓶颈。瞄准应用目标明确、有望引领人工智能技术升级的基础理论方向，加强大数据智能、跨媒体感知计算、人机混合智能、群体智能、自主协同与决策等基础理论研究。大数据智能理论重点突破无监督学习、综合深度推理等难点问题，建立数据驱动、以自然语言理解为核心的认知计算模型，形成从大数据到知识、从知识到决策的能力。跨媒体感知计算理论重点突破低成本低能耗智能感知、复杂场景主动感知、自然环境听觉与言语感知、多媒体自主学习等理论方法，实现超人感知和高动态、高维度、多模式分布式大场景感知。混合增强智能理论重点突破人机协同共融的情境理解与决策学习、直觉推理与因果模型、记忆与知识演化等理论，实现学习与思考接近或超过人类智能水平的混合增强智能。群体智能理论重点突破群体智能的组织、涌现、学习的理论与方法，建立可表达、可计算的群智激励算法和模型，形成基于互联网的群体智能理论体系。自主协同控制与优化决策理论重点突破面向自主无人系统的协同感知与交互、自主协同控制与优化决策、知识驱动的人机物三元协同与互操作等理论，形成自主智能无人系统创新性理论体系架构。

布局前沿基础理论研究。针对可能引发人工智能范式变革的方向，前瞻布局高级机器学习、类脑智能计算、量子智能计算等跨领域基础理论研究。高级机器学习理论重点突破自适应学习、自主学习等理论方法，实现具备高可解释性、强泛化能力的人工智能。类脑智能计算理论重点突破类脑的信息编码、处理、记忆、学习与推理理论，形成类脑复杂系统及类脑控制等理论与方法，建立大规模类脑智能计算的新模型和脑启发的认知计算模型。量子智能计算理论重点突破量子加速的机器学习方法，建立高性能计算与量子算法混合模型，形成高效精确自主的量子人工智能系统架构。

开展跨学科探索性研究。推动人工智能与神经科学、认知科学、量子科学、心理学、数学、经济学、社会学等相关基础学科的交叉融合，加强引领人工智能算法、模型发展的数学基础理论研究，重视人工智能法律伦理的基础理论问题研究，支持原创性强、非共识的探索性研究，鼓励科学家自由探索，勇于攻克人工智能前沿科学难题，提出更多原创理论，作出更多原创发现。

专栏1 基础理论
(1) 大数据智能理论。研究数据驱动与知识引导相结合的人工智能新方法、以自然语言理解和图像图形为核心的认知计算理论和方法、综合深度推理与创意人工智能理论与方法、非完全信息下智能决策基础理论与框架、数据驱动的通用人工智能数学模型与理论等。 (2) 跨媒体感知计算理论。研究超越人类视觉能力的感知获取、面向真实世界的主动视觉感知及计算、自然声学场景的听知觉感知及计算、自然交互环境的言语感知

及计算、面向异步序列的类人感知及计算、面向媒体智能感知的自主学习、城市全维度智能感知推理引擎。

(3) 混合增强智能理论。研究“人在回路”的混合增强智能、人机智能共生的行为增强与脑机协同、机器直觉推理与因果模型、联想记忆模型与知识演化方法、复杂数据和任务的混合增强智能学习方法、云机器人协同计算方法、真实世界环境下的情境理解及人机群组协同。

(4) 群体智能理论。研究群体智能结构理论与组织方法、群体智能激励机制与涌现机理、群体智能学习理论与方法、群体智能通用计算范式与模型。

(5) 自主协同控制与优化决策理论。研究面向自主无人系统的协同感知与交互，面向自主无人系统的协同控制与优化决策，知识驱动的人机物三元协同与互操作等理论。

(6) 高级机器学习理论。研究统计学习基础理论、不确定性推理与决策、分布式学习与交互、隐私保护学习、小样本学习、深度强化学习、无监督学习、半监督学习、主动学习等学习理论和高效模型。

(7) 类脑智能计算理论。研究类脑感知、类脑学习、类脑记忆机制与计算融合、类脑复杂系统、类脑控制等理论与方法。

(8) 量子智能计算理论。探索脑认知的量子模式与内在机制，研究高效的量子智能模型和算法、高性能高比特的量子人工智能处理器、可与外界环境交互信息的实时量子人工智能系统等。

2. 建立新一代人工智能关键共性技术体系

围绕提升我国人工智能国际竞争力的迫切需求，新一代人工智能关键共性技术的研发部署要以算法为核心，以数据和硬件为基础，以提升感知识别、知识计算、认知推理、运动执行、人机交互能力为重点，形成开放兼容、稳定成熟的技术体系。

知识计算引擎与知识服务技术。重点突破知识加工、深度搜索和可视交互核心技术，实现对知识持续增量的自动获取，具备概念识别、实体发现、属性预测、知识演化建模和关系挖掘能力，形成涵盖数十亿实体规模的多源、多学科和多数据类型的跨媒体知识图谱。

跨媒体分析推理技术。重点突破跨媒体统一表征、关联理解与知识挖掘、知识图谱构建与学习、知识演化与推理、智能描述与生成等技术，实现跨媒体知识表征、分析、挖掘、推理、演化和利用，构建分析推理引擎。

群体智能关键技术。重点突破基于互联网的大众化协同、大规模协作的知识资源管理与开放式共享等技术，建立群智知识表示框架，实现基于群智感知的知识获取和开放动态环境下的群智融合与增强，支撑覆盖全国的千万级规模群体感知、协同与演化。

混合增强智能新架构与新技术。重点突破人机协同的感知与执行一体化模型、智能计算前移的新型传感器件、通用混合计算架构等核心技术，构建自主适应环境的混合增强智能系统、人机群组混合增强智能系统及支撑环境。

自主无人系统的智能技术。重点突破自主无人系统计算架构、复杂动态场景感知与理解、实时精准定位、面向复杂环境的适应性智能导航等共性技术，无人机自主控制以及汽车、船舶和轨道交通自动驾驶等智能技术，服务机器人、特种机器人等核心技术，支撑无人系统应用和产业发展。

虚拟现实智能建模技术。重点突破虚拟对象智能行为建模技术，提升虚拟现实中智能对象行为的社会性、多样性和交互逼真性，实现虚拟现实、增强现实等技术与人工智能的有机结合和高效互动。

智能计算芯片与系统。重点突破高能效、可重构类脑计算芯片和具有计算成像功能的类脑视觉传感器技术，研发具有自主学习能力的高效能类脑神经网络架构和硬件系统，实现具有多媒体感知信息理解和智能增长、常识推理能力的类脑智能系统。

自然语言处理技术。重点突破自然语言的语法逻辑、字符概念表征和深度语义分析的核心技术，推进人类与机器的有效沟通和自由交互，实现多风格多语言多领域的自然语言智能理解和自动生成。

专栏 2　关键共性技术

(1) 知识计算引擎与知识服务技术。研究知识计算和可视交互引擎，研究创新设计、数字创意和以可视媒体为核心的商业智能等知识服务技术，开展大规模生物数据的知识发现。

(2) 跨媒体分析推理技术。研究跨媒体统一表征、关联理解与知识挖掘、知识图谱构建与学习、知识演化与推理、智能描述与生成等技术，开发跨媒体分析推理引擎与验证系统。

(3) 群体智能关键技术。开展群体智能的主动感知与发现、知识获取与生成、协同与共享、评估与演化、人机整合与增强、自我维持与安全交互等关键技术研究，构建群智空间的服务体系结构，研究移动群体智能的协同决策与控制技术。

(4) 混合增强智能新架构和新技术。研究混合增强智能核心技术、认知计算框架，新型混合计算架构，人机共驾、在线智能学习技术，平行管理与控制的混合增强智能框架。

(5) 自主无人系统的智能技术。研究无人机自主控制和汽车、船舶、轨道交通自动驾驶等智能技术，服务机器人、空间机器人、海洋机器人、极地机器人技术，无人车间/智能工厂智能技术，高端智能控制技术和自主无人操作系统。研究复杂环境下基于计算机视觉的定位、导航、识别等机器人及机械手臂自主控制技术。

(6) 虚拟现实智能建模技术。研究虚拟对象智能行为的数学表达与建模方法，虚拟对象与虚拟环境和用户之间进行自然、持续、深入交互等问题，智能对象建模的技术与方法体系。

(7) 智能计算芯片与系统。研发神经网络处理器以及高能效、可重构类脑计算芯片等，新型感知芯片与系统、智能计算体系结构与系统，人工智能操作系统。研究适合人工智能的混合计算架构等。

(8) 自然语言处理技术。研究短文本的计算与分析技术，跨语言文本挖掘技术和面向机器认知智能的语义理解技术，多媒体信息理解的人机对话系统。

3. 统筹布局人工智能创新平台

建设布局人工智能创新平台，强化对人工智能研发应用的基础支撑。人工智能开源软硬件基础平台重点建设支持知识推理、概率统计、深度学习等人工智能范式的统一计算框架平台，形成促进人工智能软件、硬件和智能云之间相互协同的生态链。群体智能服务平台重点建设基于互联网大规模协作的知识资源管理与开放式共享工具，形成面向产学研用创新环节的群智众创平台和服务环境。混合增强智能支撑平台重点建设支持大规模训练的异构实时计算引擎和新型计算集群，为复杂智能计算提供服务化、系统化平台和解决方案。自主无人系统支撑平台重点建设面向自主无人系统复杂环境下环境感知、自主协同控制、智能决策等人工智能共性核心技术的支撑系统，形成开放式、模块化、可重构的自主无人系统开发与试验环境。人工智能基础数据与安全检测平台重点建设面向人工智能的公共数据资源库、标准测试数据集、云服务平台等，形成人工智能算法与平台安全性测试评估的方法、技术、规范和工具集。促进各类通用软件和技术平台的开源开放。各类平台要按照军民深度融合的要求和相关规定，推进军民共享共用。

专栏 3　基础支撑平台
(1) 人工智能开源软硬件基础平台。建立大数据人工智能开源软件基础平台、终端与云端协同的人工智能云服务平台、新型多元智能传感器件与集成平台、基于人工智能硬件的新产品设计平台、未来网络中的大数据智能化服务平台等。 (2) 群体智能服务平台。建立群智众创计算支撑平台、科技众创服务系统、群智软件开发与验证自动化系统、群智软件学习与创新系统、开放环境的群智决策系统、群智共享经济服务系统。 (3) 混合增强智能支撑平台。建立人工智能超级计算中心、大规模超级智能计算支撑环境、在线智能教育平台、“人在回路”驾驶脑、产业发展复杂性分析与风险评估的智能平台、支撑核电安全运营的智能保障平台、人机共驾技术研发与测试平台等。 (4) 自主无人系统支撑平台。建立自主无人系统共性核心技术支撑平台，无人机自主控制以及汽车、船舶和轨道交通自动驾驶支撑平台，服务机器人、空间机器人、海洋机器人、极地机器人支撑平台，智能工厂与智能控制装备技术支撑平台等。 (5) 人工智能基础数据与安全检测平台。建设面向人工智能的公共数据资源库、标准测试数据集、云服务平台，建立人工智能算法与平台安全性测试模型及评估模型，研发人工智能算法与平台安全性测评工具集。

4. 加快培养聚集人工智能高端人才

把高端人才队伍建设作为人工智能发展的重中之重，坚持培养和引进相结合，完善人工智能教育体系，加强人才储备和梯队建设，特别是加快引进全球顶尖人才和青年人才，形成我国人工智能人才高地。

培育高水平人工智能创新人才和团队。支持和培养具有发展潜力的人工智能领军人才，加强人工智能基础研究、应用研究、运行维护等方面专业技术人才培养。重视复合型人才培养，重点培养贯通人工智能理论、方法、技术、产品与应用等的纵向复合型人才，以及掌握“人工智能+”经济、社会、管理、标准、法律等的横向复合型人才。通过重大研发任务和基地平台建设，汇聚人工智能高端人才，在若干人工智能重点领域形成一批高水平创新团队。鼓励和引导国内创新人才、团队加强与全球顶尖人工智能研究机构合作互动。

加大高端人工智能人才引进力度。开辟专门渠道，实行特殊政策，实现人工智能高端人才精准引进。重点引进神经认知、机器学习、自动驾驶、智能机器人等国际顶尖科学家和高水平创新团队。鼓励采取项目合作、技术咨询等方式柔性引进人工智能人才。统筹利用“千人计划”等现有人才计划，加强人工智能领域优秀人才特别是优秀青年人才引进工作。完善企业人力资本成本核算相关政策，激励企业、科研机构引进人工智能人才。

建设人工智能学科。完善人工智能领域学科布局，设立人工智能专业，推动人工智能领域一级学科建设，尽快在试点院校建立人工智能学院，增加人工智能相关学科方向的博士、硕士招生名额。鼓励高校在原有基础上拓宽人工智能专业教育内容，形成“人工智能+X”复合专业培养新模式，重视人工智能与数学、计算机科学、物理学、生物学、心理学、社会学、法学等学科专业教育的交叉融合。加强产学研合作，鼓励高校、科研院所与企业等机构合作开展人工智能学科建设。

(二) 培育高端高效的智能经济

加快培育具有重大引领带动作用的人工智能产业，促进人工智能与各产业领域深度融合，形成数据驱动、人机协同、跨界融合、共创分享的智能经济形态。数据和知识成为经济增长的第一要素，人机协同成为主流生产和服务方式，跨界融合成为重要经济模式，共创分享成为经济生态基本特征，个性化需求与定制成为消费新潮流，生产率大幅提升，引领产业向价值链高端迈进，有力支撑实体经济发展，全面提升经济发展质量和效益。

1. 大力发展人工智能新兴产业

加快人工智能关键技术转化应用，促进技术集成与商业模式创新，推动重点领域智能产品创新，积极培育人工智能新兴业态，布局产业链高端，打造具有国际竞争力的人工智能产业集群。

智能软硬件。开发面向人工智能的操作系统、数据库、中间件、开发工具等关键基础软件，突破图形处理器等核心硬件，研究图像识别、语音识别、机器翻译、智能交互、知识处理、控制决策等智能系统解决方案，培育壮大面向人工智能应用的基础软硬件产业。

智能机器人。攻克智能机器人核心零部件、专用传感器，完善智能机器人硬件接口标准、软件接口协议标准以及安全使用标准。研制智能工业机器人、智能服务机器人，实现大规模应用并进入国际市场。研制和推广空间机器人、海洋机器人、极地机器人等特种智能机器人。建立智能机器人标准体系和安全规则。

智能运载工具。发展自动驾驶汽车和轨道交通系统，加强车载感知、自动驾驶、车联网、物联网等技术集成和配套，开发交通智能感知系统，形成我国自主的自动驾驶平台技术体系和产品总成能力，探索自动驾驶汽车共享模式。发展消费类和商用类无人机、无人船，建立试验鉴定、测试、竞技等专业化服务体系，完善空域、水域管理措施。

虚拟现实与增强现实。突破高性能软件建模、内容拍摄生成、增强现实与人机交互、集成环境与工具等关键技术，研制虚拟显示器件、光学器件、高性能真三维显示器、开发引擎等产品，建立虚拟现实与增强现实的技术、产品、服务标准和评价体系，推动重点行业融合应用。

智能终端。加快智能终端核心技术和产品研发，发展新一代智能手机、车载智能终端等移动智能终端产品和设备，鼓励开发智能手表、智能耳机、智能眼镜等可穿戴终端产品，拓展产品形态和应用服务。

物联网基础器件。发展支撑新一代物联网的高灵敏度、高可靠性智能传感器件和芯片，攻克射频识别、近距离机器通信等物联网核心技术和低功耗处理器等关键器件。

2. 加快推进产业智能化升级

推动人工智能与各行业融合创新，在制造、农业、物流、金融、商务、家居等重点行业和领域开展人工智能应用试点示范，推动人工智能规模化应用，全面提升产业发展智能化水平。

智能制造。围绕制造强国重大需求，推进智能制造关键技术装备、核心支撑软件、工业互联网等系统集成应用，研发智能产品及智能互联产品、智能制造使能工具与系统、智能制造云服务平台，推广流程智能制造、离散智能制造、网络化协同制造、远程诊断与运维服务等新型制造模式，建立智能制造标准体系，推进制造全生命周期活动智能化。

智能农业。研制农业智能传感与控制系统、智能化农业装备、农机田间作业自主系统等。建立完善天空地一体化的智能农业信息遥感监测网络。建立典型农业大数据智能决策分析系统，开展智能农场、智能化植物工厂、智能牧场、智能渔场、智能果园、农产品加工智能车间、农产品绿色智能供应链等集成应用示范。

智能物流。加强智能化装卸搬运、分拣包装、加工配送等智能物流装备研发和推广应用，建设深度感知智能仓储系统，提升仓储运营管理水平和效率。完善智能物流公共信息平台和指挥系统、产品质量认证及追溯系统、智能配货调度体系等。

智能金融。建立金融大数据系统，提升金融多媒体数据处理与理解能力。创新智能金融产品和服务，发展金融新业态。鼓励金融行业应用智能客服、智能监控等技术和装备。建立金融风险智能预警与防控系统。

智能商务。鼓励跨媒体分析与推理、知识计算引擎与知识服务等新技术在商务领域应用，推广基于人工智能的新型商务服务与决策系统。建设涵盖地理位置、网络媒体和城市基础数据等跨媒体大数据平台，支撑企业开展智能商务。鼓励围绕个人需求、企业管理提供定制化商务智能决策服务。

智能家居。加强人工智能技术与家居建筑系统的融合应用，提升建筑设备及家居产品的智能化水平。研发适应不同应用场景的家庭互联互通协议、接口标准，提升家电、耐用品等家居产品感知和联通能力。支持智能家居企业创新服务模式，提供互联共享解决方案。

3. 大力发展智能企业

大规模推动企业智能化升级。支持和引导企业在设计、生产、管理、物流和营销等核心业务环节应用人工智能新技术，构建新型企业组织结构和运营方式，形成制造与服务、金融智能化融合的业态模式，发展个性化定制，扩大智能产品供给。鼓励大型互联网企业建设云制造平台和服务平台，面向制造企业在线提供关键工业软件和模型库，开展制造能力外包服务，推动中小企业智能化发展。

推广应用智能工厂。加强智能工厂关键技术和体系方法的应用示范，重点推广生产线重构与动态智能调度、生产装备智能物联与云化数据采集、多维人机物协同与互操作等技术，鼓励和引导企业建设工厂大数据系统、网络化分布式生产设施等，实现生产设备网络化、生产数据可视化、生产过程透明化、生产现场无人化，提升工厂运营管理智能化水平。

加快培育人工智能产业领军企业。在无人机、语音识别、图像识别等优势领域加快打造人工智能全球领军企业和品牌。在智能机器人、智能汽车、可穿戴设备、虚拟现实等新兴领域加快培育一批龙头企业。支持人工智能企业加强专利布局，牵头或参与国际标准制定。推动国内优势企业、行业组织、科研机构、高校等联合组建中国人工智能产业技术创新联盟。支持龙头骨干企业构建开源硬件工厂、开源软件平台，形成集聚各类资源的创新生态，促进人工智能中小微企业发展和各领域应用。支持各类机构和平台面向人工智能企业提供专业化服务。

4. 打造人工智能创新高地

结合各地区基础和优势，按人工智能应用领域分门别类进行相关产业布局。鼓励地方围绕人工智能产业链和创新链，集聚高端要素、高端企业、高端人才，打造人工智能产业集群和创新高地。

开展人工智能创新应用试点示范。在人工智能基础较好、发展潜力较大的地区，组织开展国家人工智能创新试验，探索体制机制、政策法规、人才培育等方面的重大改革，推动人工智能成果转化、重大产品集成创新和示范应用，形成可复制、可推广的经验，引领带动智能经济和智能社会发展。

建设国家人工智能产业园。依托国家自主创新示范区和国家高新技术产业开发区等创新载体，加强科技、人才、金融、政策等要素的优化配置和组合，加快培育建设人工智能产业创新集群。

建设国家人工智能众创基地。依托从事人工智能研究的高校、科研院所集中地区，搭建人工智能领域专业化创新平台等新型创业服务机构，建设一批低成本、便利化、全要素、开放式的人工智能众创空间，完善孵化服务体系，推进人工智能科技成果转移转化，支持人工智能创新创业。

(三) 建设安全便捷的智能社会

围绕提高人民生活水平和质量的目标，加快人工智能深度应用，形成无时不有、无处不在的智能化环境，全社会的智能化水平大幅提升。越来越多的简单性、重复性、危险性任务由人工智能完成，个体创造力得到极大发挥，形成更多高质量和高舒适度的就业岗位；精准化智能服务更加丰富多样，人们能够最大限度享受高质量服务和便捷生活；社会治理智能化水平大幅提升，社会运行更加安全高效。

1. 发展便捷高效的智能服务

围绕教育、医疗、养老等迫切民生需求，加快人工智能创新应用，为公众提供个性化、多元化、高品质服务。

智能教育。利用智能技术加快推动人才培养模式、教学方法改革，构建包含智能学习、交互式学习的新型教育体系。开展智能校园建设，推动人工智能在教学、管理、资源建设等全流程应用。开发立体综合教学场、基于大数据智能的在线学习教育平台。开发智能教育助理，建立智能、快速、全面的教育分析系统。建立以学习者为中心的教育环境，提供精准推送的教育服务，实现日常教育和终身教育定制化。

智能医疗。推广应用人工智能治疗新模式新手段，建立快速精准的智能医疗体系。探索智慧医院建设，开发人机协同的手术机器人、智能诊疗助手，研发柔性可穿戴、生物兼容的生理监测系统，研发人机协同临床智能诊疗方案，实现智能影像识别、病理分型和智能多学科会诊。基于人工智能开展大规模基因组识别、蛋白组学、代谢组学等研究和新药研发，推进医药监管智能化。加强流行病智能监测和防控。

智能健康和养老。加强群体智能健康管理，突破健康大数据分析、物联网等关键技术，研发健康管理可穿戴设备和家庭智能健康检测监测设备，推动健康管理实现从点状监测向连续监测、从短流程管理向长流程管理转变。建设智能养老社区和机构，构建安全便捷的智能化养老基础设施体系。加强老年人产品智能化和智能产品适老化，开发视听辅助设备、物理辅助设备等智能家居养老设备，拓展老年人活动空间。开发面向老年人的移动社交和服务平台、情感陪护助手，提升老年人生活质量。

2. 推进社会治理智能化

围绕行政管理、司法管理、城市管理、环境保护等社会治理的热点难点问题，促进人工智能技术应用，推动社会治理现代化。

智能政务。开发适于政府服务与决策的人工智能平台，研制面向开放环境的决策引擎，在复杂社会问题研判、政策评估、风险预警、应急处置等重大战略决策方面推广应用。加强政务信息资源整合和公共需求精准预测，畅通政府与公众的交互渠道。

智慧法庭。建设集审判、人员、数据应用、司法公开和动态监控于一体的智慧法庭数据平台，促进人工智能在证据收集、案例分析、法律文件阅读与分析中的应用，实现法院审判体系和审判能力智能化。

智慧城市。构建城市智能化基础设施，发展智能建筑，推动地下管廊等市政基础设施智能化改造升级；建设城市大数据平台，构建多元异构数据融合的城市运行管理体系，实现对城市基础设施和城市绿地、湿地等重要生态要素的全面感知以及对城市复杂系统运行的深度认知；研发构建社区公共服务信息系统，促进社区服务系统与居民智能家庭系统协同；推进城市规划、建设、管理、运营全生命周期智能化。

智能交通。研究建立营运车辆自动驾驶与车路协同的技术体系。研发复杂场景下的多维交通信息综合大数据应用平台，实现智能化交通疏导和综合运行协调指挥，建成覆盖地面、轨道、低空和海上的智能交通监控、管理和服务系统。

智能环保。建立涵盖大气、水、土壤等环境领域的智能监控大数据平台体系，建成陆海统筹、天地一体、上下协同、信息共享的智能环境监测网络和服务平台。研发资源能源消耗、环境污染物排放智能预测模型方法和预警方案。加强京津冀、长江经济带等国家重大战略区域环境保护和突发环境事件智能防控体系建设。

3. 利用人工智能提升公共安全保障能力

促进人工智能在公共安全领域的深度应用，推动构建公共安全智能化监测预警与控制体系。围绕社会综合治理、新型犯罪侦查、反恐等迫切需求，研发集成多种探测传感技术、视频图像信息分析识别技术、生物特征识别技术的智能安防与警用产品，建立智能化监测平台。加强对重点公共区域安防设备的智能化改造升级，支持有条件的社区或城市开展基于人工智能的公共安防区域示范。强化人工智能对食品安全的保障，围绕食品分类、预警等级、食品安全隐患及评估等，建立智能化食品安全预警系统。加强人工智能对自然灾害的有效监测，围绕地震灾害、地质灾害、气象灾害、水旱灾害和海洋灾害等重大自然灾害，构建智能化监测预警与综合应对平台。

4. 促进社会交往共享互信

充分发挥人工智能技术在增强社会互动、促进可信交流中的作用。加强下一代社交网络研发，加快增强现实、虚拟现实等技术推广应用，促进虚拟环境和实体环境协同融合，满足个人感知、分析、判断与决策等实时信息需求，实现在工作、学习、生活、娱乐等不同场景下的流畅切换。针对改善人际沟通障碍的需求，开发具有情感交互功能、能准确理解人的需求的智能助理产品，实现情感交流和需求满足的良性循环。促进区块链技术与人工智能的融合，建立新型社会信用体系，最大限度降低人际交往成本和风险。

(四) 加强人工智能领域军民融合

深入贯彻落实军民融合发展战略，推动形成全要素、多领域、高效益的人工智能军民融合格局。以军民共享共用为导向部署新一代人工智能基础理论和关键共性技术研发，建立科研院所、高校、企业和军工单位的常态化沟通协调机制。促进人工智能技术军民双向转化，强化新一代人工智能技术对指挥决策、军事推演、国防装备等的有力支撑，引导国防领域人工智能科技成果向民用领域转化应用。鼓励优势民口科研力量参与国防领域人工智能重大科技创新任务，推动各类人工智能技术快速嵌入国防创新领域。加强军民人工智能技术通用标准体系建设，推进科技创新平台基地的统筹布局和开放共享。

(五) 构建泛在安全高效的智能化基础设施体系

大力推动智能化信息基础设施建设，提升传统基础设施的智能化水平，形成适应智能经济、智能社会和国防建设需要的基础设施体系。加快推动以信息传输为核心的数字化、网络化信息基础设施，向集融合感知、传输、存储、计算、处理于一体的智能化信息基础设施转变。优化升级网络基础设施，研发布局第五代移动通信(5G)系统，完善物联网基础设施，加快天地一体化信息网络建设，提高低时延、高通量的传输能力。统筹利用大数据基础设施，强化数据安全与隐私保护，为人工智能研发和广泛应用提供海量数据支撑。建设高效能计算基础设施，提升超级计算中心对人工智能应用的服务支撑能力。建设分布式高效能源互联网，形成支撑多能源协调互补、及时有效接入的新型能源网络，推广智能储能设施、智能用电设施，实现能源供需信息的实时匹配和智能化响应。

专栏 4　智能化基础设施
(1) 网络基础设施。加快布局实时协同人工智能的 5G 增强技术研发及应用，建设面向空间协同人工智能的高精度导航定位网络，加强智能感知物联网核心技术攻关和关键设施建设，发展支撑智能化的工业互联网、面向无人驾驶的车联网等，研究智能化网络安全架构。加快建设天地一体化信息网络，推进天基信息网、未来互联网、移动通信网的全面融合。 (2) 大数据基础设施。依托国家数据共享交换平台、数据开放平台等公共基础设施，建设政府治理、公共服务、产业发展、技术研发等领域大数据基础信息数据库，支撑开展国家治理大数据应用。整合社会各类数据平台和数据中心资源，形成覆盖全国、布局合理、链接畅通的一体化服务能力。 (3) 高效能计算基础设施。继续加强超级计算基础设施、分布式计算基础设施和云计算中心建设，构建可持续发展的高性能计算应用生态环境。推进下一代超级计算机研发应用。

(六) 前瞻布局新一代人工智能重大科技项目

针对我国人工智能发展的迫切需求和薄弱环节，设立新一代人工智能重大科技项目。加强整体统筹，明确任务边界和研发重点，形成以新一代人工智能重大科技项目为核心、现有研发布局为支撑的“1+N”人工智能项目群。

“1”是指新一代人工智能重大科技项目，聚焦基础理论和关键共性技术的前瞻布局，包括研究大数据智能、跨媒体感知计算、混合增强智能、群体智能、自主协同控制与决策等理论，研究知识计算引擎与知识服务技术、跨媒体分析推理技术、群体智能关键技术、混合增强智能新架构与新技术、自主无人控制技术等，开源共享人工智能基础理论和共性技术。持续开展人工智能发展的预测和研判，加强人工智能对经济社会综合影响及对策研究。

“N”是指国家相关规划计划中部署的人工智能研发项目，重点是加强与新一代人工智能重大科技项目的衔接，协同推进人工智能的理论研究、技术突破和产品研发应用。加强与国家科技重大专项的衔接，在“核高基”(核心电子器件、高端通用芯片、基础软件)、集成电路装备等国家科技重大专项中支持人工智能软硬件发展。加强与其他“科技创新2030—重大项目”的相互支撑，加快脑科学与类脑计算、量子信息与量子计算、智能制造与机器人、大数据等研究，为人工智能重大技术突破提供支撑。国家重点研发计划继续推进高性能计算等重点专项实施，加大对人工智能相关技术研发和应用的支持；国家自然科学基金加强对人工智能前沿领域交叉学科研究和自由探索的支持。在深海空间站、健康保障等重大项目，以及智慧城市、智能农机装备等国家重点研发计划重点专项部署中，加强人工智能技术的应用示范。其他各类科技计划支持的人工智能相关基础理论和共性技术研究成果应开放共享。

创新新一代人工智能重大科技项目组织实施模式，坚持集中力量办大事、重点突破的原则，充分发挥市场机制作用，调动部门、地方、企业和社会各方面力量共同推进实施。明确管理责任，定期开展评估，加强动态调整，提高管理效率。

四、资源配置

充分利用已有资金、基地等存量资源，统筹配置国际国内创新资源，发挥好财政投入、政策激励的引导作用和市场配置资源的主导作用，撬动企业、社会加大投入，形成财政资金、金融资本、社会资本多方支持的新格局。

(一) 建立财政引导、市场主导的资金支持机制

统筹政府和市场多渠道资金投入，加大财政资金支持力度，盘活现有资源，对人工智能基础前沿研究、关键共性技术攻关、成果转移转化、基地平台建设、创新应用示范等提供支持。利用现有政府投资基金支持符合条件的人工智能项目，鼓励龙头骨干企业、产业创新联盟牵头成立市场化的人工智能发展基金。利用天使投资、风险投资、创业投资基金及资本市场融资等多种渠道，引导社会资本支持人工智能发展。积极运用政府和社会资本合作等模式，引导社会资本参与人工智能重大项目实施和科技成果转化应用。

(二) 优化布局建设人工智能创新基地

按照国家级科技创新基地布局和框架，统筹推进人工智能领域建设若干国际领先的创

新基地。引导现有与人工智能相关的国家重点实验室、企业国家重点实验室、国家工程实验室等基地，聚焦新一代人工智能的前沿方向开展研究。按规定程序，以企业为主体、产学研合作组建人工智能领域的相关技术和产业创新基地，发挥龙头骨干企业技术创新示范带动作用。发展人工智能领域的专业化众创空间，促进最新技术成果和资源、服务的精准对接。充分发挥各类创新基地聚集人才、资金等创新资源的作用，突破人工智能基础前沿理论和关键共性技术，开展应用示范。

(三) 统筹国际国内创新资源

支持国内人工智能企业与国际人工智能领先高校、科研院所、团队合作。鼓励国内人工智能企业“走出去”，为有实力的人工智能企业开展海外并购、股权投资、创业投资和建立海外研发中心等提供便利和服务。鼓励国外人工智能企业、科研机构在华设立研发中心。依托“一带一路”战略，推动建设人工智能国际科技合作基地、联合研究中心等，加快人工智能技术在“一带一路”沿线国家推广应用。推动成立人工智能国际组织，共同制定相关国际标准。支持相关行业协会、联盟及服务机构搭建面向人工智能企业的全球化服务平台。

五、保障措施

围绕推动我国人工智能健康快速发展的现实要求，妥善应对人工智能可能带来的挑战，形成适应人工智能发展的制度安排，构建开放包容的国际化环境，夯实人工智能发展的社会基础。

(一) 制定促进人工智能发展的法律法规和伦理规范

加强人工智能相关法律、伦理和社会问题研究，建立保障人工智能健康发展的法律法规和伦理道德框架。开展与人工智能应用相关的民事与刑事责任确认、隐私和产权保护、信息安全利用等法律问题研究，建立追溯和问责制度，明确人工智能法律主体以及相关权利、义务和责任等。重点围绕自动驾驶、服务机器人等应用基础较好的细分领域，加快研究制定相关安全管理法规，为新技术的快速应用奠定法律基础。开展人工智能行为科学和伦理等问题研究，建立伦理道德多层次判断结构及人机协作的伦理框架。制定人工智能产品研发设计人员的道德规范和行为守则，加强对人工智能潜在危害与收益的评估，构建人工智能复杂场景下突发事件的解决方案。积极参与人工智能全球治理，加强机器人异化和安全监管等人工智能重大国际共性问题研究，深化在人工智能法律法规、国际规则等方面的国际合作，共同应对全球性挑战。

(二) 完善支持人工智能发展的重点政策

落实对人工智能中小企业和初创企业的财税优惠政策，通过高新技术企业税收优惠和研发费用加计扣除等政策支持人工智能企业发展。完善落实数据开放与保护相关政策，开展公共数据开放利用改革试点，支持公众和企业充分挖掘公共数据的商业价值，促进人工智能应用创新。研究完善适应人工智能的教育、医疗、保险、社会救助等政策体系，有效应对人工智能带来的社会问题。

(三) 建立人工智能技术标准和知识产权体系

加强人工智能标准框架体系研究。坚持安全性、可用性、互操作性、可追溯性原则，逐步建立并完善人工智能基础共性、互联互通、行业应用、网络安全、隐私保护等技术标准。加快推动无人驾驶、服务机器人等细分应用领域的行业协会和联盟制定相关标准。鼓励人工智能企业参与或主导制定国际标准，以技术标准“走出去”带动人工智能产品和服务在海外推广应用。加强人工智能领域的知识产权保护，健全人工智能领域技术创新、专利保护与标准化互动支撑机制，促进人工智能创新成果的知识产权化。建立人工智能公共专利池，促进人工智能新技术的利用与扩散。

(四) 建立人工智能安全监管和评估体系

加强人工智能对国家安全和保密领域影响的研究与评估，完善人、技、物、管配套的安全防护体系，构建人工智能安全监测预警机制。加强对人工智能技术发展的预测、研判和跟踪研究，坚持问题导向，准确把握技术和产业发展趋势。增强风险意识，重视风险评估和防控，强化前瞻预防和约束引导，近期重点关注对就业的影响，远期重点考虑对社会伦理的影响，确保把人工智能发展规制在安全可控范围内。建立健全公开透明的人工智能监管体系，实行设计问责和应用监督并重的双层监管结构，实现对人工智能算法设计、产品开发和成果应用等的全流程监管。促进人工智能行业和企业自律，切实加强管理，加大对数据滥用、侵犯个人隐私、违背道德伦理等行为的惩戒力度。加强人工智能网络安全技术研发，强化人工智能产品和系统网络安全防护。构建动态的人工智能研发应用评估评价机制，围绕人工智能设计、产品和系统的复杂性、风险性、不确定性、可解释性、潜在经济影响等问题，开发系统性的测试方法和指标体系，建设跨领域的人工智能测试平台，推动人工智能安全认证，评估人工智能产品和系统的关键性能。

(五) 大力加强人工智能劳动力培训

加快研究人工智能带来的就业结构、就业方式转变以及新型职业和工作岗位的技能需求，建立适应智能经济和智能社会需要的终身学习和就业培训体系，支持高等院校、职业学校和社会化培训机构等开展人工智能技能培训，大幅提升就业人员专业技能，满足我国人工智能发展带来的高技能高质量就业岗位需要。鼓励企业和各类机构为员工提供人工智能技能培训。加强职工再就业培训和指导，确保从事简单重复性工作的劳动力和因人工智能失业的人员顺利转岗。

(六) 广泛开展人工智能科普活动

支持开展形式多样的人工智能科普活动，鼓励广大科技工作者投身人工智能的科普与推广，全面提高全社会对人工智能的整体认知和应用水平。实施全民智能教育项目，在中小学阶段设置人工智能相关课程，逐步推广编程教育，鼓励社会力量参与寓教于乐的编程教学软件、游戏的开发和推广。建设和完善人工智能科普基础设施，充分发挥各类人工智能创新基地平台等的科普作用，鼓励人工智能企业、科研机构搭建开源平台，面向公众开放人工智能研发平台、生产设施或展馆等。支持开展人工智能竞赛，鼓励进行形式多样的人工智能科普创作。鼓励科学家参与人工智能科普。

六、组织实施

新一代人工智能发展规划是关系全局和长远的前瞻谋划。必须加强组织领导，健全机制，瞄准目标，紧盯任务，以钉钉子的精神切实抓好落实，一张蓝图干到底。

(一) 组织领导

按照党中央、国务院统一部署，由国家科技体制改革和创新体系建设领导小组牵头统筹协调，审议重大任务、重大政策、重大问题和重点工作安排，推动人工智能相关法律法规建设，指导、协调和督促有关部门做好规划任务的部署实施。依托国家科技计划(专项、基金等)管理部际联席会议，科技部会同有关部门负责推进新一代人工智能重大科技项目实施，加强与其他计划任务的衔接协调。成立人工智能规划推进办公室，办公室设在科技部，具体负责推进规划实施。成立人工智能战略咨询委员会，研究人工智能前瞻性、战略性重大问题，对人工智能重大决策提供咨询评估。推进人工智能智库建设，支持各类智库开展人工智能重大问题研究，为人工智能发展提供强大智力支持。

(二) 保障落实

加强规划任务分解，明确责任单位和进度安排，制定年度和阶段性实施计划。建立年度评估、中期评估等规划实施情况的监测评估机制。适应人工智能快速发展的特点，根据任务进展情况、阶段目标完成情况、技术发展新动向等，加强对规划和项目的动态调整。

(三) 试点示范

对人工智能重大任务和重点政策措施，要制定具体方案，开展试点示范。加强对各部门、各地方试点示范的统筹指导，及时总结推广可复制的经验和做法。通过试点先行、示范引领，推进人工智能健康有序发展。

(四) 舆论引导

充分利用各种传统媒体和新兴媒体，及时宣传人工智能新进展、新成效，让人工智能健康发展成为全社会共识，调动全社会参与支持人工智能发展的积极性。及时做好舆论引导，更好应对人工智能发展可能带来的社会、伦理和法律等挑战。

高等学校电子信息类系列教材

电磁场与电磁波

(第五版)

王家礼　朱满座　路宏敏　编著

西安电子科技大学出版社

内 容 简 介

全书共分八章，内容包括：矢量分析、静电场、恒定电流的电场和磁场、静态场的解、时变电磁场、平面电磁波、电磁波的辐射及导行电磁波。

本书内容精练，概念清晰，语言流畅，注重实践性与新颖性。为便于学习使用，书中安排有较多的例题。

本书可作为高等学校本科相关专业“电磁场与电磁波”课程的教材，也可作为有关科技人员的自学参考书。

图书在版编目(CIP)数据

电磁场与电磁波/王家礼，朱满座，路宏敏编著. —5版. —西安：西安电子科技大学出版社，2021.3(2024.1重印)
ISBN 978-7-5606-6008-0

Ⅰ.①电… Ⅱ.①王… ②朱… ③路… Ⅲ.①电磁场 ②电磁波
Ⅳ.O441.4

中国版本图书馆CIP数据核字(2021)第031365号

责任编辑 刘玉芳
出版发行 西安电子科技大学出版社(西安市太白南路2号)
电　　话 (029)88202421 88201467 邮　　编 710071
网　　址 www.xduph.com 电子邮箱 xdupfxb001@163.com
经　　销 新华书店
印刷单位 陕西天意印务有限责任公司
版　　次 2021年3月第5版 2024年1月第38次印刷
开　　本 787毫米×1092毫米 1/16 印张 19.5
字　　数 462千字
定　　价 50.00元
ISBN 978-7-5606-6008-0/O

XDUP 6310005-38